Kobelt/Schulte · Finanzmathematik

W0174307

NWB-Studienbücher · Wirtschaftswissenschaften

Finanzmathematik

Methoden, betriebswirtschaftliche Anwendungen
und Aufgaben mit Lösungen

Von Professor Dr. Helmut Kobelt
und Professor Dr. Peter Schulte

7., wesentlich überarbeitete Auflage

nwb

Verlag Neue Wirtschafts-Briefe
Herne/Berlin

Bearbeitungsvermerk:

Es haben bearbeitet:

Kapitel 1;
Abschnitt 3.5;
Abschnitt 4.5;   Professor Dr. Peter Schulte
Kapitel 6

Kapitel 2;
Abschnitte 3.1–3.4;
Abschnitte 4.1–4.4;   Professor Dr. Helmut Kobelt
Kapitel 5
Anhänge

Die Deutsche Bibliothek – CIP-Einheitsaufnahme

Finanzmathematik: Methoden, betriebswirtschaftliche
Anwendungen und Aufgaben mit Lösungen / von Helmut Kobelt
und Peter Schulte. – 7., wesentlich überarb. Aufl. – Herne ; Berlin :
Verl. Neue Wirtschafts-Briefe, 1999
  (NWB-Studienbücher Wirtschaftswissenschaften)
  ISBN 3-482-71837-7

ISBN 3-482-**71837**-7 – 7., wesentl. überarb. Auflage 1999

© Verlag Neue Wirtschafts-Briefe GmbH & Co., Herne/Berlin 1977

Druck: Druckerei Plump OHG, Rheinbreitbach.

Vorwort

Die Beherrschung finanzmathematischer Methoden ist heute unerläßliche Voraussetzung für wirtschaftlich sinnvolle **Entscheidungen** im Bereich unternehmerischer Investitionen und Finanzierungen. Jeder Student der Betriebswirtschaftslehre muß und jeder Praktiker der Wirtschaft sollte sich deswegen entsprechende Kenntnisse aneignen. In diesen beiden Personengruppen sehen die Verfasser die wesentliche Zielgruppe dieses Buches.

Die Verfasser der vorliegenden Schrift wollen aber nicht den vorhandenen Büchern, die vornehmlich den mathematisch-methodischen Aspekt betonen, ein weiteres hinzufügen, sondern sie beabsichtigen, zusätzlich zu der Darstellung der finanzmathematischen Methoden aufzuzeigen, wie diese in der täglichen Entscheidungssituation der Handelnden in den Unternehmen und Betrieben sinnvoll *angewandt* werden können. Aus diesem Grunde haben sich die Verfasser bemüht, die notwendigen finanz-*mathematischen* Ausführungen zu ergänzen durch die Untersuchung von darauf aufbauenden Entscheidungsverfahren und durch viele der Praxis entlehnte *Beispiele*. Darüber hinaus sollen zahlreiche Übungs*aufgaben* die Darstellungen veranschaulichen. An diesen Aufgaben kann der Leser die vorgetragenen Verfahren und Probleme selbst nachvollziehen und einüben. Kurzgefaßte Lösungen zu den Übungsaufgaben befinden sich am Ende des Buches.

Auf eine sonst übliche Wiedergabe von Tabellen finanzmathematischer Faktoren wurde hier verzichtet. Die Verbreitung elektronischer Taschenrechner, die zumeist über eine allgemeine Potenzfunktion verfügen, hat in den letzten Jahren erheblich zugenommen. Zweckmäßigerweise werden finanzmathematische Berechnungen mit Hilfe derartiger Rechner durchgeführt, wobei sich bei der Berechnung der angesprochenen Faktoren eine wesentlich höhere Genauigkeit ergibt als bei der Verwendung von Tabellen. Außerdem lassen sich mit diesen Rechnern auch finanzmathematische Faktoren für Zinssätze und Laufzeiten berechnen, die üblicherweise in Tabellensammlungen nicht wiedergegeben sind. Aus diesem Grunde macht die dringend zu empfehlende Verwendung eines Taschenrechners das Nachschlagen der Faktoren in Tabellen überflüssig.

Auch einem PC gegenüber hat der Taschenrechner, insbesondere ein finanz-mathematisches Gerät, die Vorteile der Handlichkeit, der höheren Genauigkeit und der einfacheren Bedienung am Arbeitsplatz. Tabellenkalkulationspro-gramme für den PC haben dagegen den Vorteil, umfangreiche, immer wieder-kehrende Berechnungen wesentlich zu erleichtern, wie z.B. die Aufstellung von Tilgungsplänen. Im Anhang B finden sich Hinweise zur Verwendung finanz-mathematischer Funktionen mit derartigen Programmen.

In den notwendig gewordenen weiteren Auflagen des Buches wurden neben der Beseitigung einiger Druckfehler die Kapitel über die Rentenrechnung, über die Tilgungsrechnung und über die Berechnung von Kursen und Effektiv-verzinsungen gründlich überarbeitet und insbesondere um unterjährliche Pro-blemstellungen erweitert, wie sie heute in der Praxis vorzufinden sind und wie sie auch jüngst von der Rechtsprechung des Bundesgerichtshofes gefordert wurden. Auf die Analogie der Berechnungsverfahren zur Ermittlung von Ef-fektivverzinsungen bei Teilzahlungskrediten wird verwiesen. Auf Anregung von Benutzern des Buches wurden ein Symbolverzeichnis und umfangreiche Hinweise zur Benutzung spezieller finanzmathematischer Taschenrechner auf-genommen.

Die vorliegende 7. Auflage ist gründlich überarbeitet und aktualisiert worden. Insbesondere die Einführung des EURO hat –soweit inhaltlich sinnvoll- zu zahlreichen Änderungen geführt. Hierbei wurde bei allgemeinen Ausführungen das DM-Symbol durch das EURO-Symbol „€" ersetzt. Bei Beispielrechnun-gen von Kapitalanlagen, die in der Vergangenheit beginnen und vor der Einfüh-rung des EURO enden, wurde aus logischen Gründen die DM-Bezeichnung beibehalten. Die Vorgaben der Europäischen Union zur einheitlichen Berech-nung der Effektivverzinsung wurden in einem neuen Abschnitt 6.4 eingearbei-tet.

Münster, im Mai 1999   Die Verfasser

Inhaltsverzeichnis

1 Die Bedeutung der Finanzmathematik

Die Finanzmathematik ist ein Teilgebiet der angewandten Mathematik. Sie beinhaltet ihrem Wortlaut nach mathematische Verfahren zur rechnerischen Behandlung "finanzieller" Probleme. Bei diesen finanziellen Problemen handelt es sich, dem Ursprung der Finanzmathematik zufolge im wesentlichen um Aufgaben aus dem Bank- und Kreditwesen. Eine entscheidende Rolle spielt bei diesen Aufgaben der Zins als Preis für geliehenes Geld. Grundlage der finanzmathematischen Verfahren sind demnach der Zins und seine rechnerische Behandlung.

Die Finanzmathematik beinhaltet, so läßt sich verallgemeinernd sagen, mathematische Verfahren zur rechnerischen Behandlung der Hergabe, Verzinsung und Rückzahlung von Geld. Den finanzmathematischen Berechnungen liegen daher im konkreten Einzelfall Zahlungsgrößen, also Einnahmen und Ausgaben[1] zugrunde. Die Hergabe von Geld stellt nämlich für den "Geldgeber" eine Ausgabe und für den "Geldnehmer" eine Einnahme dar; ebenso sind Zinszahlungen sowie die Rückzahlung des geliehenen Geldes für den Geldgeber Einnahmen und für den Geldnehmer Ausgaben.

Da bei der Anwendung finanzmathematischer Methoden mit Einnahmen und Ausgaben gerechnet wird und bei den Berechnungen der Zins eine entscheidende Rolle spielt, sind die Verfahren im Bereich der Betriebswirtschaftslehre insbesondere zur rechnerischen Behandlung von Investitions- und Finanzierungsproblemen geeignet. Dies wird im folgenden näher begründet.

Eine Finanzierung besteht in der Beschaffung von Geld; Investition bedeutet Verwendung des beschafften Geldes. Es handelt sich beispielsweise um eine Investition,

---

[1] Von den Begriffen "Einnahmen" und "Ausgaben" werden in der Literatur teilweise die Begriffe "Einzahlungen" und "Auszahlungen" unterschieden. Nur bei letzteren handelt es sich um kassenwirksame Vorgänge, also um Zahlungsgrößen, während beispielsweise eine Einnahme auch beim Verkauf von Waren auf Ziel vorliegt. Die Unterscheidung soll hier jedoch nicht übernommen werden; unter Einnahmen und Ausgaben werden im folgenden also Zahlungsgrößen verstanden.

- wenn ein Taxi-Unternehmer für sein Unternehmen einen neuen PKW beschafft,
- wenn ein Unternehmen Aktien kauft oder
- wenn ein Kraftfahrzeug-Produzent ein Patent für ein automatisches Getriebe erwirbt.

Eine Finanzierung liegt beispielsweise vor,

- wenn eine Unternehmung von einer Bank einen Kredit erhält oder
- wenn eine Kommanditgesellschaft einen neuen Kommanditisten aufnimmt und dieser seine Einlage tätigt.

Investitionen und Finanzierungen führen stets zu Einnahmen und Ausgaben. Dies verdeutlichen auch die obigen Beispiele:

Die Anschaffung eines neuen PKW durch den Taxi-Unternehmer führt zunächst zu einmaligen Anschaffungsausgaben in Höhe des Kaufpreises. Weitere Ausgaben fallen regelmäßig wiederkehrend für die Kraftfahrzeugsteuer, für die Kraftfahrzeugversicherung, für Reparaturen und Inspektionen, für Beiträge zur Taxi-Zentrale sowie für Benzin an. Außerdem sind Gehaltszahlungen zu berücksichtigen, sofern ein zusätzlicher Fahrer eingestellt werden muß. Mit der Inbetriebnahme des PKW werden jedoch auch Einnahmen erzielt, und zwar regelmäßig wiederkehrende Einnahmen aus den Fahrpreiszahlungen der Taxibenutzer sowie gegebenenfalls eine einmalige Einnahme aus dem Verkauf des PKW am Ende seiner Nutzungsdauer.

Der Kauf von Aktien durch ein Unternehmen führt zu einmaligen Anschaffungsausgaben beim Kauf sowie gegebenenfalls zu regelmäßig wiederkehrenden Ausgaben für die Verwaltung der Aktien. Einnahmen werden erzielt aus den jährlichen Dividendenzahlungen, aus dem Wiederverkauf der Aktien und eventuell auch aus dem Verkauf von Bezugsrechten.

Der Erwerb eines Patentes für ein automatisches Getriebe durch den Kraftfahrzeug-Produzenten führt ebenfalls zunächst zu Ausgaben. Diesen Ausgaben stehen jedoch Einnahmen aus der Nutzung des Patents gegenüber.

Mit der Aufnahme eines Kredits bei einer Bank erzielt eine Unternehmung zunächst eine Einnahme, da die Bank den Kreditbetrag zur Verfügung stellt, bzw. auszahlt. Aus den regelmäßig wiederkehrenden Zinszahlungen sowie aus der Rückzahlung des aufgenommenen Kredits ergeben sich jedoch im Anschluß an diese Einnahme für die Unternehmung Ausgaben.

Ebenso erzielt auch die Kommanditgesellschaft zunächst aus der Kommandit-Einlage des neuen Kommanditisten eine Einnahme. Dies führt jedoch später auch zu regelmäßig wiederkehrenden Ausgaben, und zwar in Form von Gewinnzahlungen an den neuen Kommanditisten.

Investitionen und Finanzierungen führen also, wie die Beispiele gezeigt haben, zu Einnahmen und Ausgaben. Diese Einnahmen und Ausgaben fallen jedoch nicht gleichzeitig, sondern zu verschiedenen Zeitpunkten an. Diese zu verschiedenen Zeitpunkten anfallenden Zahlungen einer Investition bzw. Finanzierung können graphisch anhand eines Zeitstrahls dargestellt werden. Ein Zeitstrahl stellt die mit einer Investition bzw. Finanzierung verbundenen Einnahmen und Ausgaben zeitlich geordnet dar, die Zahlungen werden also den jeweiligen Zahlungszeitpunkten zugeordnet. Dabei wird aus Vereinfachungsgründen davon ausgegangen, daß Zahlungen nur zu Beginn oder am Ende einer Zeitperiode, also z.B. eines Tages, einer Woche, eines Monats oder eines Jahres anfallen.

Es sei beispielsweise eine Investition mit folgenden Einnahmen und Ausgaben gegeben:
Zu Beginn der ersten Periode (Zeitpunkt t_0) werden Anschaffungsausgaben in Höhe von 10.000.- € getätigt. Regelmäßig wiederkehrende Ausgaben fallen am Ende der Perioden 1 bis 5 (Zeitpunkte t_1 bis t_5) jeweils in Höhe von 1.500.- € an. Schließlich ergeben sich am Ende der Perioden 2 bis 5 (Zeitpunkte t_2 bis t_5) Einnahmen von jeweils 6.000.- €.

Der diese Investition kennzeichnende Zahlungsstrom ist in der Abbildung 1-1 graphisch dargestellt.

Abb. 1-1: Zeitstrahl einer Investition.

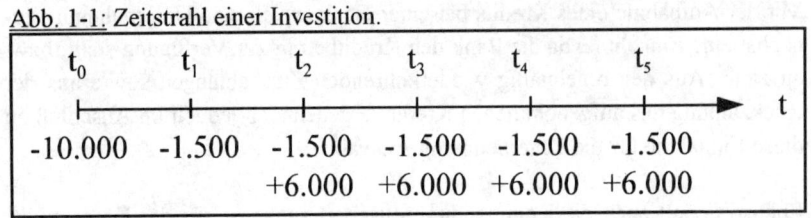

Zum Verständnis der graphischen Darstellung in Abbildung 1-1 ist zu beachten, daß aus der Sicht des Investors Ausgaben negative Zahlungsgrößen (Geld fließt ab) und Einnahmen positive Zahlungsgrößen (Geld fließt zu) sind. An einem Zeitstrahl werden daher -wie in der Abbildung 1-1 geschehen- Ausgaben mit einem negativen Vorzeichen und Einnahmen mit einem positiven Vorzeichen versehen.

Investitionen und Finanzierungen unterscheiden sich, wie aus obigen Beispielen erkennbar war, nur durch die Aufeinanderfolge von Einnahmen und Ausgaben. Investitionen beginnen mit einer Ausgabe und Finanzierungen mit einer Einnahme. Die eine Investition kennzeichnende Anfangsausgabe wird in der Absicht getätigt, später Einnahmen zu erzielen. Der Anfangseinnahme einer Finanzierung folgen regelmäßig Ausgaben. Eine Investition läßt sich folglich als Zahlungsstrom bezeichnen, der mit einer in der Absicht getätigten Ausgabe beginnt, später Einnahmen zu erzielen. Eine Finanzierung stellt dagegen einen Zahlungsstrom dar, der mit einer Einnahme beginnt und bei dem später Ausgaben folgen[1].

Bevor in einem Unternehmen Investitionen und Finanzierungen durchgeführt werden, sollten sie auf ihre "Vorteilhaftigkeit" überprüft werden. Zumeist stehen nämlich mehrere Investitions- bzw. Finanzierungsmöglichkeiten zur Wahl, von denen eine, eventuell auch mehrere realisiert werden sollen. Unter allen zur Wahl stehenden Alternativen ist jeweils die beste auszuwählen, und zwar

---

[1] Die Begriffe "Investition" und "Finanzierung" werden in der Literatur unterschiedlich verwandt. Die hier zugrundegelegten zahlungsbezogenen Definitionen finden sich zunehmend im neueren Schrifttum. Sie berücksichtigen vor allem die Tatsache, daß Investitionen und Finanzierungen auf Einnahmen und Ausgaben, also auf Zahlungsgrößen basieren. Außerdem wird bereits aufgrund der Definitionen der enge Zusammenhang zwischen Investitionen und Finanzierungen erkennbar.

unter Beachtung des Rationalprinzips, nach dem entweder mit gegebenen Mitteln ein bestmögliches Ergebnis oder ein vorgegebenes Ergebnis mit geringstmöglichem Mitteleinsatz zu erzielen ist.

Unter allen Investitionsmöglichkeiten ist folglich jene allen anderen überlegen und in diesem Sinne vorteilhaft, die entweder bei gegebenen Ausgaben zu den höchsten Einnahmen führt oder bei gegebenen Einnahmen mit geringsten Ausgaben realisiert werden kann. Ebenso ist jene Finanzierungsmöglichkeit allen anderen Alternativen vorzuziehen, die bei gegebenen Einnahmen die geringsten Ausgaben mit sich bringt oder die bei gegebenen Ausgaben zu den höchsten Einnahmen führt.

Da von allen zur Wahl stehenden Investitions- bzw. Finanzierungsmöglichkeiten jeweils die beste Alternative ausgewählt werden sollte, muß vor der Wahl ermittelt werden, welche von allen Möglichkeiten die beste ist. Allgemein stellt jede Wahl zwischen mehreren Alternativen eine **Entscheidung** dar. Jeder Entscheidung muß eine Planungsrechnung, d.h. ein Vergleich der zur Wahl stehenden Alternativen vorausgehen. Bei Investitions- und Finanzierungsentscheidungen müssen also mit Hilfe einer Planungsrechnung alle in Erwägung gezogenen Investitions- und Finanzierungsmöglichkeiten mit dem Ziel verglichen werden, unter ihnen die im Sinne des Rationalprinzips beste Alternative zu bestimmen.

Planungsrechnungen für Investitions- und Finanzierungsentscheidungen müssen auf Einnahmen und Ausgaben basieren, da Investitionen bzw. Finanzierungen zu Einnahmen und Ausgaben führen. Voraussetzung einer jeden Planungsrechnung ist folglich die Kenntnis aller Zahlungsgrößen der einzelnen Investitions- bzw. Finanzierungsmöglichkeiten, d.h. die in der Zukunft anfallenden Einnahmen und Ausgaben müssen hinsichtlich ihrer Höhe und ihrer Zahlungszeitpunkte bekannt sein. Die Zukunft ist jedoch mit Sicherheit unsicher, so daß die Einnahmen und Ausgaben der einzelnen Investitions- und Finanzierungsalternativen nur geschätzt werden können. Jede Investitions- und Finanzierungsentscheidung muß folglich in der Praxis unter Unsicherheit getroffen werden.

Neben der Kenntnis aller Einnahmen und Ausgaben der zu vergleichenden In-
vestitions- bzw. Finanzierungsalternativen verlangt jede Planungsrechnung
auch die Berücksichtigung einer Verzinsung aller Zahlungsgrößen. Dies ist
deswegen notwendig, weil die mit Investitionen und Finanzierungen verbundenen Einnahmen und Ausgaben zu verschiedenen Zeitpunkten anfallen und
demnach nicht vergleichbar sind. Beispielsweise stellt eine heute erzielte Einnahme von 10.000.- € einen höheren Wert dar als eine ein Jahr später erzielte
Einnahme in gleicher Höhe, da mit der heute erzielten Einnahme gearbeitet und
innerhalb eines Jahres ein Gewinn (Zinsertrag) erwirtschaftet werden kann.

Ebenso ist eine heute fällige Ausgabe von z.B. 5.000.- € für eine Unternehmung "belastender" als eine in einem Jahr zahlbare Ausgabe in gleicher
Höhe; denn die Verschiebung einer Ausgabe um ein Jahr bedeutet einen Zins-
gewinn, da entweder mit dem vorhandenen Geld zwischenzeitlich noch gewinnbringend gearbeitet werden kann oder aber die Aufnahme eines Kredits
und damit die Zahlung von Zinsen zumindest für ein Jahr verhindert werden
kann. Der Zins ist also bei Investitions- und Finanzierungsproblemen das In-
strument, die zu verschiedenen Zeitpunkten anfallenden Ausgaben und Einnahmen vergleichbar zu machen.

Planungsrechnungen für Investitions- und Finanzierungsentscheidungen basieren auf Einnahmen und Ausgaben. Außerdem ist bei den Rechnungen von einer
Verzinsung der Einnahmen und Ausgaben auszugehen, um die zu verschiedenen Zeitpunkten anfallenden Zahlungsgrößen vergleichen zu können.
Damit sind aber bei der rechnerischen Behandlung von Investitions- und Finanzierungsproblemen die finanzmathematischen Verfahren anwendbar; denn
auch bei den Methoden der Finanzmathematik wird mit Einnahmen und Ausgaben gerechnet und der Zins spielt bei den Berechnungen eine entscheidende
Rolle. Die Finanzmathematik mit ihren mathematischen Methoden ist also für
Investitions- und Finanzierungsentscheidungen insofern von Bedeutung, als sie
vor den Entscheidungen im Rahmen von Planungsrechnungen einen Vergleich
aller zur Wahl stehenden Alternativen mit dem Ziel erlaubt, die im Sinne des
Rationalprinzips beste Investitions- bzw. Finanzierungsmöglichkeit zu bestimmen.

Im folgenden werden die wichtigsten Verfahren der Finanzmathematik dargestellt. Darüber hinaus wird auch die besondere betriebswirtschaftliche Anwendbarkeit dieser Verfahren bei Investitions- bzw. Finanzierungsproblemen
gezeigt. Zentrales Thema dieses Lehrbuchs sind also die Methoden der Finanzmathematik sowie ausgewählte Anwendungen dieser Methoden zur Lösung von Investitions- und Finanzierungsproblemen. Andere bei Investitions-
und Finanzierungsentscheidungen auftauchende Probleme, insbesondere die
Fragen, wie die Einnahmen und Ausgaben prognostiziert werden können und
die mit der Prognose verbundene Unsicherheit zu berücksichtigen ist, bleiben
dagegen ausgeklammert[1]. Im folgenden werden

- die Zinsrechnung,
- die Rentenrechnung,
- die Tilgungsrechnung sowie
- die Verfahren zur Berechnung von Kurs und Effektivverzinsung

behandelt. Vor der Darstellung dieser finanzmathematischen Gebiete wird
jedoch zunächst deren mathematisches Fundament, nämlich die Lehre von den
Folgen und Reihen kurz behandelt.

---

[1] Hierzu wird auf die spezielle Investitions- bzw. Finanzierungsliteratur verwiesen,
beispielsweise auf D. SCHNEIDER, Investition und Finanzierung. Lehrbuch der
Investitions-, Finanzierungs- und Ungewißheitstheorie. 7. Auflage, Opladen 1992.

2 Mathematische Grundlagen der Finanzmathematik

2.1 Folgen und Reihen

Die Menge der natürlichen Zahlen, die uns von allen Abzählvorgängen bekannt sind, läßt sich beschreiben durch

$$\mathbb{N} = \{1; 2; 3; 4; \ldots \}$$

Wird nun aufgrund einer eindeutigen Vorschrift jeder Zahl i aus $\mathbb{N}$ eine bestimmte Zahl a_i zugeordnet, entsteht eine **Zahlenfolge**. Das bedeutet:

$$
\begin{array}{cccccl}
\mathbb{N} & 1 & 2 & 3 & 4 & \ldots \\
& \downarrow & \downarrow & \downarrow & \downarrow & \\
\text{Zuordnungszahlen} & a_1 & a_2 & a_3 & a_4 & \ldots
\end{array}
\left.\rule{0pt}{3em}\right\} \text{Zahlenfolge}
$$

Zahlenfolgen werden oft kürzer als **Folgen** bezeichnet.

Jedes wie oben definierte a_1, a_2, ... , a_i, ... bezeichnet man als ein Glied der Zahlenfolge. Da die Menge $\mathbb{N}$ unendlich viele Elemente enthält, nennt man eine mit deren Hilfe bestimmte Zahlenfolge eine unendliche Zahlenfolge. Werden die reellen Zahlen a_1, a_2, ... einer echten Teilmenge $\mathbb{N}_1$ zugeordnet, wobei $\mathbb{N}_1 \subseteq \mathbb{N}$, und umfaßt $\mathbb{N}_1$ endlich viele Elemente, dann entsteht durch eine solche Zuordnung eine endliche Zahlenfolge.

Eine bestimmte Zahlenfolge läßt sich beschreiben

(1)   durch direkte Angabe ihrer Glieder, z.B.:

$$A_n = \langle\, 1; 2; 3; 5; 7; 11; \ldots \,\rangle \quad \text{Folge der Primzahlen}$$

(2)   durch ein **Bildungsgesetz**, das meist durch einen bestimmten algebraischen Ausdruck angegeben wird, z.B.:

$$A_n = \langle\, 2; 4; 6; 8; \ldots \,\rangle \qquad a_n = 2 \cdot n$$
$$A_n = \langle\, 1; 4; 9; 16; \ldots \,\rangle \qquad a_n = n^2$$

$$A_n = \langle\, 1;\; 1{,}4142;\; 1{,}7321;\; 2;\; ... \,\rangle \qquad a_n = \sqrt{n}$$
$$A_n = \langle\, 10;\; 7;\; 4;\; 1;\; -2;\; ... \,\rangle \qquad a_n = [a_{n-1}]\text{-}3$$
$$A_n = \langle\, 1;\; 2;\; 4;\; 8;\; 16;\; ... \,\rangle \qquad a_n = [a_{n-1}]\cdot 2$$

Eine Zahlenfolge ist steigend, wenn $a_n > a_{n-1}$ ist; sie ist fallend, wenn $a_n < a_{n-1}$ gilt. Eine Sonderform stellen die konstanten Zahlenfolgen dar, bei denen $a_n = a_{n-1}$.

Addiert man die Glieder einer Zahlenfolge, dann ergibt sich

$$a_1 + a_2 + ... + a_n + ... + a_z \quad .$$

Eine durch Additionszeichen verknüpfte Zahlenfolge bezeichnet man als eine **Zahlenreihe** oder kürzer als **Reihe**.

Ist eine Zahlenfolge endlich, entsteht aus ihr durch Addition ihrer Glieder eine endliche Zahlenreihe. Demgemäß liegen unterschiedliche Zahlenreihen vor, wenn ihnen unterschiedliche Zahlenfolgen zugrundeliegen.

Den Wert einer Zahlenreihe, also deren Summe, bestimmt man allgemein durch die Summation

$$a_1 + a_2 + ... + a_n + ... + a_z = \sum_{n=1}^{z} a_n .$$

2.2 Arithmetische Folgen und Reihen

Arithmetische Zahlenfolgen und -reihen zeichnen sich durch ein bestimmtes Bildungsgesetz aus:
In einer arithmetischen Zahlenfolge ergibt sich jedes Glied aus dem vorhergehenden Glied dadurch, daß zu letzterem eine bestimmte konstante Zahl hinzuaddiert wird. Bei einer arithmetischen Zahlenreihe ergeben sich deren Glieder aus einer arithmetischen Folge.

Zur Veranschaulichung seien einige Beispiele angeführt:

Arithmetische Zahlenfolge	Bildungsgesetz	Arithmetische Zahlenreihe
$\langle a_1, a_2, a_3, a_4, \dots \rangle$		$a_1 + a_2 + a_3 + a_4 + \dots$
$\langle 1, 2, 3, 4, \dots \rangle$	$a_n = a_{n-1} + 1$	$1 + 2 + 3 + 4 + \dots$
$\langle 1, 3, 5, 7, \dots \rangle$	$a_n = a_{n-1} + 2$	$1 + 3 + 5 + 7 + \dots$
$\langle 10, 8, 6, 4, \dots \rangle$	$a_n = a_{n-1} + (-2)$	$10 + 8 + 6 + 4 + \dots$
$\langle 100, 90, 80, 70, \dots \rangle$	$a_n = a_{n-1} + (-10)$	$100 + 90 + 80 + 70 + \dots$

Kennzeichen einer arithmetischen Zahlenfolge ist es, daß zu einem Glied der Folge eine bestimmte konstante Zahl d addiert wird, um das nächstfolgende Glied zu erhalten. Es gilt also allgemein:

$$a_n = a_{n-1} + d \qquad \text{für } n = 2, 3, \dots \qquad (2\text{-}1).$$

In Umkehrung dieses Gedankens sieht man aus

$$a_n - a_{n-1} = d \qquad \text{für } n = 2, 3, \dots \quad ,$$

daß bei einer arithmetischen Folge die **Differenz** zwischen zwei beliebigen benachbarten Gliedern immer konstant und gleich der Größe **d** ist. Ist d positiv, d.h. $d > 0$, handelt es sich um eine steigende arithmetische Folge. Ist d negativ, d.h. $d < 0$, spricht man von einer fallenden Folge. Ist $d = 0$, wird zum Anfangsglied a_1 der Wert 0 addiert. Es entsteht so eine Menge gleicher Zahlen, die alle gleich sind a_1. Es handelt sich hier um eine konstante Zahlenfolge.

Betrachtet man eine allgemeine Zahlenfolge und deren durch Gleichung (2-1) gegebenes Bildungsgesetz, dann erhält man:

$$F = \langle a_1, \quad a_2, \quad a_3, \quad a_4, \quad \dots \quad \rangle$$

$$a_2 = a_1 + d \qquad a_3 = a_2 + d \qquad a_4 = a_3 + d$$

$$a_3 = a_1 + d + d \qquad a_4 = a_1 + d + d + d$$

Die Entstehung der einzelnen Glieder der Folge ist anschaulich in Abbildung 2-1 wiedergegeben.

Abb. 2.1 :   Graphische Darstellung des Bildungsgesetzes der Glieder einer arithmetischen Folge.

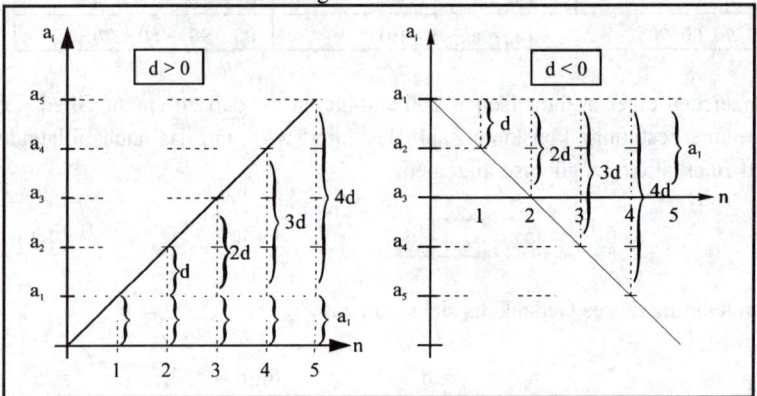

Aus der oben angeführten verbalen Darstellung und aus Abbildung 2-1 ergibt sich als allgemeines Bildungsgesetz für ein beliebiges Glied a_n einer arithmetischen Folge als

$$a_n = a_1 + (n-1) \cdot d$$ (2-2).

Aus Gleichung 2-2 folgt, daß die Glieder einer arithmetischen Folge mit Ausnahme des Gliedes a_1 und damit die arithmetische Folge selbst eindeutig definiert sind

(1)   durch das frei wählbare und nicht durch das Bildungsgesetz erklärbare Anfangsglied a_1 der Folge,

(2)   durch den konstanten Summanden d und

(3)   durch die Stellenzahl n des betreffenden Gliedes.

Übungsbeispiel 2-1:
Wie lautet das 10. Glied einer arithmetischen Folge mit dem Anfangsglied 20 und dem konstanten Summanden 2?

Es gilt: $a_1 = 20$ $d = 2$ $n = 10$.

Damit erhält man durch (2-2):

$$a_{10} = 20 + (10 - 1) \cdot 2 = 20 + 9 \cdot 2$$
$$\mathbf{a_{10} = 38}$$

Übungsaufgaben[1] :

(1)   Wie lautet das 5. Glied einer arithmetischen Folge mit $a_1 = 10$ und $d = (-3)$?

(2)   Wie lautet das 74. Glied einer arithmetischen Folge mit $a_1 = 1$ und $d = 4$?

(3)   In einer arithmetischen Folge mit dem Anfangsglied 1 hat das 25. Glied den Wert 73. Wie groß ist der konstante Summand d?

(4)   Wieviele Glieder hat eine arithmetische Folge mit dem Anfangsglied $a_1 = 5$, dem Endglied $a_z = 209$ und $d = 12$?

Aus arithmetischen Folgen sollen nun arithmetische Reihen gebildet und deren Summe bestimmt werden. Dabei wird zwischen endlichen und unendlichen arithmetischen Zahlenreihen zu unterscheiden sein.

Gegeben sei zunächst eine endliche arithmetische Reihe:

$$a_1 + \underbrace{a_1 + d} + \underbrace{a_1 + 2d} + \underbrace{a_1 + 3d} + \ldots + \underbrace{a_1 + (i-1)d} + \ldots + \underbrace{a_1 + (n-1)d} = \sum_{i=1}^{n} a_i \quad (I)$$

$$\qquad\quad a_2 \qquad\quad a_3 \qquad\quad a_4 \qquad\qquad a_i \qquad\qquad a_n$$

Um den Wert der Summe

$$\sum_{i=1}^{n} a_i$$

zu ermitteln, soll folgender kleiner Kunstgriff angewendet werden: Man schreibt die Summanden der Gleichung (I) einmal in der angegebenen und einmal genau in der umgekehrten Reihenfolge untereinander auf. Die zweite Gleichung wird mit (II) bezeichnet. Anschließend werden die übereinander-stehenden Glieder der Gleichungen (I) und (II) zu der Gleichung (III) addiert:

---

[1] Die Übungsaufgaben dieses Buches sind durch das ganze Buch hindurch fortlaufend numeriert. Die Lösungen zu den Aufgaben finden sich im Lösungsanhang unter der laufenden Nummer der Aufgabe.

$$\sum_{i=1}^{n} a_i = a_1 \qquad\qquad + \quad a_1 + d \qquad\quad + \ldots + \quad a_1 + (n-1)d \qquad\qquad \text{(I)}$$

$$\sum_{i=1}^{n} a_i = a_1 + (n-1)d \quad + \quad a_1 + (n-2)d \quad + \ldots + \quad a_1 \qquad\qquad\qquad + \text{(II)}$$

$$2 \cdot \sum_{i=1}^{n} a_i = [2a_1 + (n-1)d] \quad + \quad [2a_1 + (n-1)d] \quad + \ldots + \quad [2a_1(n-1)d] \qquad \text{(III)}$$

In der Gleichung (III) findet sich n-mal der Summand

$$2a_1 + (n-1)d.$$

Deswegen läßt sich für Gleichung (III) kürzer schreiben:

$$2 \cdot \sum_{i=1}^{n} a_i = n \cdot [2a_1 + (n-1)d] \qquad\qquad \text{(IIIa)}.$$

Die gesuchte Summe $\sum_{i=1}^{n} a_i$ ergibt sich schließlich, indem man die Gleichung (IIIa) durch 2 dividiert. Es ergibt sich als Bestimmungsgleichung für die Summe einer arithmetischen Reihe:

$$\boxed{\sum_{i=1}^{n} a_i = \frac{n}{2} [2a_1 + (n-1) \cdot d]} \qquad\qquad \text{(2-3)}.$$

Gleichung (2-3) läßt sich umformen zu

$$\sum_{i=1}^{n} a_i = \frac{n}{2} [a_1 + \underbrace{a_1 + (n-1) \cdot d}_{= a_n \text{ gem. Gleichung (2-2)}}] \qquad\qquad \text{(2-4)},$$

so daß sich die Summe einer arithmetischen Reihe auch berechnen läßt nach

$$\boxed{\sum_{i=1}^{n} a_i = \frac{n}{2}[a_1 + a_n]}$$ (2-5).

Übungsbeispiel 2-2:
Welchen Wert hat die Summe aller natürlichen Zahlen von 1 bis 100?

Es gilt: $a_1 = 1$ $d = 1$ $n = 100$.

Man berechnet den Wert der Summe nach (2-3):

$$\sum_{i=1}^{100} a_i = \frac{100}{2}[2 \cdot 1 + (100 - 1) \cdot 1] = \frac{100}{2}[2 + 99] = 50 \cdot 101 \quad = 5050$$

oder nach (2-4):

$$\sum_{i=1}^{100} a_i = \frac{100}{2}[1 + 100] = 50 \cdot 101 \quad = 5050$$

Übungsaufgaben:
(5)   Bestimmen Sie die Summe einer arithmetischen Reihe mit 10 Gliedern , dem Anfangsglied 2 und dem Endglied 38.

(6)   Bestimmen Sie die Summe einer arithmetischen Reihe mit $a_1 = 2$, $d = 4$ und $n = 10$.

(7)   Welchen Wert nimmt in einer arithmetischen Reihe mit $a_1 = 2$, $n = 10$ und $\sum_{i=1}^{10} a_i = 110$ der konstante Summand d an?

(8)   Gegeben ist eine arithmetische Reihe von 9 Gliedern mit dem Endglied $a_9 = 29$, dem konstanten Summanden $d = 3$ und dem Wert der Summe von 153. Bestimmen Sie das Anfangsglied a_1.

Bei unendlichen arithmetischen Reihen läßt sich keine Summe bestimmen, da der konstante Summand d unendlich oft addiert wird und somit die Summe über alle Grenzen wächst.

2.3 Geometrische Folgen und Reihen

Genau wie arithmetische Folgen und Reihen haben geometrische Folgen und Reihen ein spezifisches Bildungsgesetz. In einer geometrischen Folge ergibt sich ein beliebiges Glied mit Ausnahme des 1. Gliedes dadurch aus dem vorhergehenden Glied, daß letzteres mit einem konstanten Faktor q multipliziert wird. Eine geometrische Reihe ist dann eine Reihe, deren Glieder sich aus einer geometrischen Folge ergeben.

Auch hier sollen einige Beispiele das Bildungsgesetz geomtrischer Folgen und Reihen veranschaulichen:

Geometrische Zahlenfolge	Bildungsgesetz	Geometrische Zahlenreihe
$\langle a_1, a_2, a_3, a_4, \dots \rangle$		$a_1 + a_2 + a_3 + a_4 + a_5 + \dots$
$\langle 1, 2, 4, 8, 16, \dots \rangle$	$a_n = a_{n-1} \cdot 1$	$1 + 2 + 4 + 8 + 16 + \dots$
$\langle 2, 6, 18, 54, 162, \dots \rangle$	$a_n = a_{n-1} \cdot 3$	$2 + 6 + 18 + 54 + 162 + \dots$
$\langle 32, 16, 8, 4, 2, \dots \rangle$	$a_n = a_{n-1} \cdot (1/2)$	$32 + 16 + 8 + 4 + 2 + \dots$
$\langle 1, 1/3, 1/9, 1/27, 1/81, \dots \rangle$	$a_n = a_{n-1} \cdot (1/3)$	$1 + 1/3 + 1/9 + 1/27 + 1/81 + \dots$

Das Bildungsgesetz geometrischer Folgen läßt sich allgemein angeben als

$$a_n = a_{n-1} \cdot q \qquad\qquad (2\text{-}6).$$

Aus Gleichung (2-6) folgt, daß der Quotient aus zwei beliebigen benachbarten Gliedern der Folge immer gleich dem konstanten Faktor

$$\frac{a_n}{a_{n-1}} = q = \text{const.} \qquad \text{für } n = 2, 3, \dots$$

ist. Ist das Anfangsglied a_1 positiv und der Faktor $q > 1$, ist die geometrische Folge steigend. Gilt $0 < q < 1$, handelt es sich um eine fallende geometrische Folge. Für $q = 1$ ergibt sich eine Folge von Zahlen, die alle gleich groß und alle gleich a_1 sind; es handelt sich dabei um eine konstante Folge. Gleiches gilt für $q = 0$ mit Ausnahme des Anfangsgliedes a_1, da auf dieses nur noch Nullen folgen. Ist der Faktor q negativ, gilt also $q < 0$, dann entsteht eine Folge, bei der von Glied zu Glied das Vorzeichen wechselt: eine alternierende geometrische Folge. Letztere haben jedoch im Wirtschaftsleben keine Bedeutung, so daß sie bei der weiteren Betrachtung unberücksichtigt bleiben können. Im folgenden soll der Faktor q also nur positiv betrachtet werden. Auch der Fall $a_1 \le 0$ soll als ökonomisch irrelevant ausgeschlossen werden.

Betrachtet man eine allgemeine geometrische Zahlenfolge und deren durch
(2-6) gegebenes Bildungsgesetz, dann erhält man:

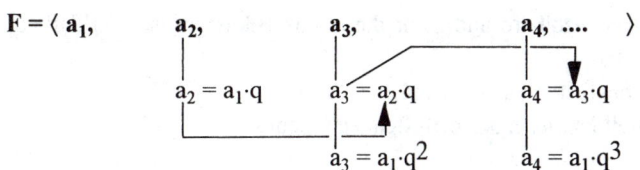

$$F = \langle\ a_1, \qquad a_2, \qquad\qquad a_3, \qquad\qquad a_4, \ .... \quad \rangle$$

$$a_2 = a_1 \cdot q \qquad a_3 = a_2 \cdot q \qquad a_4 = a_3 \cdot q$$

$$a_3 = a_1 \cdot q^2 \qquad a_4 = a_1 \cdot q^3$$

Das Bildungsgesetz für ein beliebiges Glied a_n einer geometrischen Folge ergibt sich aus diesem Gedanken als

$$a_n = a_1 \cdot q^{n-1} \tag{2-7}$$

Abbildung 2-2 veranschaulicht dieses Bildungsgesetz:

Abb. 2-2: Graphische Darstellung des Bildungsgesetzes einer geometrischen Zahlenfolge.

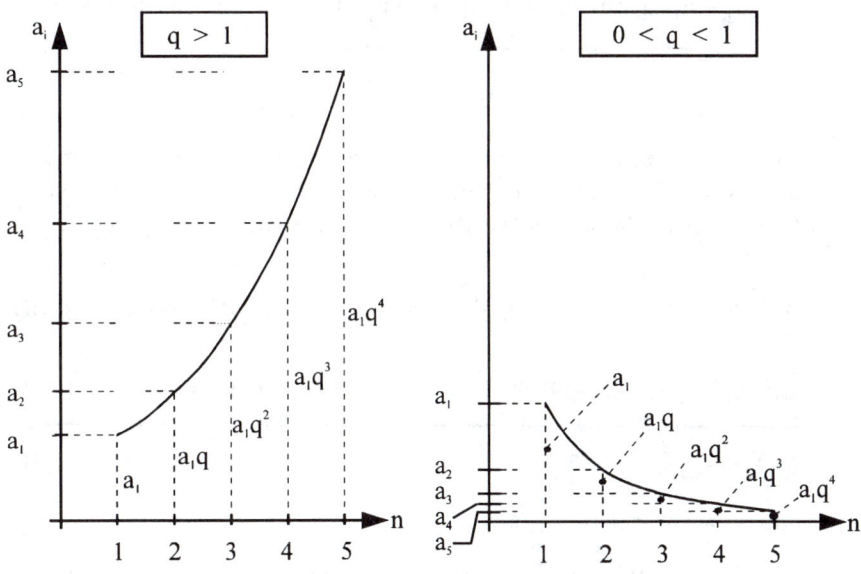

Aus den gemachten Ausführungen und aus Abbildung 2-2 ergibt sich, daß jedes Glied einer geometrischen Zahlenfolge bis auf das erste Glied eindeutig definiert ist

(1)   durch das frei wählbare und nicht durch das Bildungsgesetz erklärbare Anfangsglied a_1,

(2)   durch den konstanten Faktor q und

(3)   durch die Stellenziffer n des betreffenden Gliedes.

Wenn durch diese 3 Größen jedes Glied einer geometrischen Folge eindeutig bestimmbar ist, ist damit auch die gesamte Folge definiert.

Eine geometrische Reihe ist eine Zahlenreihe, deren Glieder eine geometrische Folge bilden. Will man den Wert einer geometrischen Reihe als deren Summe bestimmen, ist zu unterscheiden zwischen endlichen und unendlichen geometrischen Reihen. Gegeben sei zunächst die folgende allgemeine endliche geometrische Reihe:

$$a_1 + \underbrace{a_1 \cdot q}_{a_2} + \underbrace{a_1 \cdot q^2}_{a_3} + \underbrace{a_1 \cdot q^3}_{a_4} + ... + \underbrace{a_1 \cdot q^{n-1}}_{a_n} = \sum_{i=1}^{n} a_i \quad \text{mit } 0<q<1 \text{ (I)}.$$

Die Summe dieser geometrischen Reihe bestimmt man wieder mit einem kleinen Kunstgriff: Gleichung (I) wird mit dem Faktor q multipliziert und ergibt so Gleichung (II). Danach wird Gleichung (I) von Gleichung (II) abgezogen:

$$q \cdot \sum_{i=1}^{n} a_i = a_1.q + a_1 \cdot q^2 + a_1 \cdot q^3 + ... + a_1 \cdot q^{n-1} + a_1 \cdot q^n \quad \text{(II)}$$

$$\sum_{i=1}^{n} a_i = a_1 + a_1 \cdot q + a_1 \cdot q^2 + a_1 \cdot q^3 + ... + a_1 \cdot q^{n-1} \quad - \text{(I)}$$

$$q \cdot \sum_{i=1}^{n} a_i - \sum_{i=1}^{n} a_i = -a_1 + 0 + 0 + 0 + ... + 0 + a_1 \cdot q^n \quad \text{(III)}$$

oder zusammengefaßt

$$q \cdot \sum_{i=1}^{n} a_i - \sum_{i=1}^{n} a_i = -a_1 + a_1 \cdot q^n = a_1 \cdot q^n - a_1 \quad \text{(IIIa)}.$$

In Gleichung (IIIa) kann man auf der linken Seite den Summenausdruck und auf der rechten Seite die Größe a_1 ausklammern:

$$\sum_{i=1}^{n} a_i [q-1] = a_1 [q^n - 1] \qquad \text{(IIIb)}.$$

Aus (IIIb) kann man durch Division durch (q-1) die Bestimmungsgleichung für die Summe einer geometrischen Reihe ableiten:

$$\sum_{i=1}^{n} a_i = a_1 \cdot \frac{q^n - 1}{q - 1} \qquad \text{(2-8)}.$$

Diese Gleichung ist natürlich nur sinnvoll für $q > 0$ und $q \neq 1$.

Übungsaufgaben:

(9) Gegeben sei eine geometrische Folge mit 5 Gliedern, dem Anfangsglied $a_1 = 5$ und dem konstanten Faktor $q = 3$. Welchen Wert hat das letzte Glied dieser Folge?

(10) Berechnen Sie die Summe der geometrischen Reihe, die der Folge aus Übungsaufgabe (9) entspricht.

(11) Welchen Wert hat bei einer geometrischen Folge mit $a_1 = 10$ und $q = 4$ das 4. Glied?

(12) Eine geometrische Folge mit 5 Gliedern hat das Endglied $a_5 = 4375$ und $q = 5$. Welchen Wert hat a_1?

(13) Eine geometrische Reihe von 6 Gliedern mit $q = 1,1$ hat die Summe = 15,43122. Welchen Wert hat a_1?[1]

(14) Ein deutscher Arbeiter hat im Jahr 1974 durchschnittlich 24.000.- DM pro Jahr brutto verdient. Angenommen, jemand versucht, eine konstante jährliche Lohnsteigerungsrate von 12% pro Jahr durchzusetzen.

(a) Wie hoch wäre das Brutto-Einkommen (in DM) durchschnittlich im Jahre 2.000?

(b) Wann etwa würde der Arbeiter durchschnittlich jährlich 1 Million DM brutto verdienen (wenn das Gehalt weiterhin in DM ausgezahlt würde)?

Liegt bei einer endlichen geometrischen Reihe der konstante Faktor q im Bereich $0 < q < 1$, so fällt bei der Berechnung der Summe nach (2-8) unangenehm ins Gewicht, daß bei dem Faktor

$$\frac{q^n - 1}{q - 1}$$

---

[1] Übungsaufgaben vom Typ des Beispiels (13) lassen sich algebraisch oder logarithmisch lösen. Am einfachsten ist jedoch hier wie auch bei allen weiteren Aufgaben der Finanzmathematik die Verwendung eines elektronischen Taschenrechners, der über eine allgemeine Potenzfunktion verfügt.

die Differenz sowohl im Zähler als auch im Nenner zu negativem Vorzeichen führt. Dies ist zwar nicht weiter bedeutsam, es hat sich aber eingebürgert, zur Vermeidung dieser Tatsache Zähler und Nenner des genannten Faktors mit (-1) zu multiplizieren. Man erhält dann als Variante von Gleichung (2-8):

$$\sum_{i=1}^{n} a_i = a_1 \cdot \frac{1-q^n}{1-q} \qquad \text{für } 0 < q < 1 \qquad (2\text{-}9).$$

Übungsaufgaben:

(15) Wie groß ist die Summe einer geometrischen Reihe mit $a_1 = 10$, $q = 1/2$ und $n = 5$?
(16) Welches Anfangsglied hat eine geometrische Reihe mit $q = 1/4$, $n = 5$ und der Summe 32.100?
(17) Wie lautet das Endglied einer geometrischen Reihe mit $q = 1/5$, $n = 6$ und der Summe 7.812?

Neben den endlichen geometrischen Reihen sind unendliche geometrische Reihen unterschieden worden. Es ist offensichtlich, daß die Summe einer unendlichen geometrischen Reihe mit $q > 1$ unendlich groß wird.

Anders liegt der Fall, wenn bei einer unendlichen geometrischen Reihe $0 < q < 1$. Hier kann man die Summe der unendlichen Reihe bestimmen, denn die Glieder einer derartigen Reihe werden immer kleiner und streben dem Wert Null zu.

Unterstellt sei, q sei ein echter Bruch im Bereich $0 < q < 1$. Wenn der Bruch sehr oft mit sich selbst multipliziert wird, wird q^n sehr klein. Daraus folgt:

$$\lim_{n \to \infty} (q^n) = 0 \qquad (2\text{-}10).$$

Da bei einer unendlichen geometrischen Folge $n \to \infty$, kann (2-10) für q^n in die Gleichung (2-9) eingesetzt werden. Man erhält:

$$\sum_{i=1}^{\infty} a_i = a_1 \cdot \frac{1}{1-q} \qquad \text{für } 0 < q < 1 \qquad (2\text{-}11).$$

<u>Übungsaufgaben:</u>

(18) Wie groß ist die Summe einer unendlichen geometrischen Reihe mit $a_1 = 5$ und
       $q = 0,2$?

(19) Bei einer öffentlichen Werbeveranstaltung wird dem Publikum eine Preisfrage gestellt,
       die auf einer Antwortkarte gelöst und abgegeben werden muß. Derjenige, der seine
       Karte mit der richtigen Antwort zuerst abgibt, erhält als Preis 500.- €, der zweite die
       Hälfte davon, der Dritte erhält wiederum die Hälfte des Betrages des zweiten Gewin-
       ners und so weiter. Das besondere an diesem Gewinnspiel ist nach Aussage des Wer-
       beleiters, daß jeder Teilnehmer etwas gewinnt, und zwar genau die Hälfte des Gewin-
       nes seines unmittelbaren Vorgängers. Wieviel Bargeld muß der Spielleiter für dieses
       Gewinnspiel zur Verfügung haben, um im Extremfall die Gewinnansprüche von un-
       endlich vielen Mitspielern berücksichtigen zu können?

3 Zinsrechnung

3.1 Die verschiedenen Arten der Verzinsung

Legt ein Sparer einen bestimmten Geldbetrag, sein Kapital, bei einer Bank z.B. auf einem Sparkonto an, so zahlt ihm die Bank für diese leihweise Überlassung des Kapitals einen Preis. Der Preis für geliehenes Geld wird allgemein als Zins bezeichnet. Die Höhe der insgesamt gezahlten Zinsen hängt bei festgelegtem Zinssatz und gegebenem Kapital davon ab, wie lange der Bank das Kapital überlassen wird. Den Zeitraum der Kapitalüberlassung bezeichnet man als die Laufzeit der Kapitalanlage.

Zinsen können unterschiedlich berechnet werden. Die Berechnung richtet sich

- nach der Länge des Zinszeitraumes,
- nach der Behandlung der bereits gezahlten Zinsen und
- nach dem Zeitpunkt der Zinszahlung, wenn das Kapital weiterhin angelegt bleibt.

Folglich sind verschiedene Verzinsungsarten zu unterscheiden, die nun kurz erläutert werden.

(1) Unterscheidung der Verzinsung nach der **Länge des vertraglich verein-barten Zinszeitraums:**
Werden die Zinsen jeweils für eine genau einjährige Kapitalüberlassung vergütet, spricht man von jährlicher Verzinsung. Dabei ist zu beachten, daß lediglich die Berechnung der Zinsen für eine Zinsperiode von einem Jahr erfolgt, und zwar in der Regel für das Kalenderjahr[1]. Dies bedeutet aber nicht, daß die Zinsen nur gezahlt werden, wenn das Kapital für ein Jahr oder länger angelegt ist. Vielmehr ist es üblich, Laufzeiten der Kapitalanlage von unter einem Jahr mit einem Zins zu verrechnen, der einen proportionalen Anteil des Jahreszinses darstellt.

---

1) Abweichungen der jährlichen Zinsperiode vom Kalenderjahr können im folgenden wegen der Geringfügigkeit des Unterschiedes im Ergebnis unberücksichtigt bleiben.

Wird z.B. ein Kapital von 1.000.- € bei 8% Jahreszins angelegt, so ergeben sich 80.- € Jahreszinsen. Bei 360 Zinstagen pro Jahr erhält der Anleger für jeden Tag der Laufzeit der Kapitalanlage einen Zinsbetrag von

$$\frac{80}{360} = 0,22 \cdot \epsilon$$

vergütet, wenn er sein Kapital vor Ablauf eines Jahres wieder zurückruft. Derartige Zinsen für Zeiträume, die kürzer sind als der Zeitraum der vereinbarten Zinsperiode, werden also nur berechnet und dem Kunden vergütet, wenn die Kapitalanlage vor Ablauf einer ganzen Zinsperiode tatsächlich beendet wird. Besteht die Kapitalanlage dagegen ein Jahr oder länger, so wird am Ende der Zinsperiode, also am Ende des Jahres ohne besondere Aufforderung der Jahreszins berechnet und ausgezahlt.

Ermittelt die Bank die Zinsen für Zinsperioden, die kürzer sind als ein Jahr, liegt eine unterjährliche Verzinsung vor. Derartige Zinsperioden können z.b. Halbjahre, Vierteljahre, Monate, Wochen oder Tage sein. Auch hier müssen wie bei der jährlichen Verzinsung die Zeitperiode und die Laufzeit der Kapitalanlage begrifflich klar voneinander getrennt werden. Üblicherweise werden auch bei unterjährlicher Verzinsung für Laufzeiten, die kürzer sind als die Zinsperiode, anteilige Zinsen für die verstrichene Laufzeit gezahlt.

(2)   Unterscheidung der Verzinsung nach der **Behandlung der gezahlten Zinsen:**
      Werden die von der Bank ausgezahlten Zinsen dem eingezahlten Kapitalbetrag des Sparers hinzugerechnet und bilden so für die nächste Zinsperiode einen neuen, erhöhten Kapitalbetrag, dann werden am Ende der zweiten Zinsperiode auch Zinsen für jenen Bestandteil des Kapitals gezahlt, der aus den Zinsen der ersten Periode besteht. Es werden also auch Zinsen auf die Zinsen vergütet. Eine derartige Behandlung von gezahlten Zinsen bezeichnet man als die Zahlung von **Zinseszinsen**. Wird ein Kapital zu diesen Bedingungen einer Bank überlassen, spricht man von einer **zinseszinslichen Kapitalanlage**.

Nach § 248 BGB dürfen Zinseszinsen nur Inhaber einer Bankkonzession gewähren bzw. für Kredite fordern. Damit soll dem privaten Wucher-Unwesen ein Riegel vorgeschoben werden. Nach § 355 HGB dürfen Zinseszinsen auch zwischen Kaufleuten bei der Verrechnung gegenseitiger Forderungen in Ansatz gebracht werden. Die Erhebung von Zinseszinsen zwischen Privatleuten ist jedoch nicht statthaft.

Werden im Gegensatz zur Zahlung von Zinseszinsen die ausgezahlten Zinsen in der nachfolgenden Periode nicht verzinst, z.b. weil sie auf einem gesonderten Konto unverzinslich angesammelt werden, spricht man von **einfacher Verzinsung** des Kapitals oder, weil dies die einzig zulässige Verzinsungsform zwischen Privatleuten ist, von der bürgerlichen Verzinsung. Die einfache Verzinsung spielt jedoch in der Praxis des Wirtschaftslebens nur eine untergeordnete Rolle, weil bei den meisten Zahlungsvorgängen Banken eingeschaltet sind.

(3) Unterscheidung der Verzinsung nach dem **Zeitpunkt der Zinszahlung**: Üblicherweise werden die Zinsen als Vergütung für eine erfolgte Kapitalüberlassung am Ende der Zinsperiode ausgezahlt. Erfolgt die Kapitalüberlassung nicht für eine ganze Zinsperiode, werden die Zinsen am Ende der Kapitalanlage, also am Ende der Laufzeit gutgeschrieben. In diesen Fällen der Zinszahlung am Ende der Zinsperiode spricht man von nachschüssiger Verzinsung.

Im Gegensatz dazu liegt **vorschüssige Verzinsung** vor, wenn der Zins bereits als Vorschuß auf die noch erfolgende Kapitalüberlassung am Anfang der Zinsperiode oder Laufzeit gezahlt wird. Vorschüssige Verzinsung spielt jedoch für wirtschaftliche Probleme eine völlig unbedeutende Rolle, so daß nachfolgend ausschließlich Probleme mit nachschüssigen Verzinsungen diskutiert werden sollen.

3.2 Jährliche Verzinsung

3.2.1 Einfache Verzinsung

Für die weitere Betrachtung werden zunächst die folgenden Symbole eingeführt:

K_0 ist das Anfangskapital, das z.b. ein Sparer der Bank überläßt.

n   ist die Anzahl der Jahre, die das Kapital angelegt wird.

K_n ist das Endkapital, das z.b. ein Sparar nach Ablauf von n Jahren erhält. Es
         setzt sich zusammen aus dem Anfangskapital und den in den n Jahren
         ausgezahlten Zinsen.

p   ist der vereinbarte Zinssatz in Prozent, also pro überlassene 100.- €.
         Wenn man z.b. von einer (Jahres-)Verzinsung von 6% spricht, meint man
         damit, daß pro Jahr für je 100.- € angelegtes Kapital 6.- € Zinsen gezahlt
         werden.

i   ist der Zinssatz für 1.- € angelegtes Kapital. Es gilt die Beziehung

$$i = \frac{p}{100}$$ (3-1).

Die einfache Verzinsung soll an folgendem Beispiel veranschaulicht werden:
Ein Sparer überläßt einer Bank ein Kapital von 1.000.- € und vereinbart mit
der Bank, daß diese ihm jeweils nach Ablauf eines Jahres einen Zins von p =
6% zahlt. Die gutgeschriebenen Zinsen werden jedoch nicht dem überlassenen
Kapital zugeschlagen, sondern auf einem anderen Konto unverzinslich angesammelt.

In diesem Beispiel bilden die überlassenen 1.000.- € das Anfangskapital des
Verzinsungsvorgangs. Dafür läßt sich schreiben:

$$K_0 = 1.000$$

Bei den vereinbarten p=6% Zinsen erhält der Sparer nach Ablauf eines Jahres
für je 100.- € angelegtes Kapitel 6.- € Zinsen. Für 1.000.- € Kapital

erhält er damit 60.- € Zinsen. Am Ende des ersten Anlagejahres verfügt der Sparer über ein Endkapital von

$$K_1 = 1.000 \quad + \quad 60 \quad = 1.060$$

Anfangs-   Zinsen
kapital K_0 z

Den Wert des Endkapitals kann man auch unter Verwendung des Zinssatzes "i" ermitteln. In dem Beispiel ist

$$i = \frac{6}{100} = 0,06.$$

Das bedeutet, daß der Sparer für jeden angelegten € nach Ablauf eines Jahres 0,06 € an Zinsen erhält. Da der Sparer insgesamt 1.000.- € angelegt hat, erhält er $1000 \cdot 0,06 = 60$ € Zinsen. Diese Zinsberechnung können wir verallgemeinern:

Zinsen = Anfangskapital · Zinssatz "i"

$$Z = K_0 \cdot i \qquad\qquad (3\text{-}2).$$

Das Endkapital K_1 setzt sich zusammen aus Anfangskapital und Zinsen:

$$K_1 = K_0 + Z.$$

Setzt man für Z den Ausdruck (3-2), dann ergibt sich:

$$K_1 = K_0 + K_0 \cdot i = K_0 \cdot (1 + i) \qquad\qquad (3\text{-}3).$$

Am Ende der zweiten Zinsperiode erhält der Sparer wiederum die gleichen Zinsen wie am Ende der ersten Zinsperiode, also wieder in Höhe von $K_0 \cdot i$ €. Der Wert seines Kapitals am Ende des zweiten Jahres einschließlich aller gezahlter Zinsen ist damit:

$$K_2 = 1.000 \quad + \quad 60 \quad + \quad 60 \quad = \quad 1.120$$

$\underbrace{\qquad}_{K_0}$ $\underbrace{\qquad}_{\substack{\text{Zinsen für} \\ \text{das 1. Jahr}}}$ $\underbrace{\qquad}_{\substack{\text{Zinsen für} \\ \text{das 2. Jahr}}}$

Dieser Gedanke läßt sich wieder verallgemeinern zu:

$$K_2 = K_0 + K_0 \cdot i = K_0 + 2 \cdot K_0 \cdot i$$
$$K_2 = K_0 \cdot (1 + 2i)$$

Entsprechend entwickelt sich das Kapital bei einfacher Verzinsung in den Folgejahren weiter:

$$K_3 = \underbrace{K_0 + K_0 \cdot i + K_0 \cdot i + K_0 \cdot i}_{\text{3 mal Zinsen}} \qquad\qquad = K_0 + 3 \cdot K_0 \cdot i$$

$$K_4 = \underbrace{K_0 + K_0 \cdot i + K_0 \cdot i + K_0 \cdot i + K_0 \cdot i}_{\text{4 mal Zinsen}} \qquad = K_0 + 4 \cdot K_0 \cdot i$$

$$K_5 = \underbrace{K_0 + K_0 \cdot i + K_0 \cdot i + K_0 \cdot i + K_0 \cdot i + K_0 \cdot i}_{\text{5 mal Zinsen}} = K_0 + 5 \cdot K_0 \cdot i$$

$$K_n = \underbrace{K_0 + K_0 \cdot i + K_0 \cdot i + ... + K_0 \cdot i + K_0 \cdot i}_{\text{n mal Zinsen}} \quad = K_0 + n \cdot K_0 \cdot i$$

Man kann damit den Wert eines Kapitals K_0, das n Jahre lang einfach verzinst wurde, berechnen nach[1]:

$$K_n = K_0 + n \cdot K_0 \cdot i \quad \text{und nach Umformung}$$

$$\boxed{K_n = K_0 \cdot (1 + n \cdot i)} \tag{3-4}$$

---

[1] Betrachtet man die Kapitalbeträge K_0, K_1, K_2, ..., K_n als Folge, dann bilden deren Glieder eine arithmetische Folge mit dem Anfangsglied K_0 und dem konstanten Summanden ($K_0 \cdot i$). Die Gleichung (3-4) läßt sich auch aus dieser Folgebetrachtung ableiten.

<u>Übungsbeispiel 3-1:</u>
Ein Privatmann hat am 1.1.1990 einem Freund einen Betrag von 870.- DM geliehen. Dieser verpflichtet sich, das Kapital mit p = 11% einfach zu verzinsen und am 31.12.1999 zurückzuzahlen. Welcher Betrag muß gezahlt werden?

Das Kapital war 10 Jahre lang bei p = 11% einfachen Zinsen dem Freund überlassen. Es gilt also:

$$n = 10 \qquad i = \frac{11}{100} = 0,11 \qquad K_0 = 870$$

Mit diesen Angaben läßt sich der Wert des zurückzuzahlenden Endkapitals berechnen:

$$K_{10} = 870 \cdot (1 + 10 \cdot 0,11) = 870 \cdot (1 + 1,1) = 870 \cdot (2,1)$$
$$\mathbf{K_{10} = 1.827}$$

Der Freund muß also am 31.12.1999 1.827.- DM zurückzahlen.

Gleichung (3-4) kann man umformen zu:

$$\boxed{K_0 = K_n \cdot \frac{1}{1 + n \cdot i}} \qquad (3\text{-}5).$$

Mit Hilfe dieser Beziehung kann man die Höhe des Anfangskapitals eines Verzinsungsvorgangs bei einfacher Verzinsung bestimmen, wenn Zinssatz, Laufzeit (in Jahren) und Höhe des Endkapitals bekannt sind. Dieses Anfangskapital bezeichnet man auch als Barwert eines Verzinsungsvorgangs. Den Vorgang der Barwert-Ermittlung nennt man Abzinsung oder Diskontierung. Der Barwert ist zu interpretieren als das Anfangskapital, das notwendig ist, um bei p% einfachen Zinsen auf das vorgegebene Endkapital K_n anzuwachsen.

<u>Übungsbeispiel 3-2:</u>
Ein Kaufmann verspricht für die Einräumung eines Wegerechtes nach Ablauf von 5 Jahren einen Betrag von 10.000.- € zu zahlen. Welchen Barwert hat diese zukünftige Zahlung heute bei p = 8% einfachen Zinsen?

In diesem Beispiel ist:

$$K_n = 10.000 \qquad i = \frac{8}{100} = 0,08 \qquad n = 5.$$

Nach (3-5) ergibt sich als Barwert:

$$K_0 = 10.000 \frac{1}{1+5 \cdot 0,08} = 10.000 \frac{1}{1+0,4} = 10.000 \frac{1}{1,4} = 10.000 \cdot 0,714286$$

$K_0 = 7.142,86$

Zur Kontrolle soll geprüft werden, ob der Betrag von $7.142,86$ € bei 8% einfachen Zinsen in 5 Jahren auf genau $10.000.-$ € anwachsen würde:

$$K_5 = 7.142,86 \cdot (1+5 \cdot 0,08) = 7.142,86 \cdot (1,4)$$
$K_5 = 10.000$

Eine Abzinsung der durch (3-5) gegebenen Art bezeichnet man als bürgerliche Diskontierung auf Hundert. Ihr besonderes Kennzeichen ist, daß bei einer Anlage des Barwert-Kapitals zu dem jeweiligen Zinssatz über den angegebenen Zeitraum sich genau das bekannte Endkapital ergibt. Diese Tatsache ergibt sich auch aus der Kontrollrechnung zu Übungsbeispiel 3-2.

Neben der bürgerlichen Diskontierung auf Hundert kennt man noch die rechnerisch einfacher zu handhabende kaufmännische Diskontierung vom Hundert. Bei dieser subtrahiert man vom Endkapital K_n n mal die Zinsen auf dieses Endkapital:

$$K_0 = K_n - n \cdot K_n \cdot i$$

$$\boxed{K_0 = K_n \cdot (1 - i \cdot n)} \qquad (3\text{-}6).$$

Die kaufmännische Diskontierung vom Hundert hat sich vor allem bei Verzinsungsvorgängen mit kurzer Laufzeit, z.B. bei der Berechnung des Wechseldiskonts eingebürgert und bewährt. Besonderes Kennzeichen der kaufmännischen Diskontierung vom Hundert ist es, daß bei einer Anlage des berechneten Barwert-Kapitals zu dem jeweiligen Zinssatz über den angegebenen Zeitraum sich nicht das vorausgesetzte Endkapital ergibt.

Übungsbeispiel 3-3:
Führt man für die Angaben des Übungsbeispiels 3-2 eine kaufmännische Diskontierung durch, dann erhält man:

$$K_0 = 10.000 \cdot (1 - 0,08 \cdot 5) = 10.000 \cdot (0,6)$$
$K_0 = 6.000$

Als Kontrollrechnung wird geprüft, auf welchen Betrag der ermittelte Barwert bei p = 8% Zinsen in 5 Jahren anwächst:

$$K_5 = 6.000 \cdot (1-0,08 \cdot 5) = 6.000 \cdot (1,4)$$
$$\mathbf{K_5 = 8.400}$$

Wie man aus Beispiel 3-3 ersieht, ist die Abweichung der Ergebnisse im Vergleich zu Übungsbeispiel 3-2 erheblich. Dies ist auf die relativ lange Laufzeit des Verzinsungsvorgangs von 5 Jahren zurückzuführen. Wegen der Ungenauigkeit der Ergebnisse wird die kaufmännische Diskontierung vom Hundert nur bei Laufzeiten von unter einem Jahr verwendet. Dabei wird unterstellt, daß die jährlichen Zinsen bei unterjährlicher Laufzeit anteilig ausgezahlt werden.

Übungsbeispiel 3-4:
Jemand verspricht, nach Ablauf von 6 Monaten bei 6% einfacher Verzinsung 500.- € zu zahlen. Wie groß ist der Barwert dieser zukünftigen Zahlung?

(a) bürgerliche Diskontierung auf Hundert
$$K_0 = 500 \frac{1}{1+0,06 \cdot 0,5} = 500 \frac{1}{1,03}$$
$$\mathbf{K_0 = 485,44}$$

(b) kaufmännische Diskontierung vom Hundert
$$K_0 = 500 \cdot (1-0,06 \cdot 0,5) = 500 \cdot (0,97)$$
$$\mathbf{K_0 = 485,00}$$

Die kaufmännische Diskontierung wurde trotz ihrer bekannten Ungenauigkeit deswegen gern durchgeführt, weil sie im Vergleich zur bürgerlichen Diskontierung auf Hundert rechnerisch wesentlich einfacher zu handhaben ist. Nachdem sich aber der Gebrauch elektronischer Taschenrechner in breiter Front durchgesetzt hat, nimmt die Bedeutung der kaufmännischen Diskontierung vom Hundert immer mehr ab, da die erforderliche Rechengenauigkeit bei der bürgerlichen Diskontierung auf Hundert heute von jedermann ohne Probleme erreicht werden kann.

Übungsaufgaben:
(20) Ein Vater leiht seinem Sohn am 1.1. eines Jahres 1.000.- €. Es wird vereinbart, daß der Sohn bei einfacher Verzinsung von 8% das Kapital einschließlich der Zinsen nach Ablauf von 3 Jahren zurückzahlt. Wie hoch ist der Rückzahlungsbetrag?

(21) Ein Vater zahlt bei der Geburt eines Sohnes einen bestimmten Geldbetrag bei einer Bank ein, die das Geld bei 6% einfachen Zinsen ansammelt. Der Sohn erhält nach Ablauf von 25 Lebensjahren 1.250.- € ausgezahlt. Wie hoch war das seinerzeit angelegte Anfangskapital?

(22) Ein Kapital von 1.250.- € war bei 7% einfacher Verzinsung angelegt und ist auf derzeit 2.912,50 € angewachsen. Wieviele Jahre war das Kapital angelegt?

(23) Ein Kapital von 2.500.- € war 12 Jahre lang bei einfacher Verzinsung angelegt und ist nach Ablauf von 12 Jahren einschließlich der gezahlten Zinsen auf 4.750.- € angewachsen. Wie groß war der über den gesamten Zeitraum konstante Zinssatz p?

3.2.2 Verzinsung mit Zinseszinsen

Ein Sparer überläßt am 1.1. eines Jahres ein Kapital einer Bank und vereinbart mit dieser, daß sie ihm jeweils nach Ablauf eines Jahres p% Zinsen als Entgelt für die Kapitalüberlassung zahlt. Die gezahlten Zinsen sollen dem überlassenen Kapital zugerechnet werden und somit den Kapitalbestand für die jeweils nachfolgende Anlageperiode erhöhen. Am Ende des jeweils nachfolgenden Jahres werden wieder p% Zinsen gezahlt, aber berechnet von dem erhöhten Kapitalbestand.

Man kann sich das Anwachsen des Kapitals einschließlich der Zinsen gut anhand von Tabelle 3-1 veranschaulichen.

Aus Tabelle 3-1 ergibt sich, daß man allgemein die Höhe eines zinseszinslich angesammelten Endkapitals berechnen kann nach:

$$K_n = K_0 \cdot (1+i)^n \quad [1)] \qquad\qquad (3\text{-}7).$$

Leibnizsche Zinsformel

[1)] Die Kapitalbeträge K_0, K_1, K_2, K_3, ..., K_n bilden die Glieder einer geometrischen Zahlenfolge mit dem Anfangsglied K_0, dem konstanten Faktor $(1+i)$. Man kann deswegen die Gleichung (3-7) auch aus der Analyse einer geometrischen Zahlenfolge ableiten.

Tabelle 3-1: Entwicklung eines Kapitalbestandes bei zinseszinslicher Anlage

	Zeitpunkt	Anfangskapital	Zinsen	Endkapital
1. Jahr	1.Januar	K_0		
	31.Dezember		$K_0 \cdot i$	$K_0 + K_0 \cdot i = \qquad K_0 \cdot (1+i) = K_1$
2. Jahr	1.Januar	K_1		
	31.Dezember		$K_1 \cdot i$	$K_1 + K_1 \cdot i = K_1(1+i)$ $= K_0(1+i) \cdot (1+i) = \qquad K_0 \cdot (1+i)^2 = K_2$
3. Jahr	1.Januar	K_2		
	31.Dezember		$K_2 \cdot i$	$K_2 + K_2 \cdot i = K_2(1+i)$ $= K_0(1+i)^2 \cdot (1+i) = \qquad K_0 \cdot (1+i)^3 = K_3$
...				
n. Jahr	1.Januar	K_{n-1}		
	31.Dezember		$K_{n-1} \cdot i$	$K_{n-1} + K_{n-1} \cdot i = K_{n-1} \cdot (1+i)$ $= K_0(1+i)^{n-1} \cdot (1+i) = \qquad K_0 \cdot (1+i)^n = K_n$

Anmerkung: Zur Entwicklung der Kapitalbeträge K_0, K_1, ... vergleiche man die Fußnote auf der vorigen Seite.

Übungsbeispiel 3-5:
Ein Vater legt bei der Geburt seiner Tochter einen Betrag von 1.000.- € bei einer Bank zu 6,5% Zinseszinsen an. Die Tochter soll nach Ablauf von 18 Lebensjahren über das Kapital einschließlich der Zinsen verfügen können. Wie hoch wird dieser Betrag sein?

Es gilt: $K_0 = 1.000$ $p = 6,5\%$ $i = 0,065$ $n = 18$

Mit Gleichung (3-7) berechnet man das Endkapital K_n nach 18 Jahren:

$$K_n = 1.000 \cdot (1+0,065)^{18} = 1.000 \cdot (1,065)^{18} = 1.000 \cdot 3,106654$$
$$K_n = 3.106,65$$

Die Tochter wird an ihrem 18. Geburtstag über 3.106,65 € verfügen können.

Übungsbeispiel 3-6:
Sehr eindrucksvoll für einen Vergleich zwischen einfacher und zinseszinslicher Verzinsung ist folgender Fall:

Wenn der Magistrat der Stadt Münster am 1.1.1648 aus Freude über den Abschluß des Westfälischen Friedens zu Münster einen Pfennig zu 5% Zinsen einmal bei einfacher Verzinsung und einmal bei zinseszinslicher Verzinsung angelegt hätte, welcher Betrag stünde dann am 31.12.2000 auf den beiden Konten?

(a)   bei einfacher Verzinsung:

Es gilt: $K_0 = 0{,}01$ $p = 5\%$ $i = 0{,}05$ $n = 353$.

Damit erhält man nach (3-4):

$K_n = 0{,}01 \cdot (1+0{,}05 \cdot 353) = 0{,}01 \cdot (18{,}65)$ $\rightarrow$ **$K_n = 0{,}1865 \text{ DM}$**

Das Kapital von 1 Pfennig wäre in den 353 Jahren auf 18,65 Pfennige angewachsen.

(b)   bei zinseszinslicher Verzinsung:

Es gilt: $K_0 = 0{,}01$ $p = 5\%$ $i = 0{,}05$ $n = 353$.

Damit läßt sich nach (3-7) berechnen:

$K_n = 0{,}01 \cdot (1+0{,}05)^{353} = 0{,}01 \cdot (1{,}05)^{353} = 0{,}01 \cdot 30.187.181{,}9$
$K_n = 301.871{,}82 \text{ DM}$

Das Kapital von 1 Pfennig wäre bei zinseszinslicher Anlage in den 353 Jahren auf 301.871,82 DM angewachsen.

Die Entwicklung eines Kapitalbestandes bei einfacher und bei zinseszinslicher Verzinsung ist anschaulich in Abbildung 3-1 wiedergegeben.

Abb. 3-1:   Graphische Darstellung des Anwachsens eines Kapitalbestandes bei einfacher und zinseszinslicher Verzinsung bei einem Zinssatz von $p = 8\%$

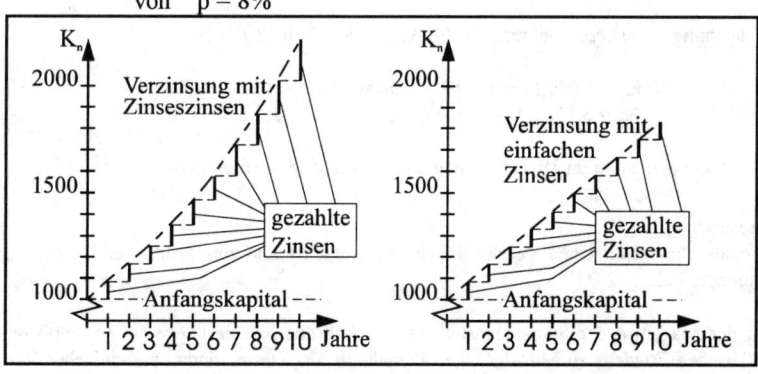

Interessant ist auch ein Vergleich der Entwicklung des Kapitalbestandes bei den beiden Verzinsungsformen bei Laufzeiten der Anlage von unter einem Jahr. Dieser Vergleich ist in Abbildung 3-2 durchgeführt.

Abb. 3-2:   Graphische Darstellung des Anwachsens eines Kapitalbestandes bei einfacher und bei zinseszinslicher Verzinsung bei jährlicher Zinsperiode und unterjährlicher Laufzeit bei einem Zinssatz von p = 15%.

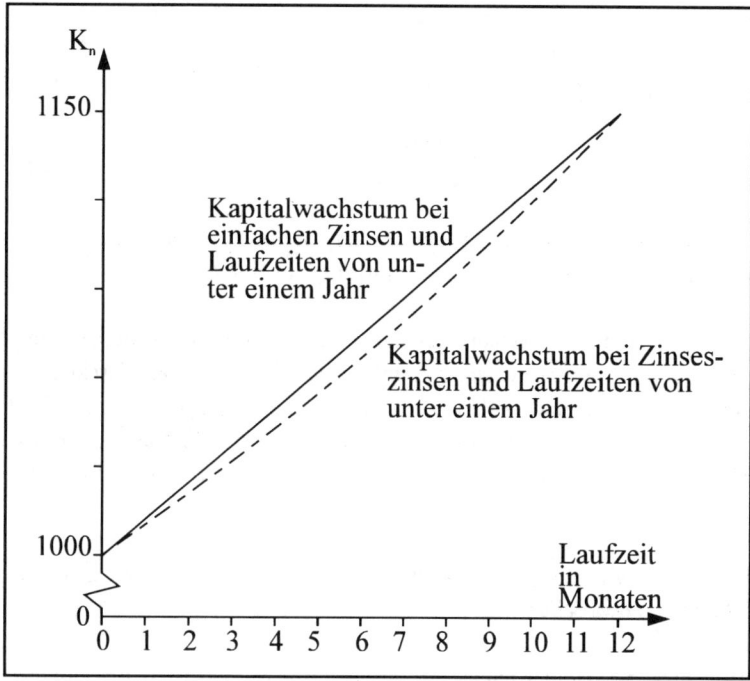

Aus Abbildung 3-2 ergibt sich, daß bei Laufzeiten der Kapitalanlage von unter einem Jahr ein Anfangskapital K_0 bei einfacher Verzinsung schneller anwächst, als bei Zinseszinsen. Bei einer Laufzeit von genau einem Jahr führen beide Verzinsungsformen zum gleichen Endkapital und bei Laufzeiten von über einem Jahr führen Zinseszinsen zu einem schnelleren Kapitalwachstum.

Die Berechnung des Endkapitals bei Zinseszinsen erfolgt nach (3-7) mit der Gleichung

$$K_n = K_0 \cdot (1+i)^n$$

Der Faktor $(1+i)^n$ wird hier oft als der **Aufzinsungsfaktor** bezeichnet, für den man meist abgekürzt

$$(1+i)^n = q^n$$

schreibt, so daß man (3-7) abkürzen kann zu:

$$\boxed{K_n = K_0 \cdot q^n} \qquad\qquad (3\text{-}8).$$

Der Aufzinsungsfaktor q^n ist in vielen umfangreichen Tabellenwerken für verschiedene Zinssätze und verschiedene Laufzeiten tabelliert.

Wesentlich einfacher und genauer als durch das Ablesen von Tabellen erfolgt die Ermittlung des Aufzinsungsfaktors mit einem elektronischen Taschenrechner, der über eine allgemeine Potenzfunktion verfügt. Mit einem solchen Gerät lassen sich auch Aufzinsungsfaktoren für komplizierte Zinssätze (wie z.B. 8,753% oder 8,035%) bei beliebiger Laufzeit schnell und wirtschaftlich ausrechnen.

Ausgehend von Gleichung (3-7) kann man nun eine Reihe unterschiedlicher Fragestellungen bearbeiten:

(1) Wie groß wird ein Kapital K_0, das bei p% Zinseszinsen n Jahre lang angelegt wird? Diese grundlegende Fragestellung ist bereits oben besprochen und läßt sich direkt mit (3-7) lösen.

(2) Wie groß war ein Anfangskapital K_0, das bei p% Zinseszinsen n Jahre lang angelegt war und in dieser Zeit auf ein bestimmtes Endkapital K_n angewachsen ist? Diese Frage nach dem Anfangskapital oder dem Barwert eines Verzinsungsvorgangs läßt sich lösen mit der Gleichung

$$K_0 = K_n \cdot \frac{1}{(1+i)^n} = K_n \cdot \frac{1}{q^n} \qquad (3\text{-}9),$$

die sich direkt aus (3-7) bzw. aus (3-8) berechnen läßt.

Übungsbeispiel 3-7:
Ein Kaufmann erhält aus einer Erbschaft ein Kapital von 10.420.- €, das bei 5% Zinseszinsen 12 Jahre lang angelegt war. Wie groß war vor 12 Jahren das Anfangskapital K_0?

Es gilt: $K_n = 10.420$ $p = 5\%$ $i = 0,05$ $n = 12$.

Gem. (3-9) erhält man:

$$K_0 = 10.420 \cdot \frac{1}{(1+0,05)^{12}} = 10.420 \cdot 0,556837$$
$$K_0 = 5.802,24.$$

Die Frage nach der Bestimmung des Barwertes, also die Frage der Diskontierung, ist bei wirtschaftlichen Betrachtungen von großer Bedeutung. Der Barwert kann interpretiert werden als

(a)   der heutige Wert einer in Zukunft anfallenden, in ihrer Größe bereits bekannten Zahlung, wenn Zinshöhe und Laufzeit gegeben sind;

(b)   Anfangskapital eines Verzinsungsvorgangs, dessen Kapital heute auf einen bestimmten bekannten Betrag angewachsen ist, wenn Zinshöhe und Laufzeit gegeben sind.

Übungsbeispiel 3-8:
Aus einer Geschäftsbeteiligung soll nach Ablauf von vier Jahren eine Gewinnausschüttung von 5.000.- € getätigt werden. Wie groß ist der Barwert dieser zukünftigen Ausschüttung heute, wenn mit 8% Zinseszinsen gerechnet wird?

Es gilt: $K_n = 5.000$ $p = 8\%$ $i = 0,08$ $n = 4$.

Nach (3-9) kann man berechnen:

$$K_0 = 5.000 \cdot \frac{1}{(1+0,08)^4} = 5.000 \cdot 0,735030$$
$$K_0 = 3.675,15.$$

Zur Kontrolle kann man rechnen: Ein Kapital von 3.675,15 € würde in 4 Jahren bei 8% Zinsen auf genau 5.000.- € anwachsen.

Übungsbeispiel 3-9:
Ein Wechsel über 4.000.- € ist bei 10% Zinseszinsen nach Ablauf von genau 2 Jahren fällig. Wie groß ist der Barwert des Wechsels, d.h. zu welchem Betrag würde eine Bank den Wechsel heute (ohne Berücksichtigung von Kosten) ankaufen?

Es gilt: $K_n = 4.000$ $p = 10\%$ $i = 0,10$ $n = 2$.

Nach (3-9) erhält man:

$$K_0 = 4.000 \cdot \frac{1}{(1+0,1)^2} = 4.000 \cdot 0,826446$$

$$K_0 = 3.305,79.$$

Wegen der großen Bedeutung der Diskontierung für die Wirtschaftspraxis hat man den Faktor

$$\frac{1}{(1+i)^n} = \frac{1}{q^n},$$

den man auch als **Abzinsungs- oder Diskontierungsfaktor** bezeichnet, gesondert tabelliert. Dieser Faktor läßt sich allerdings einfacher und wesentlich genauer mit einem elektronischen Taschenrechner bestimmen[1].

(3)   Ein bekanntes Anfangskapital ist in n Jahren auf ein gegebenes Endkapital K_n angewachsen. Wie groß war der Zinssatz p während des gesamten Zeitraumes? Um diese Frage beantworten zu können, muß die Gleichung (3-7) nach "i" aufgelöst werden, woraus sich "p" berechnen läßt.

Aus Gleichung (3-7)

$$K_n = K_0 \cdot (1+i)^n$$

erhält man

---

[1]   Man berechnet hierzu zuerst mit der allgemeinen Potenzfunktion (y^x-Funktion o.ä.) den Aufzinsungsfaktor q^n und bildet dann mit der Kehrwertfunktion (1/x-Funktion o.ä.) dessen Kehrwert. Der Kehrwert des Aufzinsungsfaktors ist der gesuchte Abzinsungsfaktor.

$$\frac{K_n}{K_0} = (1+i)^n$$

und weiter:

$$\sqrt[n]{\frac{K_n}{K_0}} = (1+i) \, .$$

Es ergibt sich als Bestimmungsgleichung für den Zinssatz "i":

$$i = \sqrt[n]{\frac{K_n}{K_0}} - 1 \qquad\qquad (3\text{-}10).$$

Bei der Integration des nach (3-10) ermittelten Zinssatzes ist zu berücksichtigen, daß dieser Zinssatz die konstante Verzinsung über die gesamte Laufzeit der Kapitalanlage angibt. Sollten sich während dieser Laufzeit Änderungen der Zinshöhe ergeben haben, wird aus den verschiedenen Zinssätzen durch Gleichung (3-10) ein Mittelwert[1] gebildet.

Übungsbeispiel 3-10:
Ein Kapital von 5.000.- € ist nach genau 7-jähriger Anlage auf 10.000.- € angewachsen. Wie groß war die erzielte durchschnittliche Verzinsung?

Es gilt: $K_0 = 5.000$ $K_n = 10.000$ $n = 7$.

Man erhält nach (3-10):

$$i = \sqrt[7]{\frac{10.000}{5.000}} - 1 = \sqrt[7]{2} - 1 = 1{,}10409 - 1$$

$$i = 0{,}10409$$

$$p = i \cdot 100 = 10{,}409\%$$

---

[1] Es handelt sich bei diesem Mittelwert um das in der Statistik gebräuchliche **geometrische Mittel**.

Zur Kontrolle kann man rechnen: Wenn man 5.000.- € zu 10,409% Zinseszinsen 7 Jahre lang anlegt, ergibt sich nach (3-7) ein Endkapital von 10.000.- €.

(4) Ein bekanntes Anfangskapital K_0 ist bei p% Zinseszinsen auf ein gegebenes Endkapital angewachsen. Wieviele Jahre war das Kapital angelegt?

Zur Beantwortung dieser Frage muß die Grundgleichung (3-7) nach n aufgelöst werden. Man erhält:

$$\frac{K_n}{K_0} = (1+i)^n$$

$$\log\left[\frac{K_n}{K_0}\right] = n \cdot \log(1+i)$$

und schließlich:

$$n = \frac{\log(K_n) - \log(K_0)}{\log(1+i)} \qquad (3\text{-}11).$$

Übungsbeispiel 3-11:
Ein Erbe erhält einen Pfandbrief über 1.000.- €, der bei 8,5% durchschnittlicher Verzinsung insgesamt 1.661,69 € an Zinsen und Zinseszinsen erbracht hat, wobei die ausgeschütteten Zinsen jeweils wieder zu 8,5% Zinsen angelegt werden konnten. Wieviele Jahre ist der Pfandbrief angelegt gewesen?

Es gilt: $K_0 = 1.000$ $K_n = 2.661,69$ $p = 8,5\%$ $i = 0,085$.

Nach (3-11) erhält man:

$$n = \frac{\log(2.661,69) - \log(1.000)}{\log(1+0,085)} = \frac{3,42516 - 3,00000}{0,03543}$$

n = 12

Die für (3-11) benötigten Logarithmen kann man in einer Logarithmentafel nachschlagen. Wesentlich einfacher und genauer als mit der Logarithmentafel erhält man die Logarithmen allerdings mit einem elektronischen Taschenrechner mit entsprechender Ausstattung. Gerade hier zeigt sich wegen der wesentlich höheren Rechnergenauigkeit (ein Rechner hat mindestens 6 Nachkommastellen im Gegensatz zu den meisten Logarithmentafeln, die nur 4 Nachkommastellen bieten) ein entscheidender Vorteil der Verwendung von Taschenrechnern im Vergleich zu Tabellenwerken.

Übungsaufgaben:

(24) Ein Kapital von 10.000.- € wird zu 8% Zinseszinsen auf 12 Jahre festgelegt. Wie groß wird der Rückzahlungsbetrag sein?

(25) Ein Geschäftsmann verspricht, für die Überlassung einer Lizenz nach 5 Jahren Nutzung ein Entgelt von 100.000.- € zu zahlen. Wie groß ist bei einem banküblichen Jahreszins von 6,5% der Barwert dieser Zahlung?

(26) Welchen Barwert hat eine in genau 7 Jahren fällige Zahlung von 7.000.- € bei 7% Zinseszins?

(27) Ein Anfangskapital von 1.000.- € ist nach 5 Jahren auf 2.000.- € angewachsen. Wie hoch ist der durchschnittliche Jahreszinssatz für die gesamte Laufzeit?

(28) Ein Kaufmann beteiligt sich am 1.1.1994 mit einem Betrag von 100.000.- DM an einer Firma. Er beläßt seine Gewinnanteile in dem Unternehmen und liquidiert seine Beteiligung am 31.12.2000. Bei seinem Ausscheiden werden ihm Kapitalanteile in Höhe von 145.000.- DM ausgezahlt.

(a) Wie hoch ist die durchschnittliche Jahresverzinsung des eingesetzten Kapitals während der gesamten Laufzeit?

(b) Der Kaufmann hätte sein Kapital auch am 1.1.1994 zu 6,5% jährlichen Zinseszinsen bei einer Bank anlegen können. Wäre diese Anlageform im Vergleich zu der oben erwähnten Beteiligung lohnender gewesen?

(29) Bei wieviel Prozent Jahreszins verdoppelt sich ein Kapital in vier Jahren?

(30) In wieviel Jahren verdoppelt sich ein Kapital bei 5,5% Jahreszins?

(31) Für einen Schüler wurden seinerzeit 100.- € bei 8,5% Jahreszins angelegt. Dieses Kapital ist heute auf 339,97 € angewachsen. Wie lange war das Kapital angelegt?

3.3 Unterjährliche Verzinsung[1)]

3.3.1 Unterjährliche einfache Verzinsung

Bei unterjährlicher einfacher Verzinsung werden die Zinsen mehrmals in einem Jahr ausgezahlt und neben dem Kapital unverzinslich angesammelt. Werden

---

[1)] Für alle unterjährlichen Verzinsungsvorgänge werden entsprechend der in Deutschland üblichen Handhabung im folgenden 1 Jahr = 12 Monate = 360 Tage gesetzt.

z.B. halbjährlich 3% Zinsen gezahlt, so stehen einem Sparer, der 1.000.- € angelegt hat, nach 6 Monaten 30.- € Zinsen und nach weiteren 6 Monaten wieder 30.- € Zinsen zur Verfügung. Nach Ablauf eines Jahres hat der Sparer insgesamt 60.- € Zinsen erhalten, also genausoviel, wie er bei einer jährlichen Verzinsung von 6% erhalten hätte.

Wegen der in Gleichung (3-4)

$$K_n = K_0(1+i{\cdot}n)$$

ausgedrückten linearen Beziehung zwischen der Höhe des Endkapitals K_n und der Laufzeit n können für n auch durchaus Werte verwendet werden, die kleiner als 1 sind. Insofern ist die Behandlung einfacher unterjährlicher Verzinsung kein neues Problem. Man berechnet zur Lösung derartiger Probleme aus dem angegebenen Zinssatz pro unterjährlicher Zinsperiode einen Jahreszins und verwendet diesen in der Gleichung (3-4), in der n nunmehr auch nicht ganzzahlige Werte annehmen kann.

Übungsbeispiel 3-12:
Für kurzfristige Festgeldanlagen gewährt eine Schweizer Bank 1,8% einfache Zinsen pro Vierteljahr. Ein Unternehmen möchte 100.000.- € für 36 Tage anlegen. Welcher Kapitalbetrag wird zurückgezahlt?

Es gilt: $K_0 = 100.000$ Vierteljahreszins = 1,8%   n = 0,1.

Aus dem Vierteljahreszins berechnet man den Jahreszins von $4{\cdot}1,8 = 7,2\%$. Nunmehr kann man in (3-4) einsetzen und erhält:
$$K_n = 100.000{\cdot}(1+0,072{\cdot}0,1) = 100.000{\cdot}(1,0072)$$
$$K_n = 100.720$$

Will man bei der Berechnung von unterjährlichen Verzinsungsproblemen bei einfachen Zinsen nicht den Jahreszins berechnen, sondern den angegebenen Zins pro unterjährlicher Zinsperiode verwenden, dann kann man auch diesen in Gleichung (3-4) einsetzen; nur ist dann statt der jahresbezogenen Laufzeit n die Gesamtzahl der unterjährlichen Zinsperioden zu verwenden. Bezeichnet man die Anzahl der Zinsperioden pro Jahr mit dem Symbol **m**, dann ist die angesprochene Gesamtzahl unterjährlicher Zinsperioden einer Kapitallaufzeit gleich **n·m**.

Übungsbeispiel 3-13:
Ein Kapital von 1.000 € ist drei Jahre lang zu 4% einfachen Halbjahreszinsen angelegt. Wie hoch ist das Endkapital?

Es gilt: $K_0 = 1.000$ $m = 2$ $n = 3$ Halbjahreszins = 4%.

Man erhält durch Einsetzen in (3-4):
$$K_n = 1.000(1+0,04 \cdot 2 \cdot 3) = 1.000(1+0,24)$$
$$\mathbf{K_n = 1.240.-}$$

3.3.2 Unterjährliche Verzinsung mit Zinseszinsen

Bei unterjährlicher Verzinsung mit Zinseszinsen bestehen allgemein m Zinsperioden pro Jahr. Am Ende einer jeden Zinsperiode werden die Zinsen ausgezahlt und dem Kapital zugerechnet, so daß die Zinsen in der nächsten Zinsperiode bereits mitverzinst werden.

Legt ein Sparer 1.000.- € zu 3% halbjährlichen Zinseszinsen an, dann erhält er nach Ablauf von 6 Monaten 30.- € Zinsen ausgezahlt. Am Beginn des zweiten Halbjahres, also der zweiten Zinsperiode, steht damit ein Kapital von 1.030.- € zur Verfügung. Für dieses Kapital erhält der Sparer nach Ablauf von weiteren 6 Monaten 30,90 € Zinsen, so daß sein Kapital nach Ablauf eines Jahres auf 1060,90 € angewachsen ist.

Bei m Zinsperioden pro Jahr kann der Zinssatz pro Zinsperiode aus

$$\boxed{\frac{p}{m} = p^*} \qquad (3\text{-}12)$$

berechnet werden. Der Periodenzins p^* wird also aus dem Jahreszins p ermittelt, indem man ihn durch m, die Anzahl der Zinsperioden pro Jahr teilt. Ist z.B. der Jahreszins p = 6% und erfolgt die Zinszahlung vierteljährlich, dann ist mit m = 4 der Periodenzins

$$p^* = \frac{6}{4} = 1,5 \qquad (\text{in } \%).$$

Der Periodenzins für einen € angelegtes Kapital wird in bekannter Weise als

$$i^* = \frac{p^*}{100} = \frac{i}{m} \qquad\qquad (3\text{-}13).$$

berechnet. Das Endkapital eines Zinseszinsvorgangs, bei dem mehrmals jährlich Zinsen gezahlt und im weiteren mitverzinst werden, berechnet sich in Abwandlung von Gleichung (3-7) nach :

$$K_n = K_0(1+i^*)^{m \cdot n} \qquad\qquad (3\text{-}14).$$

Übungsbeispiel 3-14:
Ein Sparer legt 1.000.- € bei 6% Jahreszinsen an. Die Zinsen werden zweimal jährlich ausgezahlt und mitverzinst (Halbjahreszinsen). Auf welchen Betrag ist das Kapital des Sparers
nach Ablauf von 2 Jahren angewachsen?

Es gilt: $K_0 = 1.000$ $p = 6\%i = 0,06$ $i^* = 0,03$ $m = 2 \; n = 2$.

Man berechnet nach (3-14):

$$K_n = 1.000(1+0,03)^{2 \cdot 2} = 1.000(1,03)^4 = 1.000 \cdot 1,12551$$
$$\mathbf{K_n = 1.125,51}$$

Übungsbeispiel 3-15:
Eine bestimmte Bundesanleihe wird mit 6% Jahreszins verzinst, wobei die Zinsen viermal
jährlich zum Quartalsende ausgezahlt werden. Die depotführende Bank verpflichtet sich, die
ausgeschütteten Zinsen zu 6% zinseszinslich anzulegen, bei ebenfalls vierteljährlicher
Zinszahlung.

Ein Unternehmen legt 10.000.- € in derartigen Anleihen fest und beabsichtigt, diese Anlage
für 5 Jahre aufrecht zu erhalten. Welcher Kapitalbetrag steht nach Ablauf der 5 Jahre zur
Verfügung?

Es gilt: $K_0 = 10.000$ $p = 6\%i = 0,06$ $i^* = 0,015$ $m = 4$ $n = 5$.

Nach (3-14) berechnet man:

$$K_n = 10.000(1+0,015)^{4 \cdot 5} = 10.000(1,015)^{20} = 10.000 \cdot 1,346855$$
$$\mathbf{K_n = 13.468,55}$$

Es soll nun geklärt werden, welche Auswirkung die mehrfache Zinszahlung pro
Jahr bei Verwendung des relativen Periodenzinssatzes $\frac{i}{m}$ auf die Höhe des
Endkapitals hat. Unterstellt sei, daß die 6%-ige Bundesanleihe aus

Übungsbeispiel 3-15 nur einmal jährlich verzinst würde. Welches Endkapital würde sich dann ergeben, wenn auch die Zinsen bei jährlicher Zinszahlung angelegt würden und der Anlagezeitraum 5 Jahre betrüge?

Man erhielte hier nach (3-7)

$$K_n = 10.000(1+0,06)^5 = 10.000 \cdot 1,338226$$
$$K_n = 13.382,26.$$

Vergleicht man diesen Betrag mit dem Ergebnis von Übungsbeispiel 3-15, dann stellt man fest, daß durch eine Erhöhung der Zahl der Zinsperioden pro Jahr das Endkapital höher wird. Dies ergibt sich aus der Möglichkeit, mehrmals innerhalb eines Jahres die ausgezahlten Zinsen wiederum zinseszinslich anzulegen, was offensichtlich zu einem schnelleren Kapitalwachstum führen muß.

Bei der Betrachtung unterjährlicher Verzinsungsvorgänge sind verschiedene Zinssätze zu unterscheiden. Grundlage der Betrachtung ist hier immer der Zinssatz

$$i = \frac{p}{100} \qquad ,$$

der üblicherweise als der nominelle Jahreszinssatz bezeichnet wird. Aus diesem haben wir bereits den Zinssatz

$$i^* = \frac{i}{m}$$

abgeleitet. Diesen Zinssatz für die unterjährliche Zinsperiode bezeichnet man als den relativen Zinssatz. Er wird oft explizit vorgegeben, z.B. als 3% Halbjahreszins oder 2% Zinsen pro Vierteljahr.

Wie wir bereits gesehen haben, ergibt sich bei 3% Halbjahreszins nach einem Jahr ein höheres Endkapital als bei 6% Jahreszins, obwohl nominell $2 \cdot 3\%$ auch 6% sind. Je größer die Zahl der Zinsperioden pro Jahr wird, desto größer wird auch das Endkapital nach einem Jahr. Es liegt daher nahe zu fragen, welchen Jahreszins man bekommen müßte, damit das Endkapital nach einer bestimmten Anzahl von Jahren genauso hoch ist wie bei unterjährlicher Verzinsung mit vorgegebenem relativem Zinssatz.

Übungsbeispiel 3-16:
In Beispiel 3-15 wurde berechnet, daß bei der Bundesanleihe, die mit 1,5% Vierteljahreszins verzinst wurde, sich nach 5 Jahren ein Endkapital von 13.468,55 € ergibt. Welchen Jahreszins hätte man bekommen müssen, wenn das Anfangskapital von 10.000.- € bei jährlicher Verzinsung auf ebenfalls 13.468,55 € in 5 Jahren anwachsen soll?

Diesen Jahreszinssatz, der zu gleichem Endkapital führt wie der unterjährliche Verzinsungsvorgang, bezeichnet man als den **effektiven Jahreszinssatz**. Zu seiner Berechnung muß man sich vergegenwärtigen, daß sich das Endkapital bei unterjährlicher Verzinsung mit dem relativen Zinssatz nach (3-14) ergibt. Dieses Endkapital muß gleich sein einem jährlichen Verzinsungsvorgang mit dem effektiven Jahreszinssatz. Für diesen Zinssatz soll das Symbol **j** verwendet werden. Dieses Symbol wird in Gleichung (3-7) eingesetzt. Durch Gleichsetzen der beiden Endkapitalformeln erhält man:

$$K_0(1+i^*)^{m \cdot n} = K_0(1+j)^n$$

| Endkapital bei unterjährlicher Verzinsung mit dem relativen Zinssatz | Endkapital bei jährlicher Verzinsung mit dem effektiven Zinssatz |

Aus der Umformung dieser Beziehung ergibt sich:

$$(1+i^*)^{m \cdot n} = (1+j)^n$$

und

$$(1+i^*)^m = (1+j)$$

und schließlich:

$$j = (1 + i^*)^m - 1 \qquad (3\text{-}15).$$

Lösung zu Übungsbeispiel 3-16:

Es gilt: $i^* = 0{,}015$ $\qquad$ m = 4 . Damit ergibt sich nach (3-15):

$$j = (1+0{,}015)^4 - 1 = 1{,}061364 - 1$$
$$j = 0{,}061364$$

Der vierteljährlichen Verzinsung mit 1,5% Zinseszinsen entspricht eine effektive jährliche Verzinsung von rund 6,14%.

Zur Kontrolle kann man prüfen, ob das Anfangskapital von 10.000.- € bei 6,1364% in 5 Jahren wirklich auf das in Übungsbeispiel 3-15 berechnete Endkapital anwächst:

$$K_n = 10.000(1+0{,}061364)^5 = 13.468{,}55.$$

Das besondere Kennzeichen einer unterjährlichen Verzinsung mit dem relativen Periodenzinssatz ist also, daß dadurch ein effektiver Jahreszinssatz erreicht wird, der größer ist als der nominelle Jahreszinssatz, der dem relativen Periodenzinssatz zugrunde liegt. In den Beispielen 3-15 und 3-16 war der nominelle Jahreszinssatz 6%, aus diesem wurde der relative Periodenzinssatz von 1,5% berechnet, dessen Anwendung zu einem effektiven Jahreszinssatz von rund 6,14% führt.

Oft kommt es bei unterjährlichen Verzinsungsvorgängen vor, daß trotz mehrfacher Zinszahlung pro Jahr ein bestimmter **vorgegebener** nomineller Jahreszinssatz nicht überschritten werden soll. Mit anderen Worten soll bei diesen unterjährlichen Verzinsungen der nominelle Jahreszinssatz nicht vom effektiven Jahreszinssatz abweichen. Unter dieser Bedingung kann für die unterjährliche Zinsperiode nicht der relative Zinssatz vergütet werden, sondern ein anderer Satz, den man als den **konformen unterjährlichen Zinssatz** und mit dem Symbol **k** bezeichnet.

Übungsbeispiel 3-17:
Eine Bank gewährt üblicherweise 8% Jahreszinsen. Auf besonderen Wunsch werden die Zinsen 4 mal jährlich ausgeschüttet, wobei der effektive Jahreszinssatz von 8% aber nicht überschritten werden darf. Wie groß muß pro Vierteljahr der konforme unterjährliche Zinssatz sein?

Zur Berechnung des konformen unterjährlichen Zinssatzes gilt die Bedingung, daß ein Endkapital, das mit dem nominellen Jahreszinssatz i erreicht wird, gleich sein muß einem Endkapital eines unterjährlichen Verzinsungsvorganges mit dem konformen unterjährlichen Periodenzins:

$$K_0(1+i)^n = K_0(1+k)^{m \cdot n}$$

Endkapital bei	Endkapital bei
jährlicher Ver-	unterjährlicher
zinsung mit dem	Verzinsung mit
nominellen	dem konformen
(=effektiven)	unterjährlichen
Zinssatz	Periodenzinssatz

Aus der Umformung dieser Gleichung erhält man:

$$(1+i)^n = (1+k)^{m \cdot n}$$

und

$$(1+i) = (1+k)^m$$

$$\sqrt[m]{(1+i)} = 1+k$$

und schließlich:

$$\boxed{k = \sqrt[m]{(1+i)} - 1}$$

(3-16).

Lösung zu Übungsbeispiel 3-17:
Es gilt: i = 0,08   m = 4.   Damit ergibt sich gem. (3-16):

$$k = \sqrt[4]{(1+0,08)} - 1 = 1,01943 - 1$$

k = 0,01943

Pro Vierteljahr müßten 1,943% Zinsen gezahlt werden, damit trotz der unterjährlichen Verzinsungsweise der nominelle (=effektive) Jahreszinssatz von 8% nicht überschritten wird.

Übungsaufgaben:
(32) Ein Kapital von 500.- € wird bei 2% Quartalszins zinseszinslich angelegt.
    (a) Auf welchen Betrag ist das Kapital nach 8 Jahren angewachsen?
    (b) Wie hoch ist der effektive Jahreszinssatz?
(33) Es wird eine neue Bundesanleihe herausgegeben, die auf ein 100.- €-Wertpapier 8,5% Zinsen erbringt. Welche effektiven Jahresverzinsungen hat diese Anleihe bei
    (a) jährlicher Zinszahlung,
    (b) halbjährlicher Zinszahlung,
    (c) vierteljährlicher Zinszahlung,
    wenn pro Zinsperiode mit dem relativen Zinssatz gerechnet wird und man unterstellt, daß die ausgeschütteten Zinsen in den jeweiligen Zeitabständen ebenfalls zu 8,5% angelegt werden?
(34) Jemand legt 5.000.- € bei einer Teilzahlungsbank an, die ihm einen effektiven Jahreszins von 9% verspricht. Der Anleger vereinbart mit der Bank monatliche Auszahlung und Wiederanlage der Zinsen.
    (a) Wie hoch ist der konforme Monatszinssatz?
    (b) Wie hoch ist das Kapital des Anlegers bei der angeführten monatlichen Verzinsung nach Ablauf von 5 Jahren?
    (c) Wie hoch wäre das Endkapital bei 9% jährlicher Verzinsung nach Ablauf von 5 Jahren?

3.4 Besondere Laufzeiten

3.4.1 Verzinsung bei Laufzeiten, die nicht ganzzahligen Vielfachen der Zinsperiode entsprechen

3.4.1.1 Einfache Verzinsung

In der Praxis ergibt sich oft das Problem, daß ein Kapital z.B. bei jährlicher Verzinsung nicht genau 1, 2 oder 3 vollständige Jahre angelegt bleibt, sondern daß sich Anleger entscheiden, ihr Kapital z.B. nach 2 Jahren, 4 Monaten und 17 Tagen, also nach 2,381 Jahren abzuheben. In einem solchen Fall ist die Laufzeit der Kapitalanlage kein ganzzahliges Vielfaches (wie 1, 2 oder 3 ... Jahre) der Zinsperiode.

Die Berechnung eines Endkapitals bei derartigen Laufzeiten ist im Falle der einfachen Verzinsung unproblematisch. Wegen der in Gleichung (3-4)

$$K_n = K_0(1 + i \cdot n)$$

ausgedrückten linearen Beziehung zwischen dem Endkapital K_n und der Laufzeit n kann K_n auch für nicht ganzzahlige Werte von n berechnet werden.

<u>Übungsbeispiel 3-18:</u>
Ein Anleger hat einem Freund 5.000.- € geliehen, wofür ihm dieser 8% einfache Verzinsung und jederzeitige Rückzahlung des Kapitals auf Abruf zusichert. Nach 2 Jahren, 4 Monaten und 17 Tagen will der Anleger sein Kapital zurückhaben. Welchen Betrag muß der Freund auszahlen?

Es gilt: 2 Jahre, 4 Monate und 17 Tage = 2 Jahre und 137 Tage = 2,381 Jahre.
$\qquad$ n = 2,381   i = 0,08 $\qquad\qquad$ K_0 = 5.000

Man berechnet nach (3-4):

$$K_n = 5.000 \cdot (1+0{,}08 \cdot 2{,}381) = 5.000 \cdot (1+0{,}190)$$
$$\mathbf{K_n = 5.950}$$

3.4.1.2 Gemischte Verzinsung

Zinsen werden in der Bankpraxis üblicherweise nur für vollständig abgelaufene Zinsperioden vergütet, dem bestehenden Kapital zugerechnet und in der nächsten Zinsperiode mitverzinst. Für noch nicht abgelaufene Zinsperioden wird bei Abruf des Kapitals nur eine einfache Verzinsung vorgenommen. Eine derartige teils zinseszinsliche, teils einfache Verzinsung wird meist **gemischte Verzinsung** genannt.

Entschließt sich z.B. ein Anleger, sein zu 8% jährlichen Zinseszinsen angelegtes Kapital nach 2 Jahren, 4 Monaten und 17 Tagen abzuheben, dann erhält er für die 2 vollständig abgelaufenen Zinsperioden Zinseszinsen und für die Restperiode von 0,381 Jahren werden ihm einfache Zinsen auf das zu Beginn des 3. Jahres vorhandene Kapital gezahlt.

Übungsbeispiel 3-19:
Ein Anleger überläßt einer Bank 5.000.- € zu 8% jährlichen Zinseszinsen. Nach 2 Jahren, 4 Monaten und 17 Tagen hebt er sein Kapital samt Zinsen ab. Welchen Betrag wird er erhalten?

Es gilt: $K_0 = 5.000$ $i = 0,08$ $n = 2,381$

(a)   Zinseszinsliche Anlage für 2 Jahre;   Berechnung des Endkapitals nach (3-7):

$$K_n = 5.000 \cdot (1+0,08)^2 = 5.000 \cdot 1,16640$$
$$\mathbf{K_n = 5.832,00}$$

(b)   Anlage der 5.832.- € für 0,381 Jahre bei einfacher Verzinsung.
Man erhält nach (3-4):

$$K_n = 5.832 \cdot (1+0,08 \cdot 0,381) = 5.832 \cdot (1+0,03048)$$
$$\mathbf{K_n = 6.009,76}$$

Bei gemischter Verzinsung werden dem Anleger 6.009,76 € zurückgezahlt.

Zerlegt man allgemein die gesamte Laufzeit **n** in einen ganzzahligen Bestandteil $\mathbf{n_1}$ und einen nicht-ganzzahligen Bestandteil $\mathbf{n_2}$, wobei ($0 \le \mathbf{n_2} \le 1$)und $\mathbf{n_1 + n_2 = n}$, dann gilt:

$$\boxed{K_n = \left[K_0(1+i)^{n_1}\right] \cdot \left[1+i \cdot n_2\right]}$$ (3-17).

Für Übungsaufgabe 3-19 erhält man unter Verwendung von (3-17):

$$K_n = \left[5.000 \cdot (1+0,08)^2\right] \cdot \left[1+0,08 \cdot 0,381\right] = \mathbf{6.009,76}$$

3.4.2 Verzinsung bei infinitesimal kleinen Zinsperioden (Stetige Verzinsung)

Das in diesem Abschnitt zu besprechende Sonderproblem der stetigen Verzinsung ist nur bei Zinseszinsen von Interesse. Probleme der zu schildernden Art spielen im finanzmathematischen Bereich eine untergeordnete Rolle, sie sind jedoch wichtig für demographische, ökologische, physikalische, chemische und biologische Fragestellungen. Auch bei besonderen Problemen der Investitionsrechnung, wie z.B. bei der Bestimmung des optimalen Ersatzzeitpunktes einer Maschine oder bei der Frage nach der optimalen Nutzungsdauer kommt die stetige Verzinsung zur Anwendung.

Es war in Abschnitt 3.3.2 die Gleichung (3-14)

$$K_n = K_0(1+i^*)^{m \cdot n} \qquad \text{mit} \qquad i^* = \frac{i}{m}$$

erläutert worden. Der Faktor m gibt dabei die Anzahl der Zinsperioden pro Jahr an. Für (3-14) läßt sich auch schreiben:

$$K_n = K_0 \left[1 + \frac{i}{m} \right]^{m \cdot n}$$

Weiterhin wird der Kehrwert des relativen Zinssatzes i* definiert als

$$\frac{1}{i^*} = \frac{m}{i} = v \qquad .$$

Aus dieser Definition folgt:

$$\frac{i}{m} = \frac{1}{v} \qquad \text{und} \qquad m = v \cdot i$$

Setzt man diese Ausdrücke in die abgewandelte Form der Gleichung (3-14) ein, dann ergibt sich:

$$K_n = K_0 \left[1 + \frac{1}{v} \right]^{v \cdot i \cdot n} \tag{3-18}.$$

Durch Klammersetzen kann man (3-18) gliedern in:

$$K_n = K_0 \left[\left(1 + \frac{1}{v} \right)^v \right]^{i \cdot n} \tag{3-19}.$$

Wenn nun angenommen wird, daß die Länge der unterjährlichen Zinsperiode immer kleiner wird, dann wird m, die Anzahl der unterjährlichen Zinsperioden pro Jahr immer größer. Aus der Beziehung

$$m = v \cdot i$$

folgt bei konstantem Zinssatz i, daß bei Anwachsen von m auch v anwachsen muß. Wenn die Länge der Zinsperiode unendlich (= infinitesimal) klein wird, dann wird die Zahl der Zinsperioden pro Jahr und damit auch der Koeffizient v unendlich groß.

Der Mathematiker EULER hat nachgewiesen, daß für diesen Fall gilt :

$$\lim_{v \to \infty}\left[\left(1+\frac{1}{v}\right)^{v}\right] = 2{,}718281828459 = e \qquad (3\text{-}20)$$

Im Falle infinitesimal kleiner Zinsperioden ergibt sich aus Gleichung (3-19) unter Verwendung von (3-20):

$$\boxed{K_n = K_0 \cdot e^{i \cdot n}} \qquad (3\text{-}21).$$

Gleichung (3-21) wird auch oft als **Wachstumsfunktion** bezeichnet und Verzinsungsvorgänge dieser Art als **stetige Verzinsung**. Wachstumsfunktionen dienen z. B. der Beschreibung des Bevölkerungswachstums, des Wachstums von Kulturen von Pflanzen, Viren, Bakterien usw., des Wachstums des Wertes eines Weinbestandes, eines Waldbestandes usw. Die Bedeutung der Wachstumsfunktion liegt darin, daß hierbei in infinitesimal kleinen Abständen zu einem Bestand etwas hinzukommt, das im nächsten Augenblick schon selber wieder zur weiteren Vermehrung beiträgt. Diesen Vorgang kann man sich anschaulich z. B. am Wachstum einer Pflanze verdeutlichen, bei der ein stetiges Wachstum stattfindet.

Aus der Anwendung der Wachstumsfunktion kann z. B. bestimmt werden, wie lange die optimale Nutzungsdauer eines Waldbestandes ist, und wann gegebenenfalls ein Kahlschlag dieses Waldes unter wirtschaftlichen Gesichtspunkten sinnvoll wird.

3.5 Anwendung der Zinseszinsrechnung bei Investitions- und Finanzierungsentscheidungen

3.5.1 Die Kapitalwertmethode

Investitionen und Finanzierungen führen zu Einnahmen und Ausgaben, die innerhalb einer bestimmten Zeitspanne zu verschiedenen Zeitpunkten anfallen. Dabei steht am Anfang einer Investition eine Ausgabe und am Anfang einer Finanzierung eine Einnahme. Investitions- und Finanzierungsentscheidungen führen demnach zu Zahlungsströmen, die mit Ausgaben bzw. mit Einnahmen beginnen. Vor dem Treffen der Entscheidung ist jedoch zu prüfen, ob die in Erwägung gezogenen Investitions- bzw. Finanzierungsmöglichkeiten vorteilhaft sind und welche der zur Wahl stehenden Alternativen durchgeführt werden sollen. Eine der dabei anzuwendenden Methoden ist die Kapitalwertmethode, die in der Literatur zwar nur als Verfahren der Investitionsrechnung behandelt wird, die jedoch bei Planungsrechnungen für Finanzierungsentscheidungen ebenso anwendbar ist. Die Kapitalwertmethode ist letztlich nichts anderes, als die Anwendung der Zinsrechnung auf Investitions- und Finanzierungsprobleme. Dies wird im folgenden anhand von Beispielen näher erläutert.

Zunächst wird von folgendem Fall ausgegangen: Ein Taxi-Unternehmer erwägt die Durchführung einer Investition, und zwar möchte er einen zusätzlichen PKW beschaffen. Die Anschaffungsausgaben dieser Investition betragen 20.000.- €. Der Unternehmer rechnet damit, den PKW 3 Jahre nutzen zu können. Während dieser Zeit schätzt er die jährlichen Ausgaben auf 42.500.- € im ersten Jahr, 45.200.- € im zweiten Jahr und 50.700.- € im dritten Jahr. Er prognostiziert weiterhin Einnahmen von 46.500.- € für das erste Jahr, 59.200.- € für das Jahr 2 und 55.700.- € für das Jahr 3. Der Taxi-Unternehmer rechnet also mit Periodenüberschüssen, d.h. mit Überschüssen der Einnahmen über die Ausgaben von 4.000.- €, 14.000.- € und 5.000.- € in den Jahren 1 bis 3. Aus Vereinfachungsgründen wird davon ausgegangen, daß die Anschaffungsausgaben zu Beginn des ersten Jahres (Zeitpunkt t_0) und die weiteren Ausgaben sowie die Einnahmen, also die jährlichen Periodenüberschüsse jeweils am Ende der Jahre 1 bis 3 (Zeitpunkte t_1, t_2, t_3) anfallen. Die Einnahmen und Ausgaben bzw. die Periodenüberschüsse als

deren Differenz lassen sich graphisch anhand des folgenden Zeitstrahls darstellen (vergl. Abbildung 3-3).

Abb. 3-3:   Zeitstrahl der Investition "Kauf eines PKW"

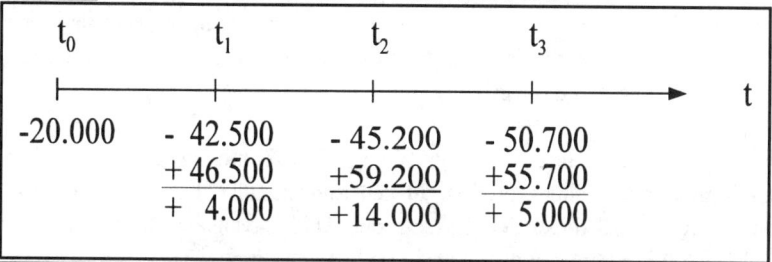

t_0 t_1 t_2 t_3

-20.000   - 42.500   - 45.200   - 50.700
           + 46.500   +59.200   +55.700
           + 4.000   +14.000   + 5.000

Der Unternehmer möchte wissen, ob diese Investition vorteilhaft ist, ob es sich
also lohnt, für 20.000.- € den PKW zu kaufen, oder ob es gegebenenfalls besser wäre, auf die Investition zu verzichten, um statt dessen das Geld zu 6% auf
dem Sparkonto anzulegen. Bei einer Anlage des Geldes auf dem Sparkonto
verfügt der Unternehmer nach drei Jahren, also nach Beendigung der möglichen Investition über ein Endkapital (in €) von

$$K_n = K_0 \cdot q^n$$
$$= 20.000 \cdot 1,06^3$$
$$K_n = 23.820,32$$

Bei der Durchführung der Investition dagegen ist das Anfangskapital von
20.000.- € zwar verloren, statt dessen erzielt der Unternehmer aber Periodenüberschüsse von insgesamt 23.000.- €, die jedoch zu verschiedenen Zeitpunkten anfallen. Ein unmittelbarer Vergleich der Investition mit der alternativen Anlagemöglichkeit "Sparkonto" ist also wegen der unterschiedlichen
Zahlungszeitpunkte der Periodenüberschüsse nicht möglich.

Allgemein gilt, daß ein Vergleich unterschiedlicher oder gleicher Zahlungsgrößen, die zu verschiedenen Zeitpunkten anfallen, erst möglich ist, nachdem
sie zuvor auf einen gemeinsamen Zeitpunkt bezogen worden sind. Bei derar-

tigen Umrechnungen sind Zinsen und gegebenenfalls auch Zinseszinsen zu berücksichtigen; denn Einnahmen sind um so "wertvoller", je früher sie erfolgen, da mit dem Geld gewinnbringend gearbeitet, also ein Zinsertrag erwirtschaftet werden kann; ebenso sind Ausgaben umgekehrt um so "belastender", je früher sie anfallen, da die Möglichkeit der gewinnbringenden Anlage vorhandenen Geldes entfällt oder gar die Aufnahme eines Kredits zur Bestreitung der Ausgaben notwendig wird.

Um die Investition mit der Alternativanlage "Sparkonto" vergleichen zu können, können alle Zahlungsgrößen auf den Endzeitpunkt der Investition bezogen werden. Wird dabei der Zinssatz der Alternativanlage zugrunde gelegt, ergibt sich für die Investition ein Endwert bzw. ein Endkapital von

$$K_n = 4.000 \cdot 1,06^2 + 14.000 \cdot 1,06 + 5.000$$
$$= 24.334,40.$$

Da die Anlage auf dem Sparkonto nur zu einem Endwert von 23.820,32 € führt, ist also die Investition der Alternativanlage vorzuziehen und in diesem Sinne vorteilhaft.

Eine Investitionsrechnung dient zur Prüfung der Frage, ob eine Investition vorteilhaft ist. Unter Verwendung der Zinseszinsrechnung kann sie wie folgt durchgeführt werden: Es wird der Endwert der Investition (Summe der aufgezinsten Periodenüberschüsse) berechnet und mit dem Endwert einer alternativen Anlagemöglichkeit (aufgezinstes Anfangskapital) verglichen. Als Zinssatz wird bei der Aufzinsung aller Zahlungsgrößen auf den Endzeitpunkt der Investition übereinstimmend der Zinssatz der Alternativanlage verwendet.
Die Investition ist vorteilhaft, wenn ihr Endwert über dem Endwert der Alternativanlage liegt.

Die obige Vorgehensweise mag einleuchtend erscheinen; im Sinne der Zinseszinsrechnung ist sie konsequent. Möglicherweise werden dadurch jedoch Größen miteinander verglichen, deren Vergleich sich ökonomisch verbietet, und zwar aus folgendem Grund: Der Endwert der Alternativanlage ist eine reale Größe. Wird im obigen Beispiel auf die Investition verzichtet und legt der Unternehmer sein Geld auf einem Sparkonto an, so verfügt er nach drei Jahren bei einer Verzinsung von 6% tatsächlich über ein Guthaben von 23.820,32 €. Führt er jedoch die Investition durch, so erzielt er in den drei Jahren der Nutzungsdauer des PKW insgesamt Periodenüberschüsse von 23.000.- €. Der Endwert der Investition von 24.334,40 € ist nur dann eine reale Größe, wenn der Unternehmer die Periodenüberschüsse zum Zinssatz der Alternativanlage, im Beispiel also zu 6% anlegt. Und nur dann sind die beiden Endwerte vergleichbar. Die Anwendung der Zinseszinsrechnung in obiger Weise ist also nur unter der Voraussetzung richtig, daß der Unternehmer die Periodenüberschüsse der Investition zum Zinssatz der Alternativanlage anlegt.

Die Anwendung der Zinseszinsrechnung zur Überprüfung der Vorteilhaftigkeit einer Investition ist unter den genannten Voraussetzungen dergestalt möglich, daß der Endwert der Investition (Summe der aufgezinsten Periodenüberschüsse) mit dem Endwert der alternativen Anlagemöglichkeit (aufgezinstes Anfangskapital) verglichen wird. Die Endwerte können jedoch auch durch eine Abzinsung auf den Anfangszeitpunkt der Investition zu Barwerten umgerechnet werden. Es ergibt sich für die Investition ein Barwert (in €) von

$$K_0 = 24.334,40 \cdot \frac{1}{1,06^3} = 20431,63.$$

Der Barwert der Investition läßt sich auch unmittelbar durch eine Abzinsung aller Periodenüberschüsse ermitteln; der Barwert der Investition stellt also die Summe der abgezinsten Periodenüberschüsse dar. Für die Alternativanlage ergeben sich als Barwert natürlich wieder die Anschaffungskosten des PKW (bzw. Anfangskapital) von 20.000.- €; denn dieser Betrag war zur Berechnung des Endwertes der Alternativanlage aufgezinst worden.

Ein Vergleich der Barwerte von Investition und Alternativanlage muß zum selben Ergebnis führen wie ein Vergleich der beiden Endwerte. Dementsprechend zeigt im vorliegenden Beispiel auch der Vergleich der Barwerte die Vorteilhaftigkeit der Investition an; der Barwert der Investition ist nämlich größer als der Barwert der Alternativanlage.

Die Vorteilhaftigkeit einer Investition kann also durch den Vergleich von Endwerten oder Barwerten der Investition und der Alternativanlage überprüft werden. Beide Vergleiche erfüllen die Forderung der Zinseszinsrechnung, daß alle Zahlungsgrößen vor dem Vergleich auf einen gemeinsamen Zeitpunkt bezogen werden müssen. Die beim Vergleich der Endwerte notwendige Unterstellung, daß alle Periodenüberschüsse der Investition zum Zinssatz der Alternativanlage angelegt werden, muß dann aber auch für den Vergleich von Barwerten gelten, da eine rein formale Umrechnung der Endwerte zu Barwerten an diesem materiellen Tatbestand nichts ändern kann.

Der Vergleich zwischen dem Barwert der Investition und dem Barwert der alternativen Anlagemöglichkeit kann dadurch vorgenommen werden, daß die Differenz beider Barwerte gebildet wird, daß also vom Barwert der Investition der Barwert der Alternativanlage subtrahiert wird. Im vorliegenden Beispiel ergibt sich eine Differenz (in €) von

$$20.431,63 - 20.000 = 431,63.$$

Ist diese Differenz - wie im Beispiel - positiv, dann ist die Investition offensichtlich vorteilhaft, da sie über einen höheren Barwert als die Alternativanlage verfügt. Der Barwert der Alternativanlage muß aber immer gleich dem zur Verfügung stehenden (Anfangs-) Kapital sein; mit diesem Kapital kann nämlich entweder die Investition durchgeführt oder eine alternative Anlagemöglichkeit realisiert werden. Folglich muß der Barwert der Alternativanlage auch den Anschaffungsausgaben der Investition entsprechen. Die Differenz zwischen dem Barwert der Investition und dem Barwert der Alternativanlage gibt dann aber den auf den Anfangszeitpunkt der Investition abgezinsten Überschuß der Periodenüberschüsse über die Anschaffungsausgaben eines Investitionsobjekts an. Diese Größe wird in der Literatur **Kapitalwert** genannt.

Der Kapitalwert einer Investition ist die Differenz zwischen der Summe der abgezinsten Periodenüberschüsse einer Investition und ihren Anschaffungsausgaben. In Symbolen läßt sich der Kapitalwert ausdrücken als

$$G = \sum_{t=1}^{n} P_t \cdot \frac{1}{q^t} - A_0$$ (3-22).

Dabei bedeuten die Symbole

G   Kapitalwert,

P_t Periodenüberschuß (Einnahmen - Ausgaben) der Periode t,

n   Investitionsdauer (in Jahren),

A_0 Anschaffungsausgaben und

$\frac{1}{q^t}$ Abzinsungsfaktor für die Periode t.

Eine Investition ist vorteilhaft, wenn ihr Kapitalwert positiv ist; bei negativem Kapitalwert ist eine Investition unvorteilhaft. Ein positiver Kapitalwert bedeutet, daß der Barwert der Investition bzw. der Barwert ihrer Periodenüberschüsse größer ist als der Barwert der Alternativanlage, wobei der Barwert der alternativen Anlagemöglichkeit immer den Anschaffungsausgaben der Investition entsprechen muß. Der Kapitalwert einer Investition gibt demnach an, ob die Investition - gemessen an einer alternativen Anlagemöglichkeit - vorteilhaft ist. Insofern wird die Vorteilhaftigkeit einer Investition mit Hilfe des Kapitalwertes relativ gemessen, nämlich im Vergleich zu einer alternativen Anlagemöglichkeit. Im vorliegenden Beispiel ergibt sich ein Kapitalwert von 431,63 €; die Investition ist also, gemessen an der alternativen Anlagemöglichkeit des Geldes zu 6%, vorteilhaft.

Die Überprüfung der Vorteilhaftigkeit einer Investition aufgrund ihres Kapitalwertes entspricht dem Vergleich des Barwertes der Investition mit dem Barwert einer Alternativanlage. Die beim Vergleich der Barwerte notwendige Unterstellung über die Verzinsung der Periodenüberschüsse der Investition muß daher auch bei einer Überprüfung der Vorteilhaftigkeit aufgrund des Kapitalwertes gelten. Die Anwendung der Kapitalwertmethode verlangt folglich die Unterstellung, daß zum Zinsfuß der Alternativanlage alle Periodenüberschüsse der Investition angelegt werden.

Der Begriff des Kapitalwertes braucht nicht als Differenz zwischen dem Barwert der Periodenüberschüsse einer Investition und ihren Anschaffungsausgaben definiert zu werden. Es ist auch eine andere Definition möglich, die aus der oben genannten Definition hergeleitet werden kann und von der in der Literatur zumeist ausgegangen wird. Anstatt die Periodenüberschüsse als Differenz zwischen Einnahmen und Ausgaben der Perioden abzuzinsen, kann man auch die Einnahmen und die Ausgaben der einzelnen Perioden getrennt abzinsen und vom Barwert der Einnahmen den Barwert der Ausgaben subtrahieren. Diese Differenz muß der Summe der abgezinsten Periodenüberschüsse entsprechen. Werden dann noch die Anschaffungsausgaben und der Barwert der Ausgaben addiert, so ergibt sich der Kapitalwert als Differenz des Barwertes der Einnahmen und des Barwertes der Ausgaben (einschließlich der Anschaffungsausgaben). Noch einfacher läßt sich der Kapitalwert dann aber auch als Barwert sämtlicher (positiven wie negativen) Zahlungen einer Investition definieren.

Diese Aussagen lassen sich auch aus einer Umformung der obigen Definitionsgleichung (3-22) herleiten. Wird für p_t die Differenz $(E_t - A_t)$ gesetzt, wobei E_t die Einnahmen der Periode t und A_t die Ausgaben der Periode t bezeichnen, so ergibt sich aus

$$G = \sum_{t=1}^{n} P_t \cdot \frac{1}{q^t} - A_0 = \sum_{t=1}^{n} (E_t - A_t) \cdot \frac{1}{q^t} - A_0$$

nach einer einfachen Umformung

$$G = \sum_{t=1}^{n} E_t \cdot \frac{1}{q^t} - (\sum_{t=1}^{n} A_t \cdot \frac{1}{q^t} + A_0) \qquad (3\text{-}23).$$

Da $q^0 = 1$ gilt und demnach

$$A_0 = A_0 \cdot \frac{1}{q^0}$$

geschrieben werden kann, ergibt eine Umformung von (3-23) schließlich die Definitionsgleichung

$$G = \sum_{t=1}^{n} E_t \cdot \frac{1}{q^t} - \sum_{t=0}^{n} A_t \cdot \frac{1}{q^t} \qquad (3\text{-}24),$$

die besagt, daß der Kapitalwert die Differenz zwischen dem Barwert der Einnahmen und dem Barwert der Ausgaben bzw. der Barwert sämtlicher Zahlungen einer Investition ist.

Die Kapitalwertmethode läßt sich ohne Schwierigkeiten auch auf den Vergleich mehrerer Investitionsmöglichkeiten ausdehnen: Von zwei oder mehr Investitionsmöglichkeiten ist diejenige mit dem höchsten Kapitalwert allen anderen überlegen; Voraussetzung ist allerdings, daß ihr Kapitalwert positiv ist, da sonst auf jeden Fall die alternative Anlagemöglichkeit allen Investitionsmöglichkeiten vorzuziehen ist. Nach der Höhe des Kapitalwertes kann eine Rangfolge aller zu beurteilenden Investitionsmöglichkeiten aufgestellt werden.

An einem Beispiel wird die Kapitalwertmethode im folgenden nochmals demonstriert:

<u>Übungsbeispiel 3-20:</u>
Ein Unternehmer erwägt die Durchführung einer Investition, deren Anschaffungsausgaben 64.580.- € betragen. Weiterhin werden für die Investitionsdauer von 6 Jahren die folgenden Periodenüberschüsse prognostiziert, die - so wird vereinfachend unterstellt - jeweils zum Jahresende erzielt werden:

Jahr 1:   8.500.- €
Jahr 2:   12.000.- €
Jahr 3:   17.500.- €
Jahr 4:   19.000.- €
Jahr 5:   16.000.- €
Jahr 6:   9.500.- €.

Der Unternehmer möchte wissen, ob diese Investition vorteilhaft ist, wenn er sein Geld auch zu 7% alternativ anlegen kann.

Als Kapitalwert dieser Investition ergibt sich nach Formel (3-22)

$$G = 8.500 \cdot \frac{1}{1,07} + 12.000 \cdot \frac{1}{1,07^2} + 17.500 \cdot \frac{1}{1,07^3} + 19.000 \cdot \frac{1}{1,07^4}$$

$$+ 16.000 \cdot \frac{1}{1,07^5} + 9.500 \cdot \frac{1}{1,07^6} - 64.580$$

$$G = 64.943,44 - 64.580 \quad \rightarrow \quad G \quad = \mathbf{363,44}.$$

Da der Kapitalwert positiv ist, ist die Investition also vorteilhaft. Zum selben Ergebnis führt ein Vergleich der Barwerte: Der Barwert der Investition, d.h. die Summe der abgezinsten Periodenüberschüsse beträgt 64.943,44 € und ist um 363,44 € (um den Kapitalwert) höher als der Barwert der Alternativanlage von 64.580.- €. Ebenfalls zum selben Ergebnis führt ein Vergleich der Endwerte. Der Endwert der Investition, d.h. die Summe der aufgezinsten Periodenüberschüsse beträgt

$$K_n = 9.500 + 16.000 \cdot 1{,}07 + 19.000 \cdot 1{,}07^2 + 17.500 \cdot 1{,}07^3$$
$$+ 12.000 \cdot 1{,}07^4 + 8.500 \cdot 1{,}07^5$$
$$= 97.462{,}59.$$

Der Endwert der Alternativanlage (zu 7%) beträgt dagegen nur

$$K_n = 64.580 \cdot 1{,}07^6 = 96.917{,}17$$

und ist um 545,42 € geringer als der Endwert der Investition. Da der Endwert der Investition auch durch eine Aufzinsung des Barwertes hätte ermittelt werden können, muß diese Differenz von 545,42 € zwischen den beiden Endwerten gleich der aufgezinsten Differenz zwischen den beiden Barwerten, also gleich dem aufgezinsten Kapitalwert sein. Wie die Rechnung zeigt, gilt dies auch; es ergibt sich nämlich ein aufgezinster Kapitalwert von

$$363{,}44 \cdot 1{,}07^6 = 545{,}42.$$

Bei der Berechnung des Kapitalwertes einer Investition werden alle Einnahmen und Ausgaben auf den Anfangszeitpunkt der Investition abgezinst. Es ist demnach ein Zinsfuß notwendig, zu dem die Abzinsung erfolgt. Dieser bei der Kapitalwertberechnung verwendete Zinsfuß wird in der Literatur üblicherweise "Kalkulationszinsfuß" genannt. Als Kalkulationszinsfuß galt in den obigen Beispielen der Zinsfuß der Alternativanlage, also ein Habenzinsfuß. Die Verwendung eines Habenzinsfußes als Kalkulationszinsfuß ist jedoch nur sinnvoll, wenn die Investition mit einer alternativen Anlagemöglichkeit verglichen wird und die Periodenüberschüsse der Investition zum Zinsfuß der Alternativanlage, also zum Habenzinsfuß angelegt werden. Dies ist aber praktisch nur bei Eigenfinanzierung möglich, da dann die optimale Anlage des vorhandenen Geldes gesucht wird.

Bei einer vorgesehenen Fremdfinanzierung einer Investition ergibt sich ein anderes Bild. Hier lautet nämlich die Frage, ob die Investition und zugleich die dazu notwendige Fremdfinanzierung durchgeführt werden sollen oder ob beides unterbleiben soll. Die "Alternativanlage" besteht in diesem Fall in dem Unterlassen der Investition, wodurch auch die Finanzierungskosten erspart werden. Eine derartige "Alternativanlage" verzinst sich zu jenem Zinsfuß, der bei der Fremdfinanzierung der Investition als Preis für das geliehene Geld zu zahlen ist. Als Kalkulationszinsfuß ist demnach bei einer Fremdfinanzierung der Investition sinnvollerweise derjenige Sollzinsfuß zu wählen, der die Finanzierungskosten ausdrückt. Die "Anlage" der Periodenüberschüsse der Investition besteht hierbei in der Tilgung des aufgenommenen Kredits; die Periodenüberschüsse verzinsen sich also zum Sollzinsfuß.

Bei der Kapitalwertmethode werden alle Zahlungsgrößen mit einem Zinsfuß abgezinst, wobei dieser einheitlich verwendete Kalkulationszinsfuß je nach der Finanzierung entweder ein Habenzinsfuß oder ein Sollzinsfuß sein kann. Dieses Rechnen mit nur einem Zinsfuß kann jedoch zu Problemen führen, wie das nachfolgende Beispiel zeigt:

Der oben bereits erwähnte Taxi- Unternehmer erwägt den Kauf eines zusätzlichen PKW mit Anschaffungsausgaben von 20.000.- €. Für das erste der drei Nutzungsjahre prognostiziert er einen Periodenüberschuß von 13.000.- € und für das dritte und letzte Nutzungsjahr einen Periodenüberschuß von 15.500.- €. Für das zweite Jahr dagegen, für das eine Generalüberholung des PKW vorgesehen ist, rechnet der Taxi-Unternehmer mit einer Differenz zwischen Einnahmen und Ausgaben von -4.000.- €, er rechnet also mit einem Überschuß der Ausgaben über die Einnahmen bzw. mit einem negativen "Periodenüberschuß" der Einnahmen über die Ausgaben. Graphisch läßt sich diese Investition anhand eines Zeitstrahls wie folgt darstellen.

Abb. 3-4: Zeitstrahl der Investition "Kauf eines PKW"

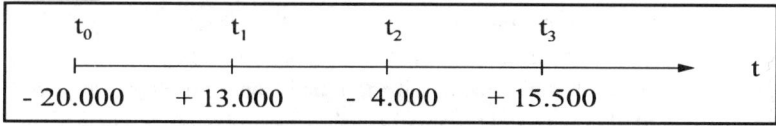

Der Unternehmer möchte wissen, ob diese Investition vorteilhaft ist, wenn er sein Geld auch zu 6% auf dem Sparkonto anlegen kann.

Als Kapitalwert ergibt sich bei dem Kalkulationszinsfuß von 6%, der dem Zinsfuß der Alternativanlage entspricht, ein Ergebnis von

$$G = 13.000 \cdot \frac{1}{1,06} - 4.000 \cdot \frac{1}{1,06^2} + 15.500 \cdot \frac{1}{1,06^3} - 20.000$$

$$= 21.718,26 - 20.000$$

$$\mathbf{G = 1.718,26.}$$

Die Investition ist also vorteilhaft. Unterstellt wird bei dieser Rechnung eine Anlage und Verzinsung der Periodenüberschüsse zum Kalkulationszinsfuß, also zum Zinsfuß der Alternativanlage. Dies ist jedoch im zweiten Jahr nicht möglich, da ein negativer Periodenüberschuß anfällt. Statt einer Anlage ist hier eine Kreditaufnahme zur Beseitigung des Überschusses der Ausgaben über die Einnahmen notwendig. Jedoch auch der Betrag -4.000.- € wird zum Zinsfuß der Alternativanlage verzinst. Damit wird aber unterstellt, daß zum Zinsfuß der Alternativanlage nicht nur eine Anlage positiver Periodenüberschüsse erfolgen kann, sondern ebenso eine Kreditaufnahme bei negativen Periodenüberschüssen. Damit wird aber die Gleichheit von Soll- und Habenzinsen unterstellt.

Der Kalkulationszinsfuß muß, wie aus dem obigen Beispiel ersichtlich ist, zugleich zwei Aufgaben erfüllen: Er muß einerseits angeben, zu welchem (stets gleichen) Habenzinsfuß positive Periodenüberschüsse angelegt werden können. Zugleich muß er jedoch auch die bei negativen Periodenüberschüssen wegen einer notwendigen Kreditaufnahme zu zahlenden (stets gleichen) Sollzinsen angeben. Da bei der Rechnung mit nur einem Zinsfuß gearbeitet wird, muß folglich bei der Kapitalwertmethode einerseits von einem einheitlichen Habenzinsfuß bzw. von einem einheitlichen Sollzinsfuß ausgegangen werden, andererseits müssen aber allgemein Sollzinsen und Habenzinsen gleichgesetzt werden. Es wird also unterstellt, daß zu einem Zinsfuß beliebige Beträge angelegt und Kredite aufgenommen werden können.

Bevor die Frage geklärt werden kann, welchen Sinn ein Verfahren zur Beurteilung der Vorteilhaftigkeit von Investitionen hat, das von der unrealistischen Voraussetzung der Gleichheit von Soll- und Habenzinsen ausgeht, muß geprüft werden, wie diese Voraussetzung aufgehoben werden kann. Dies ist dadurch möglich, daß neben den positiven und negativen Periodenüberschüssen zugleich auch die Verzinsung bei der Anlage positiver Überschüsse und die Finanzierungskosten zum Ausgleich negativer Überschüsse geschätzt werden. Die Rechnung mit nur einem Kalkulationszinsfuß wird dann aufgegeben zugunsten einer Rechnung mit mehreren unterschiedlichen Soll- und Habenzinsfüßen. Dies sei anhand des folgenden Beispiels gezeigt:

Übungsbeispiel 3-21:
Ein Taxi-Unternehmer steht vor der Investitionsmöglichkeit "Kauf eines PKW". Die Anschaffungsausgaben betragen 20.000.- €. Die Periodenüberschüsse werden für die dreijährige Nutzungsdauer auf 13.000.- €, -4.000.- € und 15.500.- € für die Jahre 1 bis 3 geschätzt. Der Unternehmer möchte diese Investitionsmöglichkeit im Vergleich zur Alternativanlage - Anlage zu 6% auf dem Sparkonto - überprüfen. Zusätzlich zu den bisherigen Angaben schätzt der Unternehmer, den positiven Periodenüberschuß von 13.000.- € am Ende des ersten Jahres zu 7% in Wertpapieren anlegen zu können. Weiterhin beabsichtigt er, zum Ausgleich des negativen Periodenüberschusses am Ende des zweiten Jahres einen Kredit zu 9% aufzunehmen.

Als Endwert der Investition zum Zeitpunkt t_3 (Ende des dritten Jahres und damit Ende der Investitionsdauer) ergibt sich ein Wert von

$$K_n = 13.000 \cdot 1,07^2 - 4.000 \cdot 1,09 + 15.500 = 26.023,70.$$

Als Endwert der Alternativanlage ergibt sich ein Betrag von

$$K_n = 20.000 \cdot 1,06^3 = 23.820,32.$$

Die Investition ist also wegen ihres höheren Endwertes vorteilhaft.

Die bei der Kapitalwertmethode notwendige Unterstellung der Gleichheit von Soll- und Habenzinsen resultiert zwangsläufig aus der Tatsache, daß alle Zahlungsgrößen mit nur einem einheitlichen Kalkulationszinsfuß abgezinst bzw. aufgezinst werden. Eine Aufhebung dieser Voraussetzung ist durch das Rechnen mit unterschiedlichen Zinssätzen ohne weiteres möglich. Allerdings müssen neben den Zahlungsgrößen dann auch zugleich die Verzinsung positiver Periodenüberschüsse und die Finanzierungskosten für negative Periodenüberschüsse prognostiziert werden. Dies ist mit zusätzlichen Überlegungen und Arbeiten verbunden. Eine Anwendung der Kapitalwertmethode erleichtert demnach die Planungsrechnung für Investitionsentscheidungen und vermindert dadurch die Planungskosten.

Die Verwendung eines einheitlichen Kalkulationszinsfußes ist dann eine notwendige Konsequenz, wenn die Verzinsung positiver Periodenüberschüsse
und die Finanzierungskosten für negative Periodenüberschüsse nicht prognostiziert werden sollen bzw. können. Der Kalkulationszinsfuß hat in diesem Fall
die Aufgabe, die nicht explizit prognostizierten Zinswirkungen aller positiven
und negativen Zahlungssalden der Investition vereinfacht zu erfassen. Die
Frage nach dem "richtigen" Kalkulationszinsfuß kann sich aus diesem Grunde
nicht stellen. Es ist nur zu überlegen, welcher Zinsfuß sinnvollerweise Kalkulationszinsfuß zur pauschalen Erfassung der Zinswirkung aller Zahlungssalden
sein kann.

Die Bestimmung eines sinnvollen Kalkulationszinsfußes hängt zum einen von
den Vereinfachungen der Planungsrechnung für Investitionsentscheidungen ab.
Es ist nämlich möglich, die Verzinsung positiver Periodenüberschüsse bzw.
die Finanzierungskosten zum Ausgleich negativer Periodenüberschüsse teilweise zu erfassen. Der Kalkulationszinsfuß muß dann so gewählt werden, daß
die Zinswirkung für die nicht speziell berücksichtigten Periodenüberschüsse
sinnvoll ausgedrückt wird.

Die Frage des sinnvollen Kalkulationszinsfußes hängt zum anderen jedoch
auch von der Finanzierung der Investition ab. Bei vollständiger Eigenfinanzierung kann die Alternativanlage nur eine alternative Investition sein; als Kalkulationszinsfuß kommt daher in diesem Fall nur ein Habenzinsfuß in Frage. Der
Kapitalwert mißt bei vollständiger Eigenfinanzierung die Vorteilhaftigkeit einer Investition am Zinsertrag einer alternativen Anlagemöglichkeit.

Bei vollständiger Fremdfinanzierung stellt sich dagegen die Frage, ob die Investition und zugleich die dazu notwendige Finanzierung durchgeführt werden
sollen oder ob beides unterbleiben soll. Die "Alternativanlage" besteht in diesem Fall in einem Verzicht auf die Investition, wodurch auch die Kapitalkosten der Finanzierung erspart werden. Als Kalkulationszinsfuß kommt daher
nur ein Sollzinsfuß in Frage. Der Kapitalwert mißt bei vollständiger Fremdfinanzierung die Vorteilhaftigkeit einer Investition an ihren Finanzierungskosten.

Besteht die Finanzierung schließlich aus einer Mischung von Eigen- und Fremdfinanzierung, kann als Kalkulationszinsfuß das gewogene arithmetische Mittel aus einem Sollzinsfuß und einem Habenzinsfuß ermittelt werden.

Die Kapitalwertmethode wird in der Literatur fast ausschließlich als Verfahren der Investitionsrechnung behandelt. Es ist jedoch ebenso eine Anwendung bei Finanzierungsentscheidungen möglich, wie das nachfolgende Übungsbeispiel zeigt:

Übungsbeispiel 3-22:
Ein Unternehmer benötigt zur Durchführung einer Investition 25.000.- €. Er hat die Möglichkeit, in dieser Höhe einen Kredit mit jährlichen Rückzahlungsverpflichtungen (Tilgung einschließlich Zinsen) von 6.300.- € aufzunehmen, der über insgesamt 5 Jahre läuft. Anhand eines Zeitstrahls läßt sich diese Finanzierung graphisch wie folgt darstellen:

Abb. 3-5: Zeitstrahl der Finanzierung "Aufnahme eines Kredits"

$$
\begin{array}{cccccc}
t_0 & t_1 & t_2 & t_3 & t_4 & t_5 \\
\end{array}
$$

$$+\,25.000 \quad -\,6.300 \quad -\,6.300 \quad -\,6.300 \quad -\,6.300 \quad -\,6.300$$

Der Unternehmer möchte wissen, ob die Finanzierung lohnend ist. Als Alternative sieht er den Verzicht auf diese Finanzierung, der den Verzicht auf eine Anlage dieses Geldes zu 9% zur Folge hat.

Der Kapitalwert als Differenz des Barwertes der Einnahmen und des Barwertes der Ausgaben läßt sich bei dieser Finanzierung nach Formel (3-24) unter Verwendung eines Kalkulationszinsfußes von 9% wie folgt berechnen:

$$
G = 25.000 - 6 - 300 \cdot \frac{1}{q^1} - 6.300 \cdot \frac{1}{q^2} - 6.300 \cdot \frac{1}{q^3} - 6.300 \cdot \frac{1}{q^4} - 6.300 \cdot \frac{1}{q^5}
$$

$$
= 25.000 - 6.300 \cdot \left(\frac{1}{1,09} + \frac{1}{1,09^2} + \frac{1}{1,09^3} + \frac{1}{1,09^4} + \frac{1}{1,09^5} \right)
$$

$$
= 25.000 - 24.504,80 \qquad \rightarrow \qquad \mathbf{G = 495,20}
$$

Der Kapitalwert beträgt also 495,20 € und ist positiv; die Finanzierung und anschließende Verwendung des Geldes zur Durchführung der Investition lohnt sich also.

Die Kapitalwertmethode ist, wie das Beispiel gezeigt hat, zur Beurteilung von Finanzierungen ebenso anwendbar wie zur Beurteilung von Investitionen. Als

Kalkulationszinsfuß wurde im obigen Beispiel mit jenem Zinsfuß gerechnet, der die Verzinsung des geliehenen und anschließend angelegten Geldes angibt; Kalkulationszinsfuß kann also ein Habenzinsfuß sein. Ein Habenzinsfuß findet sinnvollerweise immer dann Anwendung, wenn geprüft werden soll, ob überhaupt eine Finanzierung und anschließende Verwendung des geliehenen Geldes in Frage kommt; als "Alternativanlage" wird also der Verzicht auf die Finanzierung gesehen.

Der Kalkulationszinsfuß kann aber auch ein Sollzinsfuß sein. Dies ist immer dann der Fall, wenn die Frage der Finanzierung bereits positiv beantwortet ist und es nur noch darum geht, eine gegebene Finanzierung mit einer ebenfalls möglichen Alternativfinanzierung zu vergleichen. Im übrigen bedeutet die Anwendung der Kapitalwertmethode bei Finanzierungsentscheidungen natürlich eine unter den gleichen Voraussetzungen stehende Vereinfachung der Planungsrechnung wie die Anwendung dieser Methode bei Investitionsentscheidungen.

Übungsaufgaben:
(35) Eine geplante Investition mit Anschaffungsausgaben von 10.000.- € läßt jeweils zum Jahresende die folgenden Einnahmen erwarten:
3.000.- € im ersten Jahr, 4.000.- € im zweiten Jahr, 6.000.- € im dritten Jahr, 2.000.- € im vierten Jahr und 1.000.- € im fünften Jahr. Zusätzlich sind am Ende des dritten Jahres Ausgaben von 3.500.- € zu erwarten.
(a)   Berechnen Sie den Kapitalwert dieser Investition bei einem Kalkulationszinsfuß von 6%.
(b)   Ist diese Investition nach der Kapitalwertmethode vorteilhaft?

(36) Ein Unternehmer kann für 30.000.- € eine Maschine kaufen. Diese Maschine kann 3 Jahre genutzt und danach für 3.000.- € verkauft werden. Sie bringt während der Nutzungsdauer jeweils zum Jahresende einen Periodenüberschuß (Einnahmen minus Ausgaben) von 8.000.- € im ersten Jahr, 10.000.- € im zweiten Jahr und 12.000.- € im dritten Jahr. Der Unternehmer kann sein Geld aber auch zu 6% auf dem Sparkonto anlegen.
(a)   Berechnen Sie den Kapitalwert der Investition.
(b)   Ist die Investition nach der Kapitalwertmethode vorteilhaft?

(37) Ein Unternehmer plant eine Investition mit Anschaffungsausgaben von 50.000.- €. Diese Investition bringt die folgenden Periodenüberschüsse: 10.000.- € im ersten Jahr, 20.000.- € im zweiten Jahr, 20.000.- € im dritten Jahr und 10.000.- € im vierten Jahr. Es wird davon ausgegangen, daß die Periodenüberschüsse jeweils zum Jahresende realisiert werden.

(a) Berechnen Sie den Kapitalwert dieser Investition, wenn sie zu 8% Kreditzinsen fremdfinanziert werden soll.

(b) Ist diese Investition nach der Kapitalwertmethode vorteilhaft?

(38) Ein Unternehmen steht vor folgenden zwei Investitionsalternativen:
Alternative I: Anschaffungsausgaben von 25.000.- €; Periodenüberschüsse von 8.000.- €, 12.000.- €, 6.000.- € und 4.000.- € in den Jahren 1 bis 4.
Alternative II: Anschaffungsausgaben von 25.000.- €; Periodenüberschüsse von 21.500.- € im Jahre 2 und von 9.500.- € im Jahre 4.
Welche Investition sollte bei einem Kalkulationszinssatz von 8% gewählt werden?

(39) Für eine Investitionsmöglichkeit werden die folgenden Zahlungen prognostiziert: **Anschaffungsausgaben** von 40.000.- €; **Einnahmen** von 25.000.- €, 28.000.- €, 37.000.- € und 35.000.- € in den Jahren 1 bis 4; **Ausgaben** von 17.500.- €, 16.500.- €, 22.000.- € und 20.000.- € in den Jahren 1 bis 4.
Zusätzlich sind Gewinnsteuerzahlungen zu berücksichtigen. Dies führt pro Jahr zu Steuerausgaben von 30% auf die Differenz "Einnahmen - Ausgaben - Abschreibung". Sofern diese Differenz durch die Berücksichtigung von Abschreibungen negativ wird und folglich ein Verlust ausgewiesen wird, wird eine "Steuereinnahme" (Verlustausgleich mit anderen Einkünften) erzielt.

(a) Ist diese Investitionsmöglichkeit nach der Kapitalwertmethode bei einem Kalkulationszinsfuß von 6% (nach Steuern) bei linearer Abschreibung vorteilhaft?

(b) Ändert sich das unter (a) errechnete Ergebnis, wenn aus konjunkturellen Gründen die Möglichkeit einer Sofort-Abschreibung im ersten Nutzungsjahr gegeben ist und vom Unternehmer genutzt werden soll?

3.5.2 Die Methode des internen Zinsfußes

Neben der Kapitalwertmethode wird in der Literatur die Methode des internen Zinsfußes zur Beurteilung der Vorteilhaftigkeit von Investitionen genannt. Auch dieses Verfahren ist ebenso wie die Kapitalwertmethode lediglich eine Anwendung der Zinseszinsrechnung auf Investitions- und Finanzierungsprobleme.

Der interne Zinsfuß einer Investition stellt die Verzinsung des eingesetzten Kapitals dar. Er entspricht demnach der Rendite einer Investition. Der interne Zinsfuß bzw. die Rendite einer Investition wird bei der Methode des internen Zinsfußes berechnet und danach mit der Verzinsung einer alternativen Anlagemöglichkeit verglichen. Dabei kann die "Alternativanlage" ebenso wie bei der Kapitalwertmethode in einem Verzicht auf die Investition liegen. Eine Investition ist nach der Methode des internen Zinsfußes vorteilhaft, wenn ihr

interner Zinsfuß bzw. ihre Rendite über der Verzinsung der alternativen Anlagemöglichkeit liegt. Dieses Verfahren wird im folgenden anhand einiger Beispiele näher erläutert.

Zunächst wird von folgendem einfachen Fall ausgegangen: Ein Unternehmer
beabsichtigt den Kauf eines Grundstücks für insgesamt 80.000.- €. Nach 5
Jahren soll das Grundstück wieder verkauft werden. Der dabei erzielte Wie-
derverkaufspreis wird auf 120.000.- € geschätzt. Der Unternehmer möchte
wissen, ob diese Investition "Grundstückskauf" vorteilhaft ist, wenn eine an-
derweitige Anlage des Geldes zu 8% möglich ist.

Es muß nach der Methode des internen Zinsfußes die Verzinsung des eingesetzten Kapitals bei der Durchführung der Investition, also der interne Zinsfuß
bzw. die Rendite berechnet werden und mit der Verzinsung der Alternativanlage verglichen werden. Es ist also jener Zinsfuß zu bestimmen, der ein Anfangskapital von 80.000.- € in fünf Jahren auf ein Endkapital von 120.000.- €
anwachsen läßt. Nach der Zinseszinsformel (3-10) ergibt sich eine Verzinsung
von

$$i = \sqrt[5]{\frac{120.000}{80.000}} - 1 = 0,084472 \quad .$$

Der interne Zinsfuß bzw. die Rendite der Investition beträgt also etwa 8,45%.
Da diese Rendite über der Verzinsung der Alternativanlage von nur 8% liegt,
ist die Investition vorteilhaft.

Nach der Methode des internen Zinsfußes wird der interne Zinsfuß bzw. die
Rendite einer Investition mit der Verzinsung einer Alternativanlage verglichen,
die in einer anderweitigen Anlage des Geldes, aber auch in einem Verzicht auf
die Investition liegen kann. Der Zinsfuß der Alternativanlage kann demnach
ein Habenzinsfuß sein; er entspricht dann der Rendite einer alternativen
Investitionsmöglichkeit. Der Zinsfuß der "Alternativanlage" kann aber auch
ein Sollzinsfuß sein und den geplanten Finanzierungskosten der Investition
entsprechen, sofern die Investition fremdfinanziert werden soll und alternativ
ein Verzicht auf die Investition in Frage kommt.

Der Zinsfuß der Alternativanlage, mit dem der interne Zinsfuß zur Beurteilung der Vorteilhaftigkeit einer Investition verglichen wird, wird in der Literatur ebenso wie bei der Kapitalwertmethode "Kalkulationszinsfuß genannt. Nach der Methode des internen Zinsfußes ist eine Investition vorteilhaft, wenn der interne Zinsfuß bzw. die Rendite größer als der Kalkulationszinsfuß ist; in diesem Fall liegt nämlich die Rendite der Investition über der Rendite einer Alternativanlage bzw. über den Finanzierungskosten der Investition.

Wie bei der Kapitalwertmethode wird auch bei der Methode des internen Zinsfußes die Vorteilhaftigkeit einer Investition relativ gemessen, und zwar im Vergleich zur Verzinsung bzw. Rendite einer Alternativanlage oder im Vergleich zu den Finanzierungskosten der Investition.

Ebenso wie bei der Kapitalwertmethode ist auch bei der Methode des internen Zinsfußes eine Ausweitung auf die Beurteilung mehrerer Investitionsmöglichkeiten ohne Schwierigkeiten möglich. Von zwei oder mehr Investitionsmöglichkeiten ist diejenige mit dem höchsten internen Zinsfuß die beste und demnach auszuwählen, vorausgesetzt allerdings, ihr interner Zinsfuß liegt über dem Kalkulationszinsfuß. Es läßt sich nach der Höhe des internen Zinsfußes bzw. der Rendite einer Investition eine Rangfolge aller zu beurteilenden Investitionsmöglichkeiten aufstellen.

Die Berechnung des internen Zinsfußes war im obigen Beispiel unmittelbar aus der Formel (3-10) zur Zinseszinsrechnung möglich. Dies ist jedoch nicht immer der Fall, wie das nachfolgende Beispiel zeigt:

Ein Unternehmer erwägt die Durchführung einer Investition, deren Anschaffungsausgaben 25.000.- € betragen und die zu einem Periodenüberschuß von 15.000.- € am Ende des ersten Jahres und von 13.750.- € am Ende des zweiten Jahres führt. Die Investition soll fremdfinanziert werden, und zwar zu Finanzierungskosten von 9%. Der Unternehmer möchte wissen, ob diese Investition vorteilhaft ist.

Eine unmittelbare Berechnung des internen Zinsfußes dieser Investition aus der Zinseszinsformel (3-10) ist nicht möglich, da zwar das Anfangskapital mit 25.000.- €, nicht aber das Endkapital bekannt ist. Das Endkapital bzw. der

Endwert der Investition muß vielmehr erst berechnet werden. Es ergibt sich durch Aufzinsung der Periodenüberschüsse ein Endkapital von

$$K_n = 15.000 \cdot q + 13.750.$$

Vor der Berechnung des Endkapitals ist also zunächst zu klären, mit welchem Zinsfuß die Periodenüberschüsse aufgezinst werden sollen. Sofern dies zum zu berechnenden internen Zinsfuß geschehen soll, und davon wird in der Literatur ausgegangen, kann der interne Zinsfuß wie folgt ermittelt werden: Da für das Endkapital gilt

$$K_n = 15.000 \cdot q + 13.750,$$

können in die Zinseszinsformel

$$K_n = K_0 \cdot q^n$$

für K_n 15.000 · q + 13.750 und für K_0 die Anschaffungskosten von 25.000.- € eingesetzt werden. Es ergibt sich demnach die Gleichung

$$15.000 \cdot q + 13.750 = 25.000 \cdot q^2.$$

Zur Bestimmung des internen Zinsfußes muß also eine quadratische Gleichung gelöst werden. Dabei ergeben sich für q die Lösungen
$$q_1 = 1,1 \text{ und}$$
$$q_2 = -0,5.$$

Da die negative Lösung ökonomisch bedeutungslos ist und demnach außer Betracht gelassen werden kann, ergibt sich ein interner Zinsfuß von 10%. Dieser interne Zinsfuß liegt über dem Kalkulationszinsfuß von 9%; die Investition ist also vorteilhaft.

Die Berechnung des internen Zinsfußes wird allgemein folgendermaßen vorgenommen: Zunächst ist der Endwert der Investition als Summe der aufgezinsten Periodenüberschüsse zu bestimmen, wobei diese Aufzinsung zum noch unbekannten internen Zinsfuß erfolgt. Danach kann der interne Zinsfuß aus der

Zinseszinsformel $K_n = K_0 \cdot q^n$ berechnet werden. In Symbolen ausgedrückt ergibt sich allgemein ein Endwert von

$$K_n = P_1 \cdot q^{n-1} + P_2 \cdot q^{n-2} + \ldots + P_{n-1} \cdot q^1 + P_n \qquad (3\text{-}25),$$

wobei $P_1, P_2, \ldots$ die Periodenüberschüsse der einzelnen Perioden und $q^1, q^2, \ldots$ jeweils den entsprechenden Aufzinsungsfaktor bezeichnen. Der Ausdruck (3-25) wird für K_n in die Zinseszinsformel $K_n = K_0 \cdot q^n$ eingesetzt. Daraus ergibt sich unter Berücksichtigung der Tatsache, daß die Anschaffungsausgaben A_0 dem Anfangskapital K_0 entsprechen,

$$P_1 \cdot q^{n-1} + P_2 \cdot q^{n-2} + \ldots + P_n \cdot q^1 + P_n = A_0 \cdot q^n \qquad (3\text{-}26).$$

Wird diese Gleichung durch q^n dividiert, dann ergibt sich

$$P_1 \cdot \frac{1}{q^1} + P_2 \cdot \frac{1}{q^2} + \ldots + P_{n-1} \cdot \frac{1}{q^{n-1}} + P_n \cdot \frac{1}{q^n} = A_0$$

bzw. unter Anwendung des Summenzeichens

$$\sum_{t=1}^{n} P_t \cdot \frac{1}{q^t} - A_0 = 0.$$

Zur Bestimmung des internen Zinsfußes bzw. der Rendite einer Investition ist also die Gleichung

$$\boxed{\sum_{t=1}^{n} P_t \cdot \frac{1}{q^t} - A_0 = 0} \qquad (3\text{-}27)$$

nach q bzw. nach i aufzulösen. Die linke Seite dieser Gleichung entspricht genau der Formel (3-22) zur Bestimmung des Kapitalwertes einer Investition. Folglich kann der interne Zinsfuß bzw. die Rendite einer Investition auch als jener Zinsfuß bezeichnet werden, der zu einem Kapitalwert von Null führt.

Aus der Vorgehensweise zur Bestimmung des internen Zinsfußes können einige für die praktische Anwendung dieses Verfahrens bedeutsame Konsequenzen gezogen werden:

Es erfolgt eine Aufzinsung bzw. Abzinsung aller Periodenüberschüsse einer
Investition, und zwar zum zu berechnenden internen Zinsfuß. Folglich ist mit
dieser Methode unterstellt, daß die Periodenüberschüsse zum internen Zinsfuß
angelegt werden; mit den Periodenüberschüssen wird also, so wird unterstellt,
eine der Investition entsprechende Rendite erzielt.

Die Periodenüberschüsse einer Investition sind in der Regel positiv; sie können jedoch in einigen Perioden auch negativ sein. Auch diese negativen Periodenüberschüsse werden zum internen Zinsfuß verzinst. Es wird also davon
ausgegangen, daß zum Ausgleich negativer Periodenüberschüsse ein Kredit
zum internen Zinsfuß aufgenommen werden kann. Daraus folgt: Ebenso wie
bei der Kapitalwertmethode wird auch bei der Methode des internen Zinsfußes
die Gleichheit von Soll- und Habenzinsen unterstellt. Im Gegensatz zur
Kapitalwertmethode, bei der eine Verzinsung der Periodenüberschüsse zum
Kalkulationszinsfuß vorausgesetzt wird, geht man bei der Methode des
internen Zinsfußes jedoch davon aus, daß eine Anlage positiver
Periodenüberschüsse zum internen Zinsfuß erfolgen kann und daß zum
Ausgleich negativer Periodenüberschüsse eine Kreditaufnahme ebenfalls zum
internen Zinsfuß möglich ist.

Die mit der Methode des internen Zinsfußes vorausgesetzte Gleichheit von
Soll- und Habenzinsen kann wie folgt aufgehoben werden: Es wird nicht unmittelbar jeder Zinsfuß berechnet, bei dem der Kapitalwert gleich Null wird.
Vielmehr wird zunächst unter Verwendung unterschiedlicher Soll- und
Habenzinsfüße der Endwert der Investition berechnet, um anschließend aus
der Zinseszinsformel $K_n = K_0 \cdot q^n$ den internen Zinsfuß zu ermitteln. Dies sei
anhand des folgenden Übungsbeispiels gezeigt.

Übungsbeispiel 3-23:
Die Anschaffungsausgaben einer Investition betragen 50.000.- €. Es werden während der
geplanten vierjährigen Nutzungsdauer Periodenüberschüsse von 20.000.- € am Ende des
ersten Jahres, 25.000.- € am Ende des zweiten Jahres und 23.000.- € am Ende des vierten
Jahres erwartet. Eine Wiederanlage dieser Periodenüberschüsse ist jeweils zu einem
Zinssatz von 7% vorgesehen. Zum Ende des dritten Jahres wird ein negativer Periodenüberschuß von -4.500.- € prognostiziert. In Höhe dieses Betrages soll ein Kredit zu 9,5%
aufgenommen werden. Es ist zu prüfen, ob diese Investition bei einem Kalkulationszinsfuß
von 9,5% vorteilhaft ist.

Um den internen Zinsfuß bzw. die Rendite der Investition berechnen zu können, ist zunächst der Endwert (das Endkapital) der Investition zu ermitteln. Es ergibt sich

$$K_n = 20.000 \cdot 1{,}07^3 + 25.000 \cdot 1{,}07^2 + 23.000 - 4.500 \cdot 1{,}095$$
$$= 71.195{,}86.$$

Aus der Zinseszinsformel $K_n = K_0 \cdot q^n$ kann nunmehr durch Auflösung nach q bzw. nach i
der interne Zinsfuß ermittelt werden. Es ergibt sich also

$$i = \sqrt[4]{\frac{71.195{,}86}{50.000}} - 1 = 0{,}09237357$$

Es ergibt sich also ein interner Zinsfuß bzw. eine Rendite von ungefähr 9,24%. Da der interne Zinsfuß unter dem Kalkulationszinsfuß von 9,5% liegt, ist diese Investition nicht
vorteilhaft.

Bei der Methode des internen Zinsfußes wird durch das Auf- bzw. Abzinsen
aller Zahlungsgrößen mit dem internen Zinsfuß pauschal die stets gleiche Verzinsung aller positiven Periodenüberschüsse und die dieser Verzinsung entsprechende stets gleiche Zinsbelastung zum Ausgleich negativer Periodenüberschüsse unterstellt. Eine detaillierte Prognose über den erzielbaren Zinsertrag
von positiven Zahlungssalden und über die Zinsbelastung durch negative Zahlungssalden ist demnach nicht notwendig. Dies führt zu einer Erleichterung
und zu einer Kostensenkung der Planungsrechnung für Investitionsentscheidungen. Ebenso wie bei der Kapitalwertmethode muß also bei der Methode
des internen Zinsfußes der Vorteil einer vereinfachten Planungsrechnung mit
dem Nachteil von mehr oder weniger unrealistischen Voraussetzungen erkauft
werden. Ob diese Voraussetzungen realisiert werden können, ist bei der Inve-
stitions-entscheidung unter Berücksichtigung des Vorteils einer vereinfachten
Planungsrechnung zu prüfen.

Zur Bestimmung des internen Zinsfußes ist es notwendig, jenen Zinsfuß zu
ermitteln, bei dem der Kapitalwert gleich Null wird. Es ist also die Gleichung
(3-27), nämlich

$$\sum_{t=1}^{n} P_t \cdot \frac{1}{q^t} - A_0 = 0$$

nach q bzw. nach i aufzulösen. Dies bedeutet aber, daß eine Gleichung n-ten Grades gelöst werden muß; denn eine Multiplikation der Gleichung (3-27) mit q^n ergibt, wie bereits oben dargestellt,

$$P_n + P^{n-1} \cdot q + P_{n-2} \cdot q^2 + \ldots + P_2 \cdot q^{n-2} + P_1 \cdot q^{n-1} - A_0 \cdot q^n = 0.$$

Der Grad n der zu lösenden Gleichung hängt von der Investitionsdauer ab. Eine allgemeine Lösung durch eine immer gültige Lösungsformel ist aber nur für Gleichungen bis zum Grade n = 4 möglich; Gleichungen vom Grade n > 4 sind, von Spezialfällen abgesehen, nicht mehr allgemein lösbar. Bei derartigen Gleichungen besteht lediglich die Möglichkeit von Näherungslösungen. Folglich können für Investitionen mit einer durchaus realistischen Investitionsdauer von 5 oder mehr Jahren Renditen, von Spezialfällen abgesehen, nur näherungsweise berechnet werden. Die Möglichkeit der näherungsweisen Bestimmung des internen Zinsfußes wird anhand des folgenden Beispiels gezeigt:

Ein Unternehmer erwägt die Durchführung einer Investition mit Anschaffungskosten von 25.000.- €. Für die geplante Investitionsdauer von 5 Jahren werden die folgenden - jeweils zum Jahresende anfallenden - Periodenüberschüsse prognostiziert:

Jahr 1:   5.000.- €

Jahr 2:   8.500.- €

Jahr 3:   9.000.- €

Jahr 4:   7.500.- €

Jahr 5:   4.000.- €.

Der Unternehmer möchte wissen, welche Rendite diese Investition bringt.

Es ist jener Zinsfuß zu bestimmen, für den der Kapitalwert gleich Null wird. Wird für verschiedene Zinsfüße der Kapitalwert berechnet, so ergibt sich

- für 7% ein Wert von 3.017,47 €,
- für 10% ein Wert von 938,37 €,
- für 11% ein Wert von 298,31 € und
- für 12% ein Wert von -317,45 €.

Der interne Zinsfluß bzw. die Rendite der Investition muß also zwischen 11% und 12% liegen. Eine genauere Berechnung kann dadurch erfolgen, daß zwischen diesen Zinssätzen linear interpoliert wird. Es läßt sich demnach die Relation

$$\frac{298{,}31-0}{298{,}31-(-317{,}45)} = \frac{11-p}{11-12}$$

aufstellen, worin mit p der zu bestimmende interne Zinsfuß (in %) bezeichnet wird. Die Berechnung ergibt ein Ergebnis von p = 11,4845%.

Die am Beispiel angewendete lineare Interpolation zur Errechnung der Rendite einer Investition läßt sich verallgemeinern: Es werden zwei Zinssätze p^o und p^u so gewählt, daß sich bei p^o ein positiver Kapitalwert G^o und bei p^u ein negativer Kapitalwert G^u ergeben. Ausgehend von der Relation

$$\frac{G^o}{G^o - G^u} = \frac{p^o - p}{p^o - p^u}$$

ergibt sich die Rendite (der interne Zinsfuß) einer Investition p aus

$$p = p^o - \frac{G^o(p^o - p^u)}{G^o - G^u} \qquad (3\text{-}28).$$

Die Bestimmung des internen Zinsfußes durch lineare Interpolation ist um so genauer, je näher die Kapitalwerte G^o und G^u bei G = 0 liegen.

Wird im obigen Beispiel eine genauere Bestimmung des internen Zinsfußes verlangt, so kann vor der linearen Interpolation eine genauere Eingrenzung erfolgen, indem für verschiedene Zinsfüße zwischen 11% und 12% die entsprechenden Kapitalwerte berechnet werden. Es ergeben sich im Beispiel
* für 11,4% ein Wert von 49,15 €,
* für 11,45% ein Wert von 18,28 €,
* für 11,47% ein Wert von 5,95 € und
* für 11,48% ein Wert von -0,22 €.

Also muß der interne Zinsfuß zwischen 11,47% und 11,48% liegen. Aufgrund der Relation

$$\frac{5{,}95-0}{5{,}95-(-0{,}22)} = \frac{11{,}47-p}{11{,}47-11{,}48}$$

ergibt sich ein Ergebnis von p = 11,4796%.

Eine näherungsweise Bestimmung des internen Zinsfußes einer Investition ist dadurch möglich, daß zwei Zinsfüße ermittelt werden, die einerseits zu einem positiven und andererseits zu einem negativen Kapitalwert führen. Durch eine lineare Interpolation zwischen diesen beiden Zinsfüßen ergibt sich die Rendite der Investition. Die Berechnungen können dabei insofern sehr genau sein, als man iterativ zwei Zinsfüße bestimmen kann, die zu nahe bei Null liegenden Kapitalwerten führen. Für praktische Fragestellungen genügt es jedoch, den internen Zinsfuß bzw. die Rendite einer Investition bis auf zwei Nachkommastellen genau zu errechnen. Im obigen Beispiel ist dies bereits unter Verwendung der Zinsfüße von 11% und 12% möglich, so daß die genauere Eingrenzung zur Verbesserung des Ergebnisses nicht nötig war. Die Bestimmung des internen Zinsfußes durch lineare Interpolation läßt sich graphisch erläutern: Der Kapitalwert einer Investition hängt u.a. vom Kalkulationszinsfuß ab; für unterschiedliche Zinssätze errechnen sich unterschiedliche Kapitalwerte. Diese Abhängigkeit des Kapitalwertes vom Zinssatz läßt sich in einem Koordinatensystem graphisch darstellen, in dem der Kapitalwert G auf der Ordinate (y-Achse) und der Zinssatz i auf der Abszisse (x-Achse) abgetragen werden. Graphisch darstellen bzw. ermitteln läßt sich dann aber der interne Zinsfuß bzw. die Rendite einer Investition, da der interne Zinsfuß einer Investition jener Zinsfuß ist, bei dem der Kapitalwert gleich Null wird.

Die Bestimmung des internen Zinsfußes heißt also, den Schnittpunkt jener Kurve, die die Abhängigkeit des Kapitalwertes beschreibt, mit der Abszisse zu ermitteln, d.h. den Nullpunkt der Kapitalwertkurve zu bestimmen. Wird der interne Zinsfuß näherungsweise durch lineare Interpolation ermittelt, so werden zunächst zwei Punkte der Kapitalwertkurve bestimmt, und zwar ein Punkt oberhalb und ein Punkt unterhalb der Abszisse. Als interner Zinsfuß gilt näherungsweise der Schnittpunkt der durch diese beiden Punkte zu legenden Geraden ("lineare Interpolation") mit der Abszisse.

Eine zweite Näherungslösung ist möglich, indem nur ein Punkt der Kapitalwertkurve ermittelt und der interne Zinsfuß als Schnittpunkt der Tangente an diesen Punkt mit der Abszisse errechnet wird. Diese als "Newton´sches Verfahren" bezeichnete Methode ist um so genauer, je näher der Punkt der Kapitalwertkurve an der Abszisse liegt. Mit der zunehmenden Verwendung programmierbarer Taschenrechner ist das Newton'sche Verfahren der linearen Interpolation vorzuziehen, da schneller genauere Lösungen errechnet werden können.

Ausgangspunkt des Newton'schen Verfahrens ist die Tangente an einen Punkt P_1 der Kapitalwertkurve; die Koordinaten dieses Punktes sind G_1 und i_1. Der interne Zinsfuß i läßt sich aus der Steigung der Tangente errechnen, die auf zweifache Weise ermittelt werden kann, und zwar

- durch den Tangens des Winkels α, den die Tangente mit der positiven Richtung der x-Achse bildet, also

$$\text{tg } \alpha \ = \frac{G_1}{i_1 - 1},$$

- und durch die erste Ableitung der Kapitalwertfunktion G(i), durch die die Abhängigkeit des Kapitalwertes vom Zinssatz beschrieben wird, an der Stelle i_1.

Durch Gleichsetzen ergibt sich

$$G'(i_1) = \frac{G_1}{i_1 - i} \tag{3-29}.$$

Da G_1 durch Einsetzen von i_1 in die Kapitalwertfunktion ermittelt wird, kann (3-29) auch als

$$G'(i_1) = \frac{G(i_1)}{i_1 - 1}$$

geschrieben werden. Durch Auflösung nach i ergibt sich der interne Zinsfuß

$$i = i_1 - \frac{G(i_1)}{G'(i_1)} \tag{3-30}.$$

Im obigen Beispiel ist wie folgt zu rechnen: Die Kapitalwertfunktion lautet

$$G(i) = 5.000q^{-1} + 8.500q^{-2} + 9.000q^{-3} + 7.500q^{-4}$$
$$+4.000q^{-5} - 25.000.$$

Daraus ergibt sich die erste Ableitung

$$G'(i) = -5.000q^{-2} - 17.000q^{-3} - 27.000q^{-4} - 30.000q^{-5}$$
$$- 20.000q^{-6}$$

Für $i = 0,11$ beträgt der Kapitalwert $G = 298,31$, wie bereits oben berechnet wurde. Ausgehend vom Punkt P_1 mit den Koordinaten

$$G_1 = 298,31 \text{ und}$$
$$i_1 = 0,11$$

ergibt sich aus (3-30)

$$i = 0,11 - \frac{298,31}{-62.770,45}$$

$$i = 0,11 + 0,00475$$
$$= 0,11475;$$

denn durch Einsetzen von $i_1 = 0,11$ in die erste Ableitung $G'(i)$ ergibt sich $G'(i) = -62.770,45$. Nach der Newton'schen Näherungslösung ergibt sich also ein interner Zinsfuß von 11,48%.

Ähnlich wie bei der linearen Interpolation kann auch hier die Lösung verbessert werden, indem man iterativ einen Punkt nahe der Abszisse als Ausgangspunkt des Verfahren bestimmt.

Die näherungsweise Berechnung der Rendite nach einem der geschilderten Verfahren ist zwar ökonomisch zufriedenstellend; andererseits kann aber die Tatsache , daß eine Gleichung vom Grade n immer auch über n Lösungen verfügt - die allerdings nicht alle voneinander verschieden zu sein brauchen -, zu Problemen bei der Berechnung des internen Zinsfußes und insbesondere beim anschließenden Vergleich mit dem Kalkulationszinsfuß führen.

Diese aus der Berechnung des internen Zinsfußes - Lösung einer Gleichung vom Grade n - resultierenden Probleme und möglichen Schwierigkeiten seien im folgenden anhand eines einfachen Beispiels erläutert, das aus drei verschiedenen Varianten besteht.

Zunächst wird von folgendem Fall ausgegangen (Variante 1):
Ein Unternehmer kann sich an einer Ausschreibung beteiligen, deren Bedingungen wie folgt lauten: Lieferung einer bestimmten Anzahl von Investitionsgütern während der folgenden beiden Jahre, wobei die Hauptlieferung im zweiten Jahr erfolgen soll. Die Bezahlung der Lieferung dieser Investitionsgüter erfolgt so, daß 50.000.- € sogleich nach der Auftragserteilung, weitere 150.000.- € nach einem Jahr und der Rest von 130.000.- € nach zwei Jahren bezahlt werden. Das Unternehmen müßte unmittelbar nach der Auftragserteilung zur Durchführung der vorgesehenen Lieferungen eine Erweiterungsinvestition in Höhe von 60.000.- € vornehmen. Weiterhin ist mit Ausgaben von 128.000.- € im ersten Jahr und 162.101.- € im zweiten Jahr zu rechnen. Außerdem ist durch den Verkauf der im Rahmen der Erweiterungsinvestition erworbenen Maschine nach zwei Jahren eine Einnahme von 20.000.- € zu erzielen. Die Geschäftsleitung des Unternehmens möchte wissen, ob die Beteiligung an der Ausschreibung bei einem Kalkulationszinsfuß von 6% vorteilhaft ist.

Die zu beurteilende Investition läßt sich anhand eines Zeitstrahls graphisch wie folgt darstellen:

Abb. 3-6: Zeitstrahl der Investition "Ausschreibung, Variante 1".

t_0	t_1	t_2	
- 60.000	- 128.000	- 162.101	t
+50.000	+ 150.000	+130.000	
- 10.000	+ 22.000	+ 20.000	
		- 12.101	

Zur Berechnung der Rendite bzw. des internen Zinsfußes der Investition ist die Gleichung

$$-10.000 + 22.000 \cdot \frac{1}{q^1} - 12.101 \cdot \frac{1}{q^2} = 0$$

nach q bzw. nach i aufzulösen. Wird die Gleichung zunächst mit -q² multipliziert, ergibt sich

$$10.000 \cdot q^2 - 22.000 \cdot q + 12.101 = 0,$$

woraus nach einigen Rechenschritten folgt

$$q = 1,1 \pm \sqrt{1,21 - 1,2101}$$

Da die Differenz unter der Wurzel negativ ist, besitzt die Gleichung keine reelle Lösung. Dieses Ergebnis bedeutet ökonomisch, daß die Investition über
keine Rendite verfügt; eine Rendite bzw. ein interner Zinsfuß existiert nicht.
Wird im vorliegenden Beispiel der Kapitalwert bei einem Kalkulationszinsfuß
von 6% errechnet, so ergibt sich ein Ergebnis von G = -15,13; die Investition
ist also aufgrund des Kapitalwertes offensichtlich unvorteilhaft.

Der geschilderte Fall wird nun variiert, und zwar ändern sich in dieser zweiten
Variante gegenüber der Variante 1 die Ausgaben im zweiten Jahr. Die Progno-
seabteilung des Unternehmens schätzt sie nach nochmaliger kritischer Überprüfung aller Gegebenheiten auf nur 162.091.- € und damit um 10.- €
niedriger als ursprünglich. Die anderen Zahlen der Variante 1 haben unverändert Gültigkeit.

Eine erneute Berechnung des internen Zinsfußes bzw. der Rendite der
Investition ergibt aus der Gleichung

$$-10.000 + 22.000 \cdot \frac{1}{q^1} - 12.091 \cdot \frac{1}{q^2} = 0$$

die Lösung

$$q = 1,1 \pm \sqrt{1,21 - 1,2091}$$
$$= 1,1 \pm \sqrt{0,0009} = 1,1 \pm 0,03$$

Es ergeben sich die beiden positiven Lösungen

$$q_1 = 1,13 \text{ und}$$
$$q_2 = 1,07.$$

Die Investition verfügt nunmehr also nach einer Ausgabensenkung um 10.- € im zweiten Jahr über zwei positive Renditen, nämlich über die Renditen von 7% und von 13%. Die Investition gilt nach der Ausgabensenkung demnach als vorteilhaft, da die Rendite auf jeden Fall über dem Kalkulationszinsfuß von 6% liegt. Als Kapitalwert der Investition ergibt sich jedoch ein Wert von G = - 6,23 €; die Investition gilt also nach der Kapitalwertmethode weiterhin als unvorteilhaft, und dies, obwohl ihr interner Zinsfuß, welcher von den beiden auch immer der "richtige" sein mag, über dem Kalkulationszinsfuß liegt.

Eine dritte Variante bringt weitere widersprüchlich erscheinende Ergebnisse. Entgegen den bisher genannten Zahlungsmodalitäten ist in der dritten Variante des geschilderten Falles bei der Ausschreibung vorgesehen, 70.000.- € sogleich nach der Auftragserteilung, 106.000.- € nach einem Jahr und 154.182.- € nach zwei Jahren zu zahlen. Die Ausgaben des Unternehmens sowie die Einnahme aus dem Verkauf der im Rahmen einer Erweiterungsinvestition beschafften Maschine gelten entsprechend den Varianten 1 und 2 unverändert.

Die Investition läßt sich nach der Änderung der Zahlungsmodalitäten graphisch wie folgt darstellen (vergl. Abbildung 3-7).

Abb. 3-7: Zeitstrahl der Investition "Ausschreibung, Variante 3"

t_0	t_1	t_2	
			t
- 60.000	- 128.000	- 162.091	
+70.000	+106.000	+154.182	
+10.000	- 22.000	+ 20.000	
		+ 12.091	

Der interne Zinsfuß läßt sich aus der Gleichung

$$10.000 - 22.000 \cdot \frac{1}{q^1} + 12.091 \cdot \frac{1}{q^2} = 0$$

berechnen. Nach einigen Rechenschritten ergibt sich

$$q = 1,1 \pm \sqrt{0,0009} = 1,1 \pm 0,03.$$

Ebenso wie in der Variante 2 ergeben sich auch hier demnach die Renditen 7% und 13%. Also gelten nach der Methode des internen Zinsfußes die Investitionen als vorteilhaft, da die Rendite, welche der beiden auch die "richtige" sein mag, auf jeden Fall über dem Kalkulationszinsfuß von 6% liegt. Als Kapitalwert ergibt sich im Gegensatz zur zweiten Variante des Ausschreibungs-Falles ein Wert von G = 6,23; auch nach der Kapitalwertmethode gilt diese Investition also als vorteilhaft.

Die Auflösung dieser scheinbar widersprüchlichen Ergebnisse der Varianten 1 bis 3 des Ausschreibungs-Falles ist relativ einfach:

Die Bestimmung des internen Zinsfußes heißt, den Schnittpunkt jener Kurve, die die Abhängigkeit des Kapitalwertes vom Zinssatz beschreibt, mit der Abszisse zu ermitteln, d.h. den Nullpunkt der Kapitalwertkurve zu bestimmen. Je nach Verlauf dieser Kapitalwertkurve ist es nun möglich, daß kein Schnittpunkt, ein Schnittpunkt oder auch zwei oder mehrere Schnittpunkte und demnach keine, eine, zwei oder mehrere Renditen existieren.

Die Kapitalwertkurven bzw. die Kurven zur Beschreibung der Abhängigkeit des Kapitalwertes vom Zinssatz sind für die Varianten 1, 2 und 3 des obigen Ausschreibungs-Falles in den Abbildungen 3-8, 3-9 und 3-10 dargestellt. Aus diesen Kurven sind die obigen, widersprüchlich erscheinenden Ergebnisse unmittelbar zu erkennen.

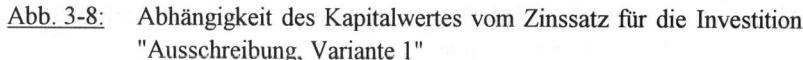

Abb. 3-8: Abhängigkeit des Kapitalwertes vom Zinssatz für die Investition "Ausschreibung, Variante 1"

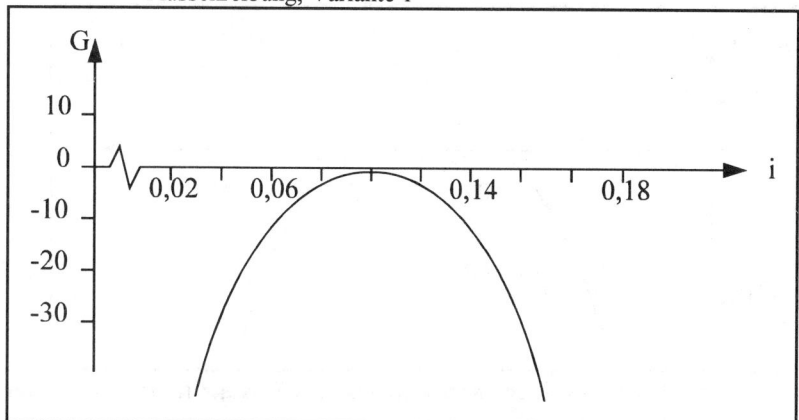

In der ersten Variante (vgl. Abbildung 3-8) besitzt die Kapitalwertkurve keinen Schnittpunkt mit der Abszisse. Folglich existiert keine reelle Lösung der oben genannten quadratischen Gleichung und demnach auch kein interner Zinsfuß. Da die Kapitalwertkurve stets unterhalb der Abszisse verläuft, ist der Kapitalwert stets negativ und die Investition bei jedem Kalkulationszinsfuß unvorteilhaft.

In der Variante 2 des Ausschreibungs-Falles (vgl. Abbildung 3-9) besitzt die Kapitalwertkurve zwei Schnittpunkte mit der Abszisse, und zwar bei i = 0,07 und bei i = 0,13. Es existieren folglich zwei interne Zinsfüße. Weiterhin läßt sich aus dem Verlauf der Kapitalwertkurve erkennen, daß der Kapitalwert bei Zinssätzen zwischen 7% und 13% positiv, bei allen übrigen Zinssätzen dagegen negativ ist. Also ist die Investition bei einem Kalkulationszinsfuß zwischen 7% und 13% vorteilhaft, bei einem Kalkulationszinsfuß unter 7% (wie im Beispiel gegeben) sowie bei einem Kalkulationszinsfuß über 13% jedoch unvorteilhaft.

Abb. 3-9:   Abhängigkeit des Kapitalwertes vom Zinssatz für die Investition
            "Ausschreibung, Variante 2"

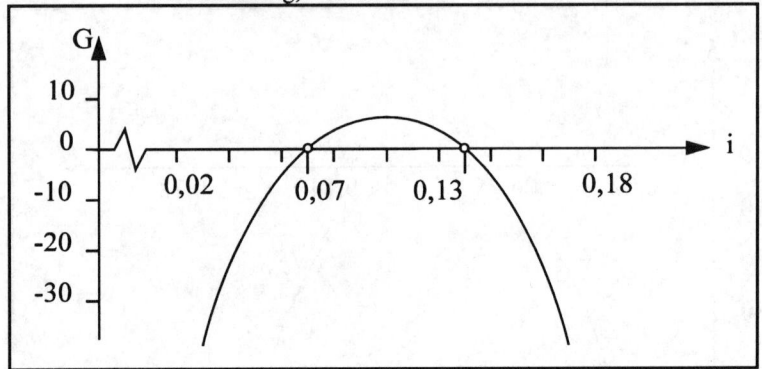

Abb. 3-10: Abhängigkeit des Kapitalwertes vom Zinssatz für die Investition
            "Ausschreibung, Variante 3"

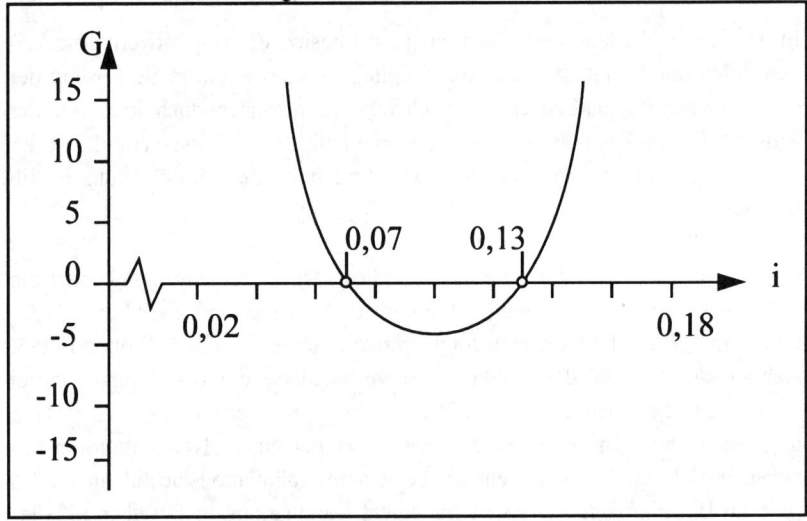

In der dritten Variante schließlich (vgl. Abbildung 3-10) existieren ebenfalls
bei i = 0,07 und bei i = 0,13 Schnittpunkte der Kapitalwertkurve mit der Ab-

szisse. Im Gegensatz zur zweiten Variante ist hier jedoch der Kapitalwert bei Zinssätzen zwischen 7% und 13% negativ und bei allen anderen Zinssätzen positiv. Also ist die Investition bei einem Kalkulationszinsfuß unter 7% (wie im Beispiel gegeben) bzw. über 13% vorteilhaft, bei einem Kalkulationszinsfuß zwischen 7% und 13% unvorteilhaft.

Abb. 3-11: Abhängigkeit des Kapitalwertes vom Zinssatz für eine Investition mit den Zahlungssalden von -25.000.- €, 15.000.- € und 13.750.- € zu den Zeitpunkten t_0, t_1 und t_2

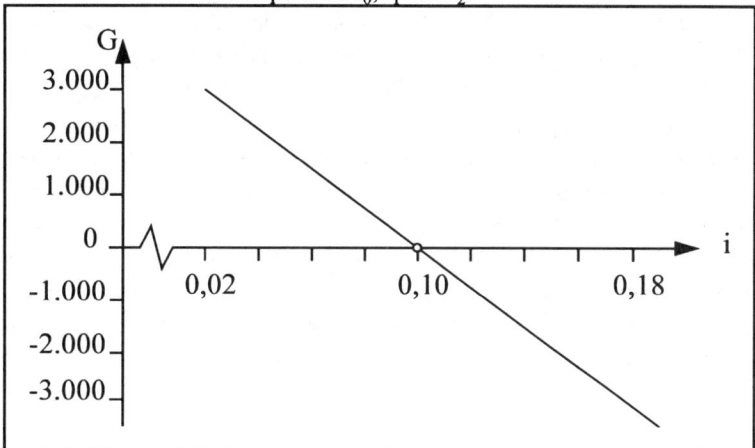

Aus der Berechnung des internen Zinsfußes - Lösung einer Gleichung vom Grade n - können sich, wie die obigen Beispiele gezeigt haben, erhebliche Entscheidungs- und Interpretationsprobleme ergeben. Das oben genannte Kriterium der Methode des internen Zinsfußes, nach dem eine Investition vorteilhaft ist, wenn ihr interner Zinsfuß über dem Kalkulationszinsfuß liegt, ist nämlich nicht immer anwendbar. Zu richtigen Entscheidungen führt das Kriterium nur, wenn die Kapitalwertkurve so verläuft, wie es beispielsweise bei einer Investition mit den Zahlungssalden von -25.000.- € zum Zeitpunkt t_0, 15.000.- € zum Zeitpunkt t_1 und 13.750.- € zum Zeitpunkt t_2 der Fall ist; es ergibt sich hierbei nämlich die in Abbildung 3-11 dargestellte Kapitalwertkurve. Der Kapitalwert nimmt bei der genannten Investition also mit zunehmendem

Zinssatz stets ab und erreicht genau einmal, und zwar bei i = 0,1 den Wert Null. Es existiert also nur ein interner Zinsfuß, der genau 10% beträgt. Bei einem Kalkulationszinsfuß unter 10% ist der Kapitalwert stets positiv, bei einem Kalkulationszinsfuß über 10% dagegen stets negativ. Zwischen der Kapitalwertmethode und der Methode des internen Zinsfußes gibt es in diesem Fall also keine Widersprüche.

Für die Anwendung der Methode des internen Zinsfußes ist es sinnvoll, die Investitionen in zwei Typen, und zwar in Normalinvestitionen und Nicht-Normalinvestitionen einzuteilen. Normalinvestitionen sind dadurch gekennzeichnet, daß sie mit einer Ausgabe beginnen und danach nur noch positive Periodenüberschüsse folgen. Die erste Zahlungsgröße einer Normalinvestition verfügt also über ein negatives Vorzeichen (Ausgabe), während alle nachfolgenden Zahlungssalden ein positives Vorzeichen aufweisen (die Einnahmen überwiegen die Ausgaben). Normalinvestitionen sind also, anders ausgedrückt, durch einen einmaligen Vorzeichenwechsel der Zahlungssalden von minus nach plus gekennzeichnet. Bei Nicht-Normalinvestitionen existieren dagegen mindestens zwei Vorzeichenwechsel, d.h. es ergeben sich während der Investitionsdauer auch negative Periodenüberschüsse bzw. vor der Anfangsausgabe der Investition werden bereits Einnahmen (z.B. durch Kundenvorauszahlungen) realisiert.

Für die Anwendung der Methode des internen Zinsfußes gilt nun folgendes: Bei Normalinvestitionen nimmt der Kapitalwert mit zunehmendem Zinsfuß stets ab. Folglich muß die Kapitalwertkurve bei jeder Normalinvestition - wenn überhaupt - über genau einen Schnittpunkt mit der Abszisse verfügen. Bei Normalinvestitionen ergibt daher die Berechnung des internen Zinsfußes immer nur eine Lösung[1] . Weiterhin ist der Kapitalwert stets positiv, wenn der Kalkulationszinsfuß kleiner als der interne Zinsfuß ist, dagegen aber stets negativ bei einem Kalkulationszinsfuß, der über dem internen Zinsfuß liegt. Eine Normalinvestition ist demnach stets vorteilhaft, wenn ihre Rendite bzw. ihr interner Zinsfuß über dem Kalkulationszinsfuß liegt.

---

[1] Weitere Lösungen im komplexen Zahlenbereich sind mathematisch möglich, da jede Gleichung vom Grade n auch über n Lösungen verfügt. Derartige Lösungen sind ökonomisch jedoch bedeutungslos, da sie sich nicht sinnvoll interpretieren lassen.

Bei Nicht-Normalinvestitionen kann der Kapitalwert mit zunehmendem Zinsfuß abnehmen, aber auch zunehmen. Folglich kann die Zahl der Schnittpunkte der Kapitalwertkurve mit der Abszisse und damit die Anzahl der internen Zinsfüße zwischen 0 und n liegen, wobei n der Investitionsdauer (in Jahren) entspricht. Gibt es keinen Schnittpunkt der Kapitalwertkurve mit der Abszisse, so existiert keine reelle Lösung der Gleichung n-ten Grades zur Bestimmung des internen Zinsfußes. Das mathematische Ergebnis, das im komplexen Zahlenbereich liegt, läßt sich ökonomisch nicht sinnvoll interpretieren. Eine Rendite kann folglich nicht angegeben werden.

Existieren dagegen mehrere Lösungen, d.h. zwei oder mehr Renditen, so führt die Methode des internen Zinsfußes zu einer mehrdeutigen Lösung mit entsprechenden Interpretationsschwierigkeiten; denn eine Investition kann sinnvollerweise nur über eine und nicht über mehrere Renditen verfügen.

Existieren bei einer Nicht-Normalinvestition zwei oder mehr Renditen bzw. läßt sich eine Rendite nicht berechnen, dann sind Aussagen über die Vorteilhaftigkeit von Investitionen nur aus dem Vergleich von internem Zinsfuß und Kalkulationszinsfuß nicht mehr möglich. Vielmehr müssen in einem derartigen Fall der vollständige Verlauf der Kapitalwertkurve und alle Schnittpunkte dieser Kurve mit der Abszisse bekannt sein. Eine Investition ist für jene Zinssätze (interne Zinsfüße, Renditen) vorteilhaft, für die die Kapitalwertkurve oberhalb der Abszisse verläuft.

Auch bei Nicht-Normalinvestitionen besteht die Möglichkeit einer einzigen, eindeutigen Lösung. Dies ist beispielsweise im folgenden Fall gegeben:

Eine Investition ist mit Anschaffungsausgaben von 27.000.- € verbunden. Sie führt zu Periodenüberschüssen von 10.000.- € im ersten Jahr, 12.000.- € im zweiten Jahr, 8.000.- € im dritten Jahr,-5.000.- € im vierten Jahr und 10.000.- € im fünften Jahr. Es ist zu prüfen, ob diese Investition bei einem Kalkulationszinsfuß von 10% vorteilhaft ist.

Unter Verwendung der Newton'schen Näherungslösung ergibt sich aus (3-30), wobei von

$$G_1 = -40,22 \text{ und}$$
$$i_1 = 0,115$$

ausgegangen wird,

$$i = 0,115 - \frac{-40,22}{-78.511,12}$$

$$\mathbf{i = 0,11449}$$

Der interne Zinsfuß beträgt also näherungsweise 11,45%.

Demnach ist die Investition bei einem Kalkulationszinsfuß von 10% vorteilhaft. Diese Konsequenz kann gezogen werden, da der Verlauf der Kapitalwertkurve der Investition aus dem vorliegenden Beispiel, wie auch die nachfolgende Abbildung 3-12 verdeutlicht, genau dem Verlauf der Kapitalwertkurve bei einer Normalinvestition entspricht; dennoch handelt es sich hier wegen des negativen Periodenüberschusses im vierten Jahr um eine Nicht-Normalinvestition.

Abb. 3-12: Abhängigkeit des Kapitalwertes vom Zinssatz im obigen Beispiel

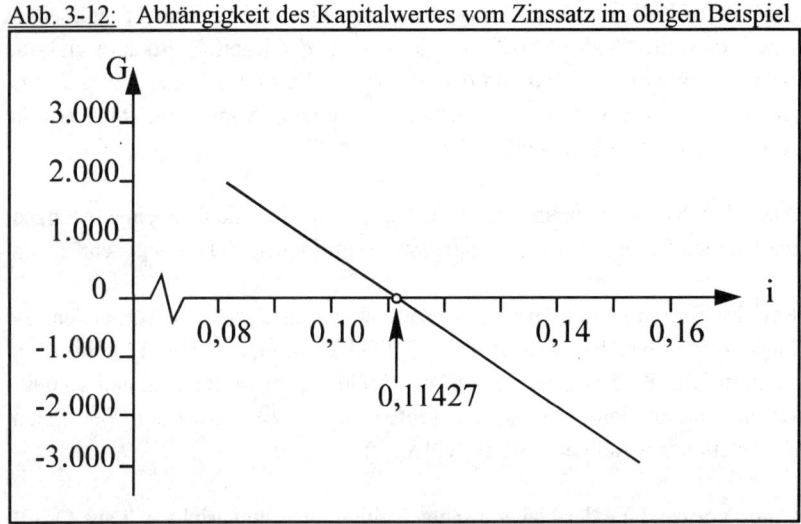

Da bei Nicht-Normalinvestitionen der Kapitalwert mit zunehmendem Zinssatz abnehmen, aber auch zunehmen kann und da folglich die Zahl der internen Zinsfüße zwischen 0 und n liegen kann, muß zur Anwendung der Methode des internen Zinsfußes der genaue Verlauf der Kapitalwertkurve bekannt sein. Zwar läßt sich zeigen, daß jeder Vorzeichenwechsel der Zahlungssalden einer Investition einen weiteren ökonomisch interpretierbaren internen Zinsfuß bringen kann. Dies ist jedoch mathematisch nur die notwendige Bedingung zum Vorliegen mehrerer positiver Lösungen der Gleichung n-ten Grades zur Bestimmung des internen Zinsfußes; ob nämlich tatsächlich bei einem Vorzeichenwechsel der Zahlungssalden eine weitere positive Lösung und damit ein weiterer interner Zinsfuß hinzutritt, hängt auch vom Verhältnis positiver und negativer Zahlungssalden zueinander ab.

Nur wenn der gesamte Verlauf der Kapitalwertkurve bei Nicht-Normalinvestitionen bekannt ist, läßt sich die Anzahl der internen Zinsfüße angeben, kann demnach das Problem der Mehrdeutigkeit erkannt werden und können dadurch Fehlentscheidungen aus einem einfachen Vergleich von internem Zinsfuß und Kalkulationszinsfuß vermieden werden. Ist der Verlauf der Kapitalwertkurve jedoch bekannt, dann läßt sich auch für Nicht-Normalinvestitionen die Vorteilhaftigkeit erkennen. Eine Nicht-Normalinvestition - wie im übrigen natürlich auch eine Normalinvestition, bei der die Kapitalwertkurve wegen der Eindeutigkeit der Lösung nicht bekannt zu sein braucht - ist für alle Kalkulationszinsfüße vorteilhaft, für die die Kapitalwertkurve oberhalb der Abszisse verläuft.

Die Methode des internen Zinsfußes ist ebenso wie die Kapitalwertmethode auch zur Beurteilung der Vorteilhaftigkeit von Finanzierungen geeignet. Der interne Zinsfuß einer Finanzierung stellt die Verzinsung des Kapitals dar. Er entspricht demnach den Kapitalkosten der Finanzierung bzw. ihrer Effektivverzinsung. Der interne Zinsfuß bzw. die Kapitalkosten einer Finanzierung werden bei der Methode des internen Zinsfußes berechnet und mit den Kapitalkosten einer anderen Finanzierung oder der Rendite einer Investition, die mit Hilfe des aufgenommenen Kredits finanziert werden soll, verglichen. Eine Finanzierung ist nach dieser Methode vorteilhaft, wenn ihre Kapitalkosten (ihr interner Zinsfuß) geringer sind als die erzielte Rendite einer mit Hilfe des Kredits finanzierten Investition bzw. geringer als die Kapitalkosten einer Alternativfinanzierung. Während also eine Investition vorteilhaft ist, wenn der interne Zinsfuß (Rendite) größer als der Kalkulationszinsfuß (Alternativrendite bzw. Finanzierungskosten) ist, ist umgekehrt eine Finanzierung vorteilhaft, wenn der interne Zinsfuß (Kapitalkosten) geringer ist als der Kalkulationszinsfuß (Rendite einer Investition bzw. Kapitalkosten einer Alternativfinanzierung).

Übungsbeispiel 3-24:
Ein Unternehmer kann zur Finanzierung einer Investition ein Darlehen von 1.800.- € erhalten, das er in den beiden Folgejahren einschließlich Zinsen zu je 1.000.- € zurückzahlen muß. Ist diese Finanzierung vorteilhaft, wenn die damit finanzierte Investition eine Rendite von 8% bringt?

Der interne Zinsfuß (Kapitalkosten) der Finanzierung läßt sich aus der Gleichung

$$1.800 \cdot q^2 - 1.000 \cdot q - 1.000 = 0$$

berechnen. Es ergibt sich aus dieser Gleichung ein interner Zinsfuß von ungefähr 7,32%. Da dieser interne Zinsfuß unter dem Kalkulationszinsfuß von 8% liegt, ist die Finanzierung vorteilhaft; die Investition verfügt nämlich über eine Rendite, die über den Kapitalkosten der Finanzierung liegt.

Die Anwendung der Methode des internen Zinsfußes auf Finanzierungsentscheidungen entspricht - mit umgekehrtem Vorzeichen - der Anwendung des Verfahrens auf Investitionsentscheidungen. Wie allerdings bei der Anwendung auf Investitionsprobleme eine Differenzierung nach Normalinvestitionen und Nicht-Normalinvestitionen vorzunehmen ist, so muß auch bei der Anwendung der Methode des internen Zinsfußes auf Finanzierungsentscheidungen eine entsprechende Unterscheidung beachtet werden. Es müssen also "Normalfinanzierungen" von "Nicht-Normalfinanzierungen" unterschieden werden.

Aus einem Vergleich von internem Zinsfuß und Kalkulationszinsfuß kann nur die Vorteilhaftigkeit einer Normalfinanzierung erkannt werden. Sofern eine Finanzierung dagegen zu Zahlungssalden mit mehr als einem Vorzeichenwechsel führt, also eine Nicht-Normalfinanzierung vorliegt, kann allein aus dem Vergleich von Kapitalkosten und Kalkulationszinsfuß nicht mehr auf die Vorteilhaftigkeit einer Finanzierung geschlossen werden. Vielmehr muß in einem derartigen Fall ebenso wie auch bei Nicht-Normalinvestitionen der genaue Verlauf der Kapitalwertkurve bekannt sein, um die Vorteilhaftigkeit der Finanzierung erkennen zu können. Eine Nicht-Normalfinanzierung ist für alle Zinssätze vorteilhaft, für die die Kapitalwertkurve oberhalb der Abszisse verläuft.

Übungsaufgaben:

(40) Ein Bürger schenkt seiner Vaterstadt zum Bau eines Kinderspielplatzes 25.000.- €, die erst nach seinem Tod Verwendung finden sollen. Die Stadtverwaltung legt das Geld zum Betriebskapital ihres Fuhrunternehmens, damit es besser "arbeite". 10 Jahre später stirbt der Wohltäter. Die Stadt verfügt nunmehr über insgesamt 54.000.- €.

  (a)   Welche Rendite hat die Stadt in dieser Zeit in ihrem Fuhrunternehmen erzielt?

  (b)   Wäre es für die Stadt besser gewesen, das Geld zu 7,5% bei der Stadtsparkasse anzulegen?

(41) Eine Investition verlangt Anschaffungskosten von 10.000.- € und erbringt während der zweijährigen Investitionsdauer einen Periodenüberschuß von 6.000.- € am Ende des ersten Jahres und 5.500.- € am Ende des zweiten Jahres. Wie hoch ist die Rendite (der interne Zinsfuß) der Investition?

(42) Ein Unternehmen kann zwischen zwei Investitionsalternativen wählen:

  Alternative I: Anschaffungsausgaben von 10.000.- €, Periodenüberschuß von 11.881.- € nach dem zweiten Jahr.

  Alternative II: Anschaffungsausgaben von 10.000.- €, Periodenüberschüsse von 5.000.,- € nach dem ersten Jahr und von 6.600.- € nach dem zweiten Jahr.

  Welche Rendite besitzen die Alternativen I und II? Welche Alternative sollte der Unternehmer wählen, wenn er sein Geld auch zu 11% anderweitig anlegen kann?

(43) Bestimmen Sie näherungsweise den internen Zinsfuß der in der Aufgabe (35) genannten Investition und beurteilen Sie die Vorteilhaftigkeit dieser Investition bei einem Kalkulationszinsfuß von 7%.

(44) Bestimmen Sie näherungsweise den internen Zinsfuß der in der Aufgabe (37) genannten Investition und beurteilen Sie die Vorteilhaftigkeit dieser Investition bei einem Kalkulationszinsfuß von 7,8%.

3.5.3 Kritischer Vergleich von Kapitalwertmethode und Methode des internen Zinsfußes

Nach der Kapitalwertmethode ist eine Investition vorteilhaft, wenn ihr Kapitalwert positiv ist. Dieses Vorteilskriterium basiert auf der Voraussetzung, daß alle zwischenzeitlichen positiven wie negativen Zahlungssalden der Investition zum Kalkulationszinsfuß verzinst werden.

Nach der Methode des internen Zinsfußes ist eine Normalinvestition vorteilhaft, wenn ihr interner Zinsfuß bzw. ihre Rendite über dem Kalkulationszinsfuß liegt. Eine Nicht-Normalinvestition ist für alle Kalkulationszinsfüße (Renditen) vorteilhaft, für die die Kapitalwertkurve oberhalb der Abszisse verläuft. Das Vorteilskriterium des internen Zinsfußes basiert auf der Voraussetzung, daß alle während der Investitionsdauer anfallenden positiven wie negativen Zahlungssalden zum internen Zinsfuß verzinst werden.

Die Kapitalwertmethode wie auch die Methode des internen Zinsfußes vereinfachen insofern die Planungsrechnung für Investitionsentscheidungen, als die Prognose und gesonderte rechnerische Erfassung der Zinswirkung aller während der Investitionsdauer anfallenden Zahlungssalden entfallen können. Beide Verfahren begnügen sich mit einer Pauschalannahme über die Zinswirkung zwischenzeitlicher Zahlungssalden. Die Kapitalwertmethode geht von der Verzinsung zum Kalkulationszinsfuß aus, die Methode des internen Zinsfußes dagegen von der Verzinsung zum internen Zinsfuß. Die ökonomischen Unterstellungen über die Zinswirkung zwischenzeitlicher Zahlungssalden sind also bei der Kapitalwertmethode und bei der Methode des internen Zinsfußes unterschiedlich.

Die unterschiedlichen ökonomischen Unterstellungen der beiden Investitionsrechnungsverfahren sind bei der Beurteilung der Vorteilhaftigkeit **einer** Investition ohne Konsequenzen. Gilt eine Investition nach der Kapitalwertmethode als vorteilhaft, so gilt sie auch nach der Methode des internen Zinsfußes als vorteilhaft. Allerdings ist bei der Anwendung der Methode des internen Zinsfußes das Vorteilskriterium entsprechend dem jeweiligen Investitionstyp anzuwenden. Da beide Verfahren zur selben Beurteilung führen, genügt die Anwendung einer der beiden Methoden. Aus rechnerischen Gründen, aber auch aus interpretations- und entscheidungstechnischen Gründen ist hierbei die wesentlich leichter zu handhabende und unabhängig vom jeweiligen Investitionstyp immer eindeutige Kapitalwertmethode vorzuziehen.

Die Kapitalwertmethode und die Methode des internen Zinsfußes können auch zur Beurteilung der Vorteilhaftigkeit mehrerer Investitionen angewandt werden. Hierbei kann eine Rangfolge aller Investitionsmöglichkeiten nach der Höhe des Kapitalwertes bzw. nach der Höhe des internen Zinsfußes aufgestellt werden. Allerdings braucht für gegebene Investitionsmöglichkeiten die nach dem Kapitalwert aufgestellte Rangfolge nicht identisch zu sein mit der nach dem internen Zinsfuß aufgestellten Rangfolge. Das nachfolgende Übungsbeispiel verdeutlicht diese Möglichkeit.

Übungsbeispiel 3-25:
In einer Unternehmung werden die folgenden Investitionsmöglichkeiten mit den jeweils angegebenen Zahlungssalden erwogen:
Investition A: t_0 - 10.000.- €
                  t_2 11.881.- €
Investition B: t_0 - 10.000.- €
                  t_1 10.000.- €
                  t_2 1.100.- €.
Bei den Berechnungen der Rangfolge dieser Investition ist von einem Kalkulationszinsfuß von 7% auszugehen.

Die Berechnung des Kapitalwertes ergibt bei einem Kalkulationszinsfuß von 7% für die Investition A ein Ergebnis von

$$G_A = 11.881 \cdot \frac{1}{1,07^2} - 10.000 = 377,33$$

und für die Investition B einen Wert von

$$G_B = 1.100 \cdot \frac{1}{1,07^2} + 10.000 \cdot \frac{1}{1,07} - 10.000 = 306,58;$$

die Investitionsalternative A verfügt also über den höheren Kapitalwert.
Der interne Zinsfuß läßt sich für die Investition A aus der Gleichung

$$-10.000 \cdot q^2 + 11.881 = 0$$

und für die Investition B aus der Gleichung

$$-10.000 \cdot q^2 + 10.000 \cdot q + 1.100 = 0$$

errechnen. Es ergibt sich aus diesen Gleichungen für A eine Rendite von 9% und für B eine Rendite von 10%; die Alternative B verfügt also über die höhere Rendite bzw. über den höheren internen Zinsfuß. Soll eine der beiden Investitionsmöglichkeiten, und zwar die "bessere" ausgewählt werden, so ist dies nach der Kapitalwertmethode die Investition A und nach der Methode des internen Zinsfußes die Investition B.

Die unterschiedliche Rangordnung gegebener Investitionsmöglichkeiten bei der Kapitalwertmethode einerseits und bei der Methode des internen Zinsfußes andererseits basiert auf den verschiedenen ökonomischen Unterstellungen der beiden Verfahren über die Zinswirkung zwischenzeitlicher Zahlungssalden.

Dies wird deutlich, wenn im obigen Übungsbeispiel 3-25 für die Investitionen A und B die Endwerte berechnet werden, und zwar jeweils unter Beachtung der Unterstellung des jeweiligen Verfahrens über die Zinswirkung der Zahlungssalden. Bei der Anwendung der Kapitalwertmethode wird von einer Verzinsung der Zahlungssalden zum Kalkulationszinsfuß ausgegangen. Unter Verwendung dieses Zinsfußes von 7% ergeben sich die Endwerte von

$$K_n = 11.881$$

für die Investition A und von

$$K_n = 10.000 \cdot 1,07 + 1.100 = 11.800$$

für die Investition B; die Investition A verfügt also über den höheren Endwert. Bei der Anwendung der Methode des internen Zinsfußes wird dagegen von einer Verzinsung der Zahlungssalden zum internen Zinsfuß ausgegangen. Unter Verwendung des internen Zinsfußes ergeben sich die Endwerte von

$$K_n = 11.881$$

für die Investition A und von

$$K_n = 10.000 \cdot 1,1 + 1.100 = 12.100$$

für die Investition B; hier verfügt also die Investition B über den höheren Endwert. Damit entsprechen diese Rangfolgen dem im Übungsbeispiel 3-25 aufgrund des Kapitalwertes bzw. des internen Zinsfußes berechneten Ergebnis. Die unterschiedliche Rangfolge der Investitionsalternativen, so zeigen die Berechnungen, ist demnach auf die verschiedenen Unterstellungen der Kapitalwertmethode bzw. der Methode des internen Zinsfußes über die Zinswirkung der zwischenzeitlichen Zahlungssalden zurückzuführen.

Wird im Rahmen von Investitions- und Finanzierungsentscheidungen eine vereinfachte Planungsrechnung mit einer Pauschalannahme über die Zinswirkung aller Zahlungssalden durchgeführt, so muß man sich wegen der Möglichkeit einer unterschiedlichen Rangfolge von Investitionsalternativen bei den beiden Verfahren vorher für eine der beiden Annahmen entscheiden. Man muß also entweder die Annahme der Verzinsung zum internen Zinsfuß oder die Annahme der Verzinsung zum Kalkulationszinsfuß wählen und damit entweder die Methode des internen Zinsfußes oder die Kapitalwertmethode anwenden. Sofern eine derartige vereinfachte Pauschalannahme überhaupt realistisch bzw. sinnvoll ist, dürfte die Unterstellung der Verzinsung zum Kalkulationszinsfuß besser sein.

Die Aussage, daß die Annahme der Verzinsung zum Kalkulationszinsfuß sinnvoller ist, wird durch folgende Argumentation gestützt: Bei der Kapitalwertmethode wird die Zinswirkung der Zahlungssalden bei allen zu vergleichenden Investitionsmöglichkeiten als gleich angesehen. Dies ist bei der Methode des internen Zinsfußes nicht der Fall. So wird im obigen Übungsbeispiel 3-25 unterstellt, daß entsprechend dem jeweiligen internen Zinsfuß bei der Durchführung der Investition A zu einem Zinsfuß von 9%, bei der Durchführung der Investition B dagegen zu einem Zinsfuß von 10% Geld angelegt bzw. Kredit aufgenommen werden kann. Eine derartige unterschiedliche Annahme für unterschiedliche Investitionsmöglichkeiten dürfte jedoch wenig sinnvoll sein.

Unabhängig von der Tatsache, daß die Kapitalwertmethode und die Methode des internen Zinsfußes beim Vergleich mehrerer Investitionsmöglichkeiten wegen der verschiedenen Annahmen über die Zinswirkung zwischenzeitlicher Zahlungssalden zu unterschiedlichen Rangfolgen führen können, sind im Gegensatz zur Kapitalwertmethode bei der Methode des internen Zinsfußes noch zwei Probleme zu beachten, die die praktische Anwendbarkeit dieses Verfahrens zumindest erschweren.

(1) Nach der Höhe des internen Zinsfußes ergibt sich beim Vorliegen mehrerer Investitionsmöglichkeiten eine eindeutige Rangfolge nur bei Normalinvestitionen. Da bei Nicht-Normalinvestitionen mehrere interne Zinsfüße vorliegen können, braucht sich ohne ergänzende Angaben zur Bedeutung mehrerer Renditen bei einer Nicht-Normalinvestition eine eindeutige Rangfolge verschiedener Investitionsalternativen nicht zu ergeben. Das nachfolgende Übungsbeispiel verdeutlicht diesen Tatbestand.

Übungsbeispiel 3-26:
Für die folgenden beiden Investitionsmöglichkeiten A und B mit den jeweils angegebenen
Zahlungssalden soll nach der Höhe des internen Zinsfußes eine Rangfolge hinsichtlich ihrer
Vorteilhaftigkeit aufgestellt werden.

Investition A: t_0 -   20.000.- €
                  t_1 44.000.- €
                  t_2 -   24.168.- €
Investition B: t_0 20.000.- €
                  t_1 -   44.000.- €
                  t_2 24.182.- €.

Die internen Zinsfüße lassen sich aus den Gleichungen

$$-20.000 \cdot q^2 + 44.000 \cdot q - 24.168 = 0$$

für die Investition A bzw.

$$20.000 \cdot q^2 - 44.000 \cdot q + 26.182 = 0$$

für die Investition B berechnen. Als Lösungen dieser quadratischen Gleichungen ergeben
sich für die Investition A die internen Zinsfüße 6% und 14% sowie für die Investition B die
internen Zinsfüße 7% und 13%. Eine eindeutige Rangfolge dieser Investitionsmöglichkeiten
nach der Höhe des internen Zinsfußes läßt sich also nicht aufstellen.

(2) Die Rangfolge gegebener Investitionsmöglichkeiten kann sich bei der
    Methode des internen Zinsfußes durch eine für alle Investitionen gleiche
    Datenänderung verschieben. Dies zeigt das nachfolgende Übungsbeispiel.

Übungsbeispiel 3-27:
Ein Unternehmer erwägt die Investitionsmöglichkeit A mit den Zahlungssalden
• von -5.000.- € zum Zeitpunkt t_0,
• von 4.000.- € zum Zeitpunkt t_1 und
• von 1.512,50 € zum Zeitpunkt t_2
sowie die Investitionsmöglichkeit B mit den Zahlungssalden
• von -5.000.- € zum Zeitpunkt t_0,
• von 2.000.- € zum Zeitpunkt t_1 und
• von 3.718.- € zum Zeitpunkt t_2.
Es soll die Alternative mit der höheren Rendite gewählt werden.

Der interne Zinsfuß der beiden Investitionen ergibt sich aus den Gleichungen

$$-5.000 \cdot q^2 + 4.000 \cdot q + 1.512,50 = 0$$

für die Investition A bzw.

$$-5.000 \cdot q^2 + 2.000 \cdot q + 3.718 = 0$$

für die Investition B. Die Rendite beträgt für A 8,01% und für B 8,52%, die Investition B besitzt also die höhere Rendite und ist der Alternative A aus diesem Grunde vorzuziehen. Unberücksichtigt blieb bei der Berechnung jedoch eine für beide Alternativen übereinstimmende Einnahme von 500.- € zum Zeitpunkt t_2, die dem Restverkaufserlös des Investitionsobjekts A bzw. B entspricht. Die Nichtberücksichtigung dieser Einnahme erscheint insofern begründet, als dadurch zwar die Rendite erhöht wird, die Rangfolge der Alternativen aber eigentlich nicht verschoben werden darf. Eine Berechnung des internen Zinsfußes ergibt unter Berücksichtigung dieser Einnahme von 500.- € für A ein Ergebnis von 15% und für B einen Wert von 14%; hiernach ist also die Alternative A der Investition B vorzuziehen.

4 Rentenrechnung

4.1 Die verschiedenen Arten von Rentenzahlungen

Gegenstand der Rentenrechnung ist die Behandlung von Zahlungen, die in vorgegebener Höhe periodisch wiederkehren. Die Rente ist dann die Gesamtheit aller Zahlungen, während man die einzelne Zahlung als **Rentenrate** oder einfach als **Rate** bezeichnet.

Bei Vorgängen der Rentenrechnung geht es aber nicht nur um die eigentlichen Zahlungen, die in konstanter Höhe periodisch wiederkehren. Vielmehr muß man sich fragen, aus welchen Mitteln die Auszahlungen vorgenommen werden können oder zu welchen Beträgen die wiederkehrenden Einzahlungen anwachsen, wenn man sie z.b. auf einem Sparkonto ansammelt. Dabei ist zu unterstellen, daß die angelegten Kapitalbeträge **zinseszinslich** angesammelt werden.

Im Prinzip sind vor allem die folgenden, an Beispielen veranschaulichten Probleme zu diskutieren:

(1) Ein Selbständiger erhält aus einer Lebensversicherung an seinem 65. Geburtstag 100.000.- € ausgezahlt. Diesen Betrag möchte er "verrenten": Er legt ihn zu $p = 6\%$ Zinseszinsen bei einer Bank an mit der Maßgabe, ihm monatlich 1.000.- € auszuzahlen. Wie lange wird es dauern, bis das Kapital aufgezehrt ist?

(2) Jemand bringt 6 Jahre lang monatlich 100.- € zur Bank, die diese Einzahlungen bei 6% Zinseszinsen ansammelt. Welcher Betrag wird nach Ablauf von 6 Jahren zur Verfügung stehen?

(3) Ein Vater möchte die Ausbildung seines neugeborenen Kindes sichern und will, daß dem Kind an seinem 18. Geburtstag 25.000.- € zur Verfügung stehen. Er möchte diesen Betrag in monatlichen Raten bei einer Bank ansparen, die ihm 6% Zinseszins vergütet. Wie hoch müssen die monatlichen Einzahlungen sein, damit der Vater sein Ziel in den 18 Jahren genau erreicht?

(4)   Aus einem Vertrag stehen jemandem für die nächsten 10 Jahre jährliche Zahlungen in Höhe von je 10.000.- € zu. Welchen Wert hat dieser Rentenvorgang heute, wenn von 6% Zinseszinsen ausgegangen wird ? Anders gefragt, mit welchem Betrag könnte der Zahlungsempfänger heute seine Rente "kapitalisieren" lassen?

Durchdenkt man diese verschiedenen Problemstellungen, dann ist zu erkennen, daß bei Rentenvorgängen zu unterscheiden ist:

(1)   Die **Länge des Rentenvorgangs**. Dieser kann sich erstrecken über
     (a)   eine begrenzte und bekannte Zeitspanne[1] : **endliche Renten**.
     (b)   eine unbegrenzte Zeitspanne: **ewige Renten**.

(2)   Die **Länge der Periode, nach deren Ablauf sich die Rentenzahlung wiederholt**. Hier kennt man
     (a)   jährlich wiederkehrende Zahlungen: **jährliche Renten**.
     (b)   unterjährlich wiederkehrende Zahlungen (z.B. pro Vierteljahr, pro Monat usw.): **unterjährliche Renten**.

(3)   Die **Fälligkeit der Rentenzahlung**. Zahlungen können fällig werden
     (a)   zu Beginn einer jeden Rentenperiode (z.B. bei Mietzahlungen, Dienstbezügen von Beamten usw.). In diesem Fall spricht man von **vorschüssigen Rentenzahlungen**.
     (b)   am Ende einer jeden Rentenperiode (z.B. normale Gehaltszahlungen usw.). Hier handelt es sich um **nachschüssige Rentenzahlungen**.

(4)   Die **Länge der Zinsperiode**. Hier können die eingezahlten Rentenraten oder das angesammelte Kapital
     (a)   jährlich oder
     (b)   unterjährlich verzinst werden.

---

[1]   Der Fall der begrenzten, aber unbekannten Zeitspanne führt auf die *Leibrente,* die hier aber nicht behandelt werden soll.

(5) Das **Verhältnis zwischen Renten- und Zinsperiode**. Hierbei können
  (a) Renten- und Zinsperiode übereinstimmen (z.b. jährliche Rentenzahlung bei jährlichen Zinsen usw.) oder
  (b) Renten- und Zinsperioden nicht übereinstimmen (z.b. Jahreszins bei monatlicher Rentenzahlung).

(6) Die **Fälligkeit der Zinszahlung**. Hier sind
  (a) vorschüssige Zinsen und
  (b) nachschüssige Zinsen bekannt.

(7) Die **Art der Verzinsung**, also
  (a) einfache Verzinsung oder
  (b) zinseszinsliche Verzinsung.

Für jeden Rentenvorgang trifft aus jedem der 7 Unterscheidungskriterien eine Möglichkeit zu. Es ist offensichtlich, daß sich hier durch die verschiedenen denkbaren Kombinationen eine sehr große Zahl unterschiedlicher Problemstellungen ergibt, die eine systematische Behandlung der Rentenrechnung ungemein erschweren.

Um diese Erörterung im Rahmen der für die Wirtschaftspraxis relevanten Kombinationen der 7 Kriterien zu halten, sollen im weiteren die unrealistischen Fälle wie die vorschüssige Verzinsung oder die einfache jährliche Verzinsung nicht diskutiert werden. Es werden im folgenden nur solche Rentenvorgänge untersucht, bei denen das angesammelte Kapital nachschüssig verzinst wird, wobei in Fällen unterjährlicher Verzinsung auch eine gemischte Zinsabrechnung angewandt wird.

4.2 Jährliche Rentenzahlungen bei jährlich-nachschüssigen Zinseszinsen

4.2.1 Nachschüssige Rentenzahlungen

An dieser Stelle sind Rentenvorgänge zu untersuchen, bei denen über eine endliche Zeitspanne hinweg jeweils am Ende eines Jahres eine bestimmte Rentenrate gezahlt wird. Die Raten stammen dabei möglicherweise aus einem

Kapital, das zinseszinslich angelegt ist und auch die Raten können zinseszinslich angelegt werden.

Zur Betrachtung derartiger Rentenvorgänge sollen zunächst wieder einige Symbole eingeführt werden:

r   ist die in ihrer Höhe konstante Rentenrate.

R_n ist der Endwert eines Rentenvorgangs, also das verfügbare Kapital, das nach n geleisteten Rentenzahlungen einschließlich der gezahlten Zinsen zur Verfügung steht.

R_0 ist der Barwert eines Rentenvorgangs, also der Wert der gesamten Rente am Anfang der Rentenlaufzeit.

n   ist die Anzahl der Rentenperioden, also die Anzahl der Jahre, die der Rentenvorgang andauert.

p%   ist der Zinssatz der Verzinsung der Rentenraten bzw. des Kapitalbestandes.

i   ist der entsprechende Zinssatz (p/100).

q^n ist der Aufzinsungsfaktor, also

$$q^n = (1+i)^n \quad .$$

Der zeitliche Ablauf eines Rentenvorgangs soll an folgendem Beispiel demonstriert werden:

Übungsbeispiel 4-1:
Jemand zahlt 5 Jahre lang am Ende jeden Jahres 100.- € auf ein Sparkonto, auf dem das Kapital zu 10% Zinseszinsen angesammelt wird. Über welchen Betrag wird der Sparer am Ende des 5. Jahres verfügen?

Wenn in Beispiel 4-1 am Ende des 1. Jahres die 1. Rate gezahlt wird, so verbleibt dieser Betrag noch 4 weitere Jahre auf dem Konto und wird verzinst. Er wächst dabei auf

$$K_n = 100 \cdot (1,1)^4 = 146,41$$

an. Die am Ende des 2. Jahres gezahlte Rentenrate wird noch 3 Jahre auf dem Konto verzinst. Für die weiteren Raten gilt entsprechendes. Die Entwicklung des Kapitalbestandes unter Berücksichtigung der einzelnen Zahlungen ist in Abbildung 4-1 anschaulich wiedergegeben.

Abb. 4-1: Graphische Darstellung eines 5-jährigen Rentenvorgangs mit einer jährlich-nachschüssigen Rentenrate von 100 € bei p = 10% Jahreszinsen.

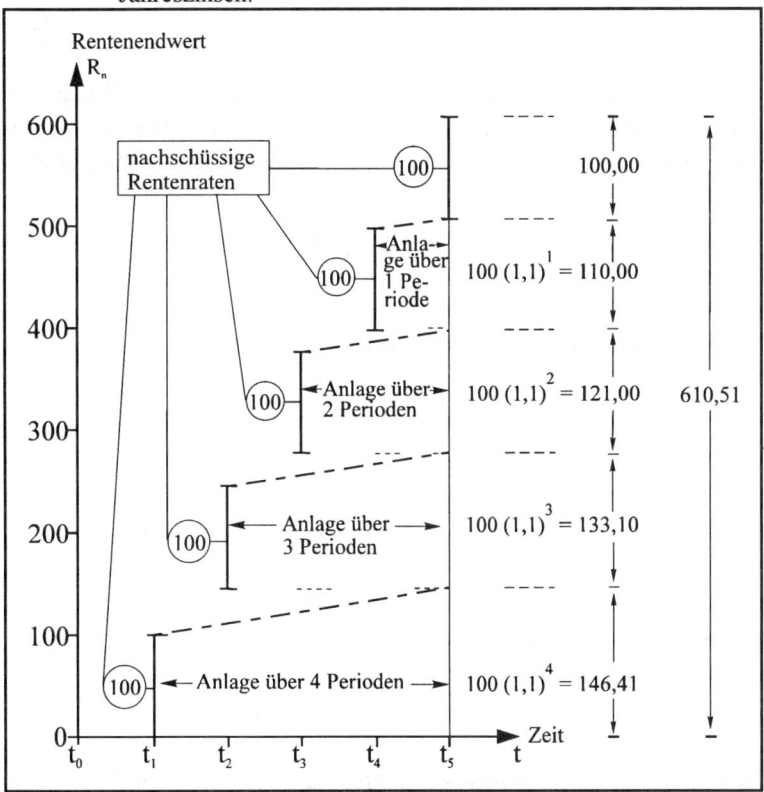

In Übungsbeispiel 4-1 kann der Rentenendwert R_n ermittelt werden aus:

$$R_n = 100 + 100 \cdot (1,1)^1 + 100 \cdot (1,1)^2 + 100 \cdot (1,1)^3 + 100 \cdot (1,1)^4.$$

Daraus kann man verallgemeinern:

$$R_n = r + r \cdot q^1 + r \cdot q^2 + \ldots + r \cdot q^{n-1} \qquad (4\text{-}1).$$

Gleichung 4-1 kann man vereinfachen zu:

$$R_n = r(1 + q + q^2 + \ldots + q^{n-1}) \qquad (4\text{-}2).$$

Der Klammerausdruck in (4-2) ist eine geometrische Reihe von n Gliedern mit dem Anfangsglied $a_1 = 1$ und dem konstanten Faktor q. Nach den Grundsätzen über die Summe einer geometrischen Reihe erhält man gem. Gleichung (2-9):

$$1 + q + q^2 + \ldots + q^{n-1} = 1 \cdot \frac{q^n - 1}{q - 1}$$

Setzt man diesen Ausdruck statt der Klammer in Gleichung (4-2) ein, dann ergibt sich:

$$\boxed{R_n = r \cdot \frac{q^n - 1}{q - 1}} \qquad (4\text{-}3).$$

Diese Gleichung bezeichnet man als die **nachschüssige Rentenendwertformel**.

Der in Gleichung (4-3) eingeführte Faktor

$$\frac{q^n - 1}{q - 1}$$

ist der **nachschüssige Rentenendwertfaktor**. Er ist mit einem elektronischen Taschenrechner, der über eine allgemeine Potenzfunktion verfügt, leicht auszurechnen. Im übrigen liegt dieser Faktor auch tabelliert vor.

Berechnet man den Rentenendwert für Übungsbeispiel 4-1 nach der Formel (4-3), dann erhält man:

$$R_n = 100 \cdot \frac{(1,1)^5 - 1}{(1,1) - 1}$$

$$R_n = 610,51$$

Neben dem Endwert einer Rente interessiert auch oft deren **Barwert**.

Übungsbeispiel 4-2:
Jemand erhält 5 Jahre lang nachschüssig je 100.- €, die er zinseszinslich zu 10% ansammeln will. Er möchte aber bereits heute über den Gesamtwert der Rente abzüglich zu zahlender Zinsen verfügen. Welchen Wert hat die Rente zu Beginn des Rentenvorgangs? Wie groß ist mit anderen Worten der **Rentenbarwert**?

Eine derartige Fragestellung wurde bereits im Rahmen der Zinseszinsrechnung diskutiert. Bekannt sind der zukünftige Endwert R_n des Rentenvorgangs, die Laufzeit n und die Verzinsung mit p%. Man kann den Rentenbarwert dadurch ermitteln, daß man den zum Zeitpunkt t_n feststehenden Rentenendwert R_n auf den Beginn der Rentenlaufzeit abzinst. Man erhält hier in Analogie zu Gleichung (3-9) der Zinseszinsrechnung:

$$R_0 = R_n \cdot \frac{1}{q^n} \tag{4-4}.$$

In Gleichung (4-4) kann man für R_n den durch Gleichung (4-3) definierten Ausdruck verwenden:

$$\boxed{R_0 = r \cdot \frac{q^n - 1}{q - 1} \cdot \frac{1}{q^n}} \tag{4-5}.$$

Der Faktor

$$\frac{q^n - 1}{q - 1} \cdot \frac{1}{q^n}$$

ist der **nachschüssige Rentenbarwertfaktor**, der mit einem geeigneten Taschenrechner leicht auszurechnen ist.

Für Übungsbeispiel 4-2 erhält man mit Gleichung (4-5):

$$R_0 = 100 \cdot \frac{(1,1)^5 - 1}{(1,1) - 1} \cdot \frac{1}{(1,1)^5} = 100 \cdot 3,790787$$

$$R_0 = 379,08$$

Der Rentenbarwert einer jährlichen Rente ist nun nicht nur der Gegenwartswert eines zukünftigen Rentenendwertes, sondern er ist daneben auch derjenige Betrag, der zum Zeitpunkt t_0 verfügbar sein muß, um daraus alle Rentenraten der Rente zahlen zu können, bei Berücksichtigung von Zinsen für das vorhandene Kapital.

Für Beispiel 4-2 bedeutet dies: Wenn jemand heute 379,08 € bei 10% Zinseszinsen bei einer Bank anlegt, dann können aus diesem Kapital und den darauf zu zahlenden Zinsen 5 Jahre lang jährlich-nachschüssig je 100.- € gezahlt werden. Zur Veranschaulichung dieses Gedankens diene das folgende Ablaufschema mit den Daten des Beispiels 4-2:

Jahr	Kapital zu Beginn des Jahres	Das Kapital zu Beginn des Jahres wächst durch Verzinsung bis zum Ende des Jahres an auf	zu zahlende Rentenrate	Verbleibendes Kapital am Jahresende
1	379,08	416,99	100,00	316,99
2	316,99	348,69	100,00	248,69
3	248,69	273,56	100,00	173,56
4	173,56	190,91	100,00	90,91
5	90,91	100,00	100,00	0,00

Übungsaufgaben:
(45) Ein Sparer beschließt am 1.1.1990, ab sofort jeweils am Ende eines jeden Jahres 1.200.- DM auf ein Konto einzuzahlen. Welcher Betrag (in DM) steht ihm am 1.1.2000 zur Verfügung, wenn die Bank das Guthaben mit 6% verzinst?

(46) Ein Steuerberater kauft die Praxis eines älteren Kollegen und muß als Kaufpreis 10 Jahre lang jährlich-nachschüssig je 10.000.- € zahlen. Durch welchen Betrag könnte der Steuerberater diese Zahlungsverpflichtung sofort bei Vertragsabschluß ablösen, wenn mit 8% Zinsen kalkuliert wird?

Neben der Frage nach dem Rentenendwert und dem Rentenbarwert können im Rahmen der Rentenrechnung noch

(1) die Höhe der Rentenraten und
(2) die Zahl der Rentenperioden

untersucht werden[1]. Zur Veranschaulichung des 1. Problemkreises diene folgendes

Übungsbeispiel 4-3:
Ein Sparer beschließt an seinem 18. Geburtstag, daß er an seinem 65. Geburtstag 1.000.000.- € durch jährlich-nachschüssige Raten bei 6% Zinsen zusammengespart haben will. Er will wissen, wie hoch die Jahresraten sein müssen, um das gesteckte Ziel zu erreichen.

Man kann Gleichung (4-3) nach der Rentenrate r auflösen und erhält:

$$r = \frac{R_n}{\dfrac{q^n - 1}{q - 1}}$$

und weiter

$$\boxed{r = R_n \cdot \frac{q - 1}{q^n - 1}} \tag{4-6}$$

In Beispiel 4-3 ist ein Rentenendwert von 1.000.000.- € angestrebt bei p = 6% Zinsen und 47 Jahren Laufzeit des Rentenvorgangs. Nach (4-6) ergibt sich:

$$r = 1.000.000 \frac{(1,06) - 1}{(1,06)^{47} - 1} = 1.000.000 \cdot 0,0041476\xi$$

r = 4.147,68

Das Problem der Berechnung der Zahl der Rentenperioden soll erläutert werden an

---

[1] Theoretisch ist auch die Berechnung der Durchschnittsverzinsung während der gesamten Rentenlaufzeit möglich. Allerdings führt bei Laufzeiten von mehr als vier Jahren die Auflösung von (4-3) nach q und damit nach i und p zu Gleichungen, die algebraisch exakt nicht mehr lösbar sind. Zur Problematik der Verwendung von Näherungslösungen vgl. S. 86 ff.

Übungsbeispiel 4-4:
Ein Sparer will jährlich-nachschüssig genau 4.147,68 € anlegen. Die Einzahlungen werden mit 6% verzinst. Wieviele Jahre wird es dauern, bis er auf seinem Konto einschließlich der Zinsen 1.000.000.- € zusammengespart hat?

Aus der Auflösung von Gleichung (4-3) nach n erhält man:

$$\frac{R_n(q-1)}{r} = q^n - 1$$

und

$$\frac{R_n(q-1)}{r} + 1 = q^n.$$

Die weitere Auflösung nach n erfolgt durch Logarithmierung:

$$\log\left[\frac{R_n \cdot (q-1)}{r} + 1\right] = n \cdot \log(q)$$

und schließlich

$$n = \frac{\log\left[\frac{R_n \cdot (q-1)}{r} + 1\right]}{\log(q)} \qquad (4\text{-}7).$$

Für Beispiel 4-4 ergibt sich nach (4-7):

$$n = \frac{\log\left[\frac{1.000.000 \cdot (1,06-1)}{4.147,68} + 1\right]}{\log(1,06)} = \frac{\log(15,4659)}{\log(1,06)} = \frac{1,18938}{0,02531}$$

n = 47

Ist in einem praktischen Problem, bei dem die Rentenrate r oder die Laufzeit n erfragt sind, nicht der Rentenendwert R_n sondern der Rentenbarwert R_0 angegeben, dann ist die Barwertgleichung (4-5) nach r bzw. nach n aufzulösen. Man erhält hier in Analogie zu (4-6) und (4-7)

$$r = R_0 \cdot q^n \cdot \frac{q-1}{q^n - 1} \qquad (4\text{-}8)$$

und

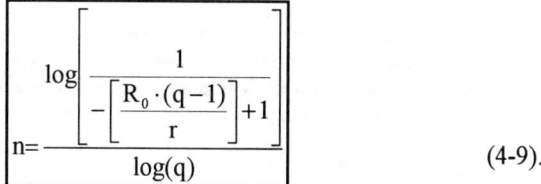

$$n = \frac{\log\left[-\left[\frac{R_0 \cdot (q-1)}{r}\right] + 1\right]}{\log(q)}$$ (4-9).

<u>Übungsbeispiel 4-5:</u>
Ein Student erhält zu Beginn seines Studiums von seinem Patenonkel eine Schenkung von 24.000.- €. Der Student möchte sein genau 5-jähriges Studium von diesem Geld finanzieren. Welchen konstanten Betrag kann er jährlich nachschüssig bei 6% Zinsen von der Bank abheben, damit das Geld genau 5 Jahre reicht?

Es gilt: $R_0 = 24.000$ $n = 5$ $p = 6\%$ $i = 0,06$ $q = 1,06$

Die Rentenrate r wird nach (4-8) berechnet:

$$r = 24.000 \cdot (1,06)^5 \cdot \frac{1,06 - 1}{(1,06)^5 - 1} = 24.000 \cdot 1,33823 \cdot 0,17740$$

r = 5.697,51

<u>Übungsbeispiel 4-6:</u>
Jemand erbt heute einen Betrag von 9.840,47 €. Er will das Kapital bei einem Zinssatz von 7% bei einer Bank anlegen und jährlich-nachschüssig jeweils 2.400.- € ausgezahlt bekommen. Wie lange wird es dauern, bis das Kapital einschließlich der darauf gezahlten Zinsen aufgezehrt ist?

Es gilt: $R_0 = 9.840,47$ $r = 2.400$ $p = 7\%$ $i = 0,07$ $q = 1,07$

Unter Verwendung von (4-9) läßt sich die Laufzeit des Rentenvorgangs berechnen:

$$n = \frac{\log\left[-\left[\frac{9.840,47 \cdot (1,07 - 1)}{2.400}\right] + 1\right]}{\log(1,07)} = \frac{\log\left[\frac{1}{0,71299}\right]}{\log(1,07)} = \frac{0,14692}{0,02938}$$

n = 5

Übungsaufgaben:
(47) Ein Selbständiger möchte, daß ihm von seinem 65. Geburtstag an 10 Jahre lang
     9.000.- € jährlich-nachschüssig als Rentenraten ausgezahlt werden. Welchen Betrag
     muß er zuvor 30 Jahre lang bis zu seinem 65. Geburtstag jährlich-nachschüssig
     ansparen und bei einer Bank einzahlen, wenn diese sowohl während der Ansparphase,
     als auch in der Auszahlungszeit einen Zinssatz von 6% bietet?

(48) Ein Vater beschließt bei der Geburt seines Sohnes, jährlich nachschüssig jeweils
     2.000.- € auf ein Bankkonto einzuzahlen. Der angesammelte Geldbetrag soll dem
     Sohn nach Abschluß seines 20. Lebensjahres zur Abdeckung seiner Ausbildungsko-
     sten zur Verfügung gestellt werden. Wie lange wird das dem Sohn ausgezahlte Kapi-
     tal reichen, wenn dieser jährlich-nachschüssig je 6.000.- € benötigt und während der
     gesamten Zeitspanne ein Zinssatz von 5% gültig ist?

4.2.2 Vorschüssige Rentenzahlungen

Bei vorschüssigen Rentenzahlungen werden die Rentenraten am Anfang einer
jeden Rentenperiode gezahlt.

Übungsbeispiel 4-7:
Jemand zahlt 5 Jahre lang jährlich-vorschüssig je 100.- € auf ein Sparkonto ein, wobei ihm
die Bank für das angesammelte Kapital 10% Zinsen zahlt. Auf welchen Betrag wächst das
Kapital bis zum Ende des 5. Jahres an?

In Beispiel 4-7 erfolgt die Einzahlung der 1. Rentenrate am Beginn des 1. Jahres. Das bedeutet, daß dieser Betrag volle 5 Jahre lang auf dem Konto verbleibt und demnach 5 Jahre lang verzinst wird. Er wird dabei auf

$$K_n = 100 \cdot (1{,}1)^5 = 161{,}05$$

anwachsen. Für die weiteren Rentenraten gilt unter Berücksichtigung der kür-
zeren Anlagezeit auf dem Konto entsprechendes. Die Entwicklung des Kapitalbestandes über die genannten 5 Jahre des Beispiels 4-7 ist in Abbildung 4-2
veranschaulicht.

Abb. 4-2: Graphische Darstellung eines 5-jährigen Rentenvorgangs mit einer jährlich-vorschüssigen Rentenrate von 100.- € bei p = 10% Jahreszinsen.

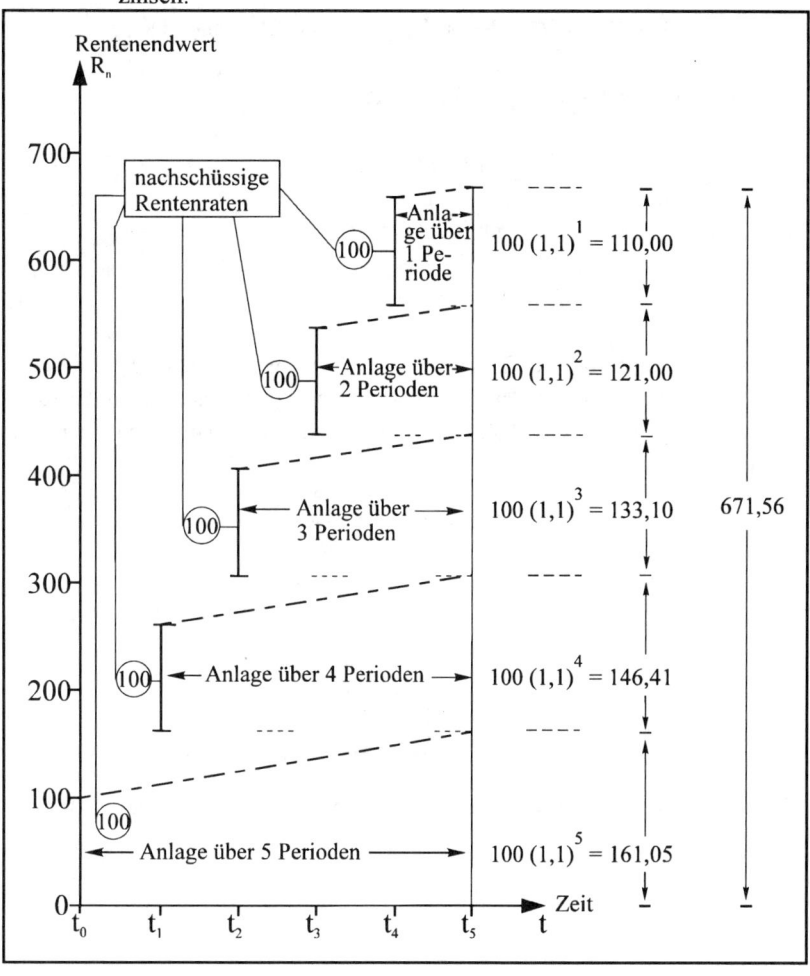

Wie sich auch aus Abbildung 4-2 ergibt, wird für Übungsbeispiel 4-7 der Endwert des Rentenvorgangs ermittelt nach

$$R_n = 100 \cdot (1,1) + 100 \cdot (1,1)^2 + 100 \cdot (1,1)^3 + 100 \cdot (1,1)^4 + 100 \cdot (1,1)^5$$

Diesen Gedanken kann man verallgemeinern zu:

$$R_n = r \cdot q + r \cdot q^2 + \ldots + r \cdot q^n \qquad (4\text{-}10).$$

Nach Ausklammern von r ergibt sich weiter:

$$R_n = r(q + q^2 + \ldots + q^n) \qquad (4\text{-}11).$$

Der Klammerausdruck in Gleichung (4-11) ist eine geometrische Reihe mit dem Anfangsglied $a_1 = q$, dem konstanten Faktor q und insgesamt n Gliedern. Die Summe dieser Reihe läßt sich unter Verwendung von Gleichung (2-9) ermitteln als

$$q + q^2 + \ldots + q^n = q \cdot \frac{q^n - 1}{q - 1}.$$

Diesen Summenausdruck kann man statt der Klammer in (4-11) einsetzen:

$$\boxed{R_n = r \cdot q \cdot \frac{q^n - 1}{q - 1}} \qquad (4\text{-}12).$$

Gleichung (4-12) ist die **vorschüssige Rentenendwertformel**. Der Faktor

$$q \cdot \frac{q^n - 1}{q - 1}$$

in Gleichung (4-12) ist der **vorschüssige Rentenendwertfaktor**. Er kann mit einem elektronischen Taschenrechner leicht errechnet werden.

Für <u>Übungsbeispiel 4-7</u> kann man den vorschüssigen Rentenendwert nach (4-12) berechnen.

Es gilt: $r = 100$ $p = 10\%$ $i = 0,10$ $q = 1,1$ $n = 5$.

Man erhält:

$$R_n = 100 \cdot 1,1 \cdot \frac{(1,1)^5 - 1}{(1,1) - 1} = 100 \cdot 6,71561$$

$$R_n = 671,56$$

Den Barwert einer vorschüssigen Rente erhält man wie im nachschüssigen Fall durch Abzinsung des Rentenendwertes:

$$R_0 = R_n \cdot \frac{1}{q^n} \qquad (4\text{-}13).$$

Durch Einsetzen von (4-12) für R_n in Gleichung (4-13) ergibt sich:

$$R_0 = \frac{r \cdot q \cdot \dfrac{q^n - 1}{q - 1}}{q^n}.$$

Durch Umformung wird die Bestimmungsgleichung für den vorschüssigen Rentenbarwert, die **vorschüssige Rentenbarwertformel** abgeleitet:

$$\boxed{R_0 = r \cdot \frac{1}{q^{n-1}} \cdot \frac{q^n - 1}{q - 1}} \qquad (4\text{-}14).$$

Auch im Falle vorschüssiger Renten ist der Rentenbarwert dasjenige Kapital, das vor Beginn des Rentenvorgangs vorhanden sein muß, damit aus dem Kapital und den darauf zu zahlenden Zinsen alle notwendigen Rentenraten gezahlt werden können.

Der Faktor

$$\frac{1}{q^{n-1}} \cdot \frac{q^n - 1}{q - 1}$$

ist der **vorschüssige Rentenbarwertfaktor**, der sich mit einem elektronischen Taschenrechner berechnen läßt.

Übungsaufgaben:
(49) Jemand zahlt jährlich-vorschüssig 12 Jahre lang 624.- € bei einer Bank ein, die die Einlagen mit 8% verzinst. Auf welchen Betrag ist das Kapital nach Ablauf der 12 Jahre angewachsen?

(50) Ein Unternehmen benötigt für 5 Jahre einen Lagerplatz, der eine jährlichvorschüssige Pacht von je 10.000.- € kostet. Durch welche einmalige Zahlung zu Beginn des Pachtverhältnisses könnte die gesamte Pachtverpflichtung für den gesamten Zeitraum abgelöst werden, wenn mit 8% Jahreszinsen kalkuliert wird?

Auch bei vorschüssigen Renten lassen sich die Fragen nach der Höhe der Rentenrate und nach der Anzahl der Rentenperioden leicht beantworten. Analog zu Gleichung (4-6) berechnet sich im vorschüssigen Fall die Höhe der Rentenrate nach

$$r = \frac{R_n}{q \cdot \frac{q^n - 1}{q - 1}}$$

und

$$\boxed{r = R_n \cdot \frac{q - 1}{q(q^n - 1)}} \qquad (4\text{-}15).$$

Übungsbeispiel 4-8:
Jemand möchte nach Ablauf von 65 Lebensjahren über 1.000.000.- € verfügen und diesen Betrag von seinem 18. Geburtstag an in jährlich-vorschüssigen Raten zusammensparen, wobei er 6% Zinsen auf sein Guthaben erhält. Wie hoch müssen die jährlich-vorschüssigen Sparraten sein, damit er sein Ziel erreicht?

Es gilt: $R_n = 1.000.000$ $p = 6\%$ $i = 0,06$ $q = 1,06$ $n = 47$.

Nach Einsetzen dieser Werte in Gleichung (4-15) ergibt sich

$$r = 1.000.000 \cdot \frac{(1,06) - 1}{(1,06) \cdot (1,06^{47} - 1)} = 1.000.000 \cdot 0,00391291$$

$$r = 3.912,91$$

Untersucht man die Frage nach der Anzahl der Rentenperioden, dann erhält man für vorschüssige Renten entsprechend zu Gleichung (4-7):

$$n = \frac{\log\left[\dfrac{R_n \cdot (q - 1)}{r \cdot q} + 1\right]}{\log(q)} \qquad (4\text{-}16).$$

Übungsbeispiel 4-9:
Jemand möchte jährlich-vorschüssig 1.200.- € bei 5% Zinsen bei einer Bank anlegen, um auf ein Endkapital von 8.570,41 € zu kommen. Wieviele Jahre wird es dauern, bis er sein Ziel erreicht hat?

Es gilt: $R_n = 8.570,41$ $p = 5\%$ $i = 0,05$ $q = 1,05$ $r = 1.200.$

Man erhält:

$$n = \frac{\log\left[\dfrac{8.570,41 \cdot (1,05 - 1)}{1.200 \cdot 1,05} + 1\right]}{\log(1,05)} = \frac{\log(1,34010)}{\log(1,05)} = \frac{0,12714}{0,02119}$$

$$n = 6$$

Sind im Falle vorschüssiger Renten nicht die Rentenendwerte R_n, sondern die Rentenbarwerte R_0 bekannt, lassen sich die Rentenrate r und die Laufzeit n berechnen nach

$$r = R_0 \cdot \frac{q^{n-1}(q - 1)}{q^n - 1} \qquad (4\text{-}17).$$

$$n = \frac{\log\left[\dfrac{1}{-\dfrac{R_0 \cdot (q - 1)}{r} + q}\right]}{\log(q)} + 1 \qquad (4\text{-}18).$$

Übungsbeispiel 4-10:
Jemand verfügt heute über ein Kapital von 12.000.- €, das zu 8% bei einer Bank angelegt wird. Wie groß wird der Betrag sein, den er von diesem Kapital und den darauf entfallenden Zinsen in gleicher Höhe 6 Jahre lang jeweils zum Jahresanfang abheben kann?

Es gilt: $R_0 = 12.000$ $p = 8\%$ $i = 0,08$ $q = 1,08$ $n = 6$.

Durch Einsetzen dieser Werte in Gleichung (4-17) erhält man:

$$r = 12.000 \cdot \frac{(1,08)^5 \cdot (1,08 - 1)}{(1,08)^6 - 1} = 12.000 \cdot 0,20029$$

$$r = 2.403,50$$

Übungsbeispiel 4-11:
Jemand legt heute 43.481,33 € bei einer Bank zu 8% Zinsen an. Von dem Kapital und den darauf entfallenden Zinsen sollen über mehrere Jahre jeweils zum Jahresanfang 6.000.- € abgehoben werden. Wieviele Jahre werden diese Abhebungen vorgenommen werden können?

Es gilt: $R_0 = 43.481,33$ $p = 8\%$ $i = 0,08$ $q = 1,08$ $r = 6.000$.

Unter Verwendung von Gleichung (4-18) ergibt sich:

$$n = \frac{\log\left[-\dfrac{1}{\dfrac{43.481,33 \cdot (1,08 - 1)}{6.000} + 1,08}\right]}{\log(1,08)} + 1 = \frac{\log(1,999005)}{\log(1,08)} + 1$$

$$n = \frac{0,30081}{0,03342} + 1 = 9 + 1$$

$$n = 10$$

Übungsaufgaben:
(51) Einem Selbständigen werden an seinem 65. Geburtstag von einer Lebensversicherung 125.000.- € ausgezahlt. Er legt diesen Betrag zu 8,5% Zinsen bei einer Bank an. Von dem Kapital und den darauf entfallenden Zinsen möchte er 20 Jahre lang eine jährlich-vorschüssige Rentenrate beziehen. Wie hoch wird diese pro Jahr sein?

(52) Ein Hausbesitzer muß einer Hypothekenbank eine Hypothek von 100.000.- € in jährlich vorschüssig fälligen Raten von je 14.400.- € einschließlich der Zinsen von 8% zurückzahlen. In wieviel Jahren ist die Hypothek zurückgezahlt?

4.3 Unterjährliche Rentenzahlungen

4.3.1 Die Problemstellung der unterjährlichen Renten

In Abschnitt 4.3 sollen diejenigen Renten untersucht werden, bei denen die Rentenraten mehrmals in einem Jahr gezahlt werden, also z.B. monatlich oder vierteljährlich. Dabei können die Rentenraten vor- oder nachschüssig anfallen. Hinsichtlich der Verzinsung der gezahlten Rentenraten sind mehrere Fälle zu unterscheiden:

(1) Die Zinsen werden einmal pro Jahr, und zwar nachschüssig, berechnet. Dieser Fall ist besonders realistisch, weil alle betriebswirtschaftlichen Probleme mit unterjährlichen Renten auf diesem Fall basieren, also z.b. Untersuchungen zur Wirtschaftlichkeit von Investitionen, Analysen von Betriebsrenten usw. Wegen der besonderen Bedeutung dieses Falles wird hierauf in den nachfolgenden Abschnitten 4.3.2 und 4.3.3 ausführlich eingegangen.

(2) Die Zinsen werden in jedem Jahr mehrfach nachschüssig berechnet, wobei die Länge der Zins- und Rentenperiode identisch ist. Dieser Fall soll in Abschnitt 4.3.4 diskutiert werden.

(3) Die Zinsen werden in jedem Jahr mehrfach nachschüssig berechnet, wobei die Länge der Rentenperiode kürzer ist als die der Zinsperiode, also z.b. bei monatlichen Rentenraten und vierteljährlicher Zinsabrechnung. Dieser Fall wird in Abschnitt 4.3.5 erörtert werden.

(4) Die mehrfach im Jahr nachschüssig berechneten Zinsen beruhen auf Zinsperioden, die kürzer sind als die unterjährlichen Rentenperioden. Dieser Fall spielt in der Wirtschaftspraxis nur eine untergeordnete Rolle und kann deshalb außer Betracht bleiben.

4.3.2 Nachschüssige unterjährliche Rentenzahlungen bei jährlich-nachschüssiger Verzinsung

Den hier zu erörternden speziellen Fall einer unterjährlichen Rente veranschaulicht

Übungsbeispiel 4-12:
Ein Sparer zahlt jeweils am Ende eines jeden Vierteljahres je 100.- € auf ein Sparkonto. Die Bank gewährt 8% Jahreszinsen. Auf welchen Betrag ist das Kapital nach einem Jahr bzw. nach fünf Jahren angewachsen?

Das besondere Problem dieser Form unterjährlicher Renten ergibt sich daraus, daß die Renten- und Zinsperioden nicht gleich lang sind. Von den verschiedenen Ansätzen zur Lösung dieses Problems hat sich derjenige am besten bewährt, bei dem die Renten- und die Zinsperiode einander rechnerisch angeglichen werden, indem man zunächst den Wert aller Rentenraten einschließlich der Zinsen zum Ende eines jeden Jahres ermittelt. Betrachtet man jedes Jahr isoliert für sich, wird dieser Jahres-Rentenwert immer gleich groß sein. Man bezeichnet ihn als **konforme Ersatzrentenrate** und mit dem Symbol r_e. Die im Laufe eines Jahres mehrfach eingezahlten Rentenraten werden dabei aber nicht mit Zinseszinsen, sondern nur mit einfachen Zinsen verzinst, wie sich aus den Ausführungen zur gemischten Verzinsung in Abschnitt 3.4.1.2 ergibt.

In Übungsbeispiel 4-12 ist die 1. Rentenrate bis zum Jahresende noch für ein Dreivierteljahr, die 2. Rate noch für ein halbes Jahr, die 3. Rate noch für ein Vierteljahr angelegt, während die 4. Rate genau zum Jahresende eingezahlt wird und deshalb nicht mehr verzinst wird. Das Kapital des Sparers ist somit bis zum Jahresende auf den Betrag von

$$K_1 = 100 \cdot \left(1 + 0{,}08 \cdot \frac{3}{4}\right) + 100 \cdot \left(1 + 0{,}08 \cdot \frac{1}{2}\right) + 100 \cdot \left(1 + 0{,}08 \cdot \frac{1}{4}\right) + 100$$

$$K_1 = 106 + 104 + 102 + 100$$

$$\mathbf{K_1 = 412}$$

angewachsen, wobei die Verzinsung nach Gleichung (3-4) berechnet wurde.

Für die weitere Berechnung stehen also am Ende des 1. Jahres 412.- € auf dem Konto des Sparers. Dieser Betrag wird jährlich-nachschüssig mit Zinseszinsen verzinst, und zwar erstmals am Ende des 2. Jahres. Da sich aber der Betrag von 412.- € am Ende eines jeden Jahres ergibt, wenn der Sparer seine Einzahlungen über mehrere Jahre fortsetzt, stellt dieser Betrag die jahreskonforme Ersatzrentenrate r_e für das Übungsbeispiel 4-12 dar:

$$r_e = 412,00.$$

Will man nun z.B. wissen, auf welchen Betrag das Kapital des Sparers nach Ablauf von 5 Jahren angewachsen ist, wenn er 5 Jahre lang vierteljährlich-nachschüssig je 100.- € einzahlt, dann kann in Gleichung (4-3) die Rentenrate r durch die konforme Ersatzrentenrate r_e ersetzt werden:

$$\boxed{R_n = r_e \cdot \frac{q^n - 1}{q - 1}} \qquad (4\text{-}19).$$

Lösung zu Übungsbeispiel 4-12:
Es gilt: $r_e = 412$ $p = 8\%$ $i = 0,08$ $q = 1,08$ $n = 5$

Mit Gleichung (4-19) erhält man:

$$R_n = 412 \cdot \frac{(1,08)^5 - 1}{(1,08) - 1} = 412 \cdot 5,866601$$

$$R_n = 2.417,04.$$

Für die Ermittlung des Rentenendwertes bei unterjährlich-nachschüssiger Rentenzahlung ist es somit gleichbedeutend, ob der Sparer vierteljährlich-nachschüssig je 100.- € einzahlt, oder jährlich-nachschüssig 412.- €. In beiden Fällen erreicht er nach Ablauf von 5 Jahren das gleiche Endkapital.

Der Gedanke, der anhand des Übungsbeispiels 4-12 erarbeitet wurde, soll nun verallgemeinert werden zu einer Formel, nach der man die Höhe der konformen Ersatzrentenrate bei unterjährlich-nachschüssiger Zahlungsweise ermitteln kann.

Zu diesem Zweck wird - wie in der Zinseszinsrechnung - die Anzahl der Rentenperioden pro Jahr mit m bezeichnet. Den Gedanken des Übungsbeispiels 4-12 folgend, kann man die konforme Ersatzrentenrate berechnen nach

$$r_e = r \cdot \left(1 + i \cdot \frac{m-1}{m}\right) + r \cdot \left(1 + i \cdot \frac{m-2}{m}\right) + \ldots + r \cdot \left(1 + i \cdot \frac{1}{m}\right) + r \qquad (4\text{-}20).$$

1. gezahlte Renten-	2. gezahlte Renten-	
rate einschließlich	rate einschließlich	
Zinsen bis zum	Zinsen bis zum	und so weiter
Jahresende	Jahresende	

Wenn man in Gleichung (4-20) den Faktor r jeweils in die einzelnen Klammern hineinmultipliziert, erhält man:

$$r_e = \left(r + r \cdot i \cdot \frac{m-1}{m}\right) + \left(r + r \cdot i \cdot \frac{m-2}{m}\right) + \ldots + \left(r + r \cdot i \cdot \frac{1}{m}\right) + r.$$

Die nunmehr überflüssigen Klammern kann man weglassen:

$$r_e = r + r \cdot i \cdot \frac{m-1}{m} + r + r \cdot i \cdot \frac{m-2}{m} + \ldots r + r \cdot i \cdot \frac{1}{m} + r$$

Man kann jetzt alle m Rentenraten des Jahres zusammenfassen:

$$r_e = m \cdot r + r \cdot i \cdot \frac{m-1}{m} + r \cdot i \cdot \frac{m-2}{m} + \ldots + r \cdot i \cdot \frac{1}{m}$$

In dieser Gleichung kann man vom 2. Summanden an den Ausdruck $\frac{r \cdot i}{m}$ ausklammern:

$$r_e = m \cdot r + \frac{r \cdot i}{m}\big[(m-1) + (m-2) + \ldots + 1\big] \qquad (4\text{-}21)$$

Der Ausdruck in der eckigen Klammer ist eine arithmetische Reihe mit dem Anfangsglied $a_1 = (m-1)$, der konstanten Differenz $d = (-1)$ und der Länge (m-1). Nach Gleichung (2-5) kann die Summe dieser arithmetischen Reihe berechnet werden:

$$(m-1)+(m-2)+ \ldots 1 = \frac{m-1}{2} \cdot [(m-1)+1]$$

$$(m-1)+(m-2)+ \ldots 1 = \frac{m-1}{2} \cdot m \qquad (4\text{-}22)$$

Setzt man nun (4-22) statt der eckigen Klammer in (4-21) ein, dann ergibt sich:

$$r_e = m \cdot r + \frac{r \cdot i}{m} \cdot \left[\frac{m-1}{2} \cdot m \right]$$

und weiter

$$\boxed{r_e = r \cdot \left[m + \frac{i}{2} \cdot (m-1) \right]} \qquad (4\text{-}23).$$

Lösung zu Übungsbeispiel 4-12:
Zur Kontrolle soll die konforme Ersatzrentenrate des Übungsbeispiels berechnet werden:

Es gilt: r = 100   p = 8%   i = 0,08   m = 4.

Durch Einsetzen dieser Werte in (4-23) ergibt sich als konforme Ersatzrentenrate:

$$r_e = 100 \cdot \left[4 + \frac{0,08}{2} \cdot (4-1) \right] = 100 \cdot [4+0,12] = 100 \cdot 4,12$$

$$r_e = 412$$

Müssen also Rentenprobleme mit unterjährlich-nachschüssigen Zahlungen bei jährlich-nachschüssigen Zinsen untersucht werden, ist aus den Rentenraten zunächst aus (4-23) die konforme Ersatzrentenrate r_e zu berechnen. Diese konforme Ersatzrentenrate ist eine Jahres-Rentenrate, die **nach**schüssig anfällt. Sie kann in den entsprechenden Formeln der jährlich-**nach**schüssigen Rentenrechnung verwendet werden, die in Abschnitt 4.2.1 erläutert wurden.

Übungsaufgaben:

(53) Ein Sparer schließt einen Ratensparvertrag ab, bei dem er 6 Jahre lang monatlich-nachschüssig je 50.- € einzahlt. Die Bank gewährt 6,5% nachschüssige Jahreszinsen. Über welches Kapital kann der Sparer nach Ablauf der 6 Jahre verfügen?

(54) Ein Unternehmer benötigt einen Kredit. Aufgrund seiner Geschäftsergebnisse sieht er sich in der Lage, 5 Jahre lang monatlich-nachschüssig je 1.000.- € zurückzahlen zu können. Er weiß, daß die Bank für den Kredit 12,5% jährlich-nachschüssige Zinsen fordert. Welchen Kreditbetrag wird man ihm (ohne Berücksichtigung eines Disagios und der Frage der Sicherheiten) heute zur Verfügung stellen können?

(55) Ein Unternehmer benötigt heute einen Kredit von 10.000.- €, den er bei 10,5% jährlich-nachschüssigen Zinsen in 4 Jahren zurückzahlen will. Wie hoch werden bei monatlich-nachschüssiger Zahlungsweise die monatlichen Rückzahlungsraten sein?

(56) Ein Unternehmer erhält einen Kredit über 30.000.- € bei 14% jährlich-nachschüssigen Zinsen. Er will vierteljährlich-nachschüssig je 2.000.- € zurückzahlen. Wie lange wird es dauern, bis der Kredit zurückgezahlt ist?

4.3.3 Vorschüssige unterjährliche Rentenzahlungen bei jährlich-nachschüssiger Verzinsung

Auch bei unterjährlich-vorschüssiger Rentenzahlung besteht eine Diskrepanz zwischen der Länge der Renten- und derjenigen der Zinsperiode. Wie im Falle unterjährlich-nachschüssiger Zahlungsweise ist auch hier eine konforme Ersatzrentenrate zu berechnen. Hierbei bestehen zwei Möglichkeiten:

(1) Abzinsung aller unterjährlichen Rentenraten auf den Jahresbeginn. Dadurch erhält man eine vorschüssige jahreskonforme Ersatzrentenrate, auf die die Formeln für die jährlich-vorschüssige Rentenrechnung gem. Abschnitt 4.2.2 anzuwenden wären.

(2) Aufzinsung aller unterjährlichen Rentenraten auf das Jahresende. Dadurch erhält man eine nachschüssige jahreskonforme Ersatzrentenrate, weil die Summe der aufgezinsten Raten erst am Jahresende zur Verfügung steht. Auf diese nachschüssige jahreskonforme Ersatzrentenrate sind die Formeln für die jährlich-nachschüssige Rentenrechnung gem. Abschnitt 4.2.1 anwendbar.

Um eine möglichst einheitliche Behandlung der unterjährlichen Rentenprobleme zu erreichen, empfiehlt es sich, die zweite Möglichkeit zu wählen. Dadurch sind auf alle unterjährlichen Rentenvorgänge nach der Berechnung der konformen Ersatzrentenrate nur noch die Formeln der jährlich-nachschüssigen Rentenrechnung anzuwenden. Die unterschiedliche Zahlungsweise der Rentenraten, nämlich vorschüssige oder nachschüssige Zahlung, wird bereits bei der Berechnung der konformen Ersatzrentenrate berücksichtigt.

Unterstellt sei wiederum, daß während eines Jahres m Rentenperioden ablaufen. Am Beginn der 1. Rentenperiode wird die 1. Rate gezahlt, die dann m Perioden bei einfacher Verzinsung angelegt bleibt. Die Rate am Beginn der 2. Periode bleibt dann noch (m-1) Perioden auf dem Konto. Für alle weiteren Rentenraten gilt entsprechendes.

Aus diesem Gedanken ergibt sich die jahreskonforme Ersatzrentenrate aus:

$$r_e = r \cdot \left(1 + i \cdot \frac{m}{m}\right) + r \cdot \left(1 + i \cdot \frac{m-1}{m}\right) + \ldots \ldots r \cdot \left(1 + i \cdot \frac{1}{m}\right) \qquad (4\text{-}24).$$

Wenn man den Faktor r in die jeweiligen Klammern hineinmultipliziert und dann die überflüssigen Klammern wegläßt, ergibt sich:

$$r_e = r + r \cdot i \cdot \frac{m}{m} + r + r \cdot i \cdot \frac{m-1}{m} + \ldots + r + r \cdot i \cdot \frac{1}{m}$$

In dieser Gleichung ist m mal der Summand r enthalten. Man erhält durch entsprechende Zusammenfassung:

$$r_e = m \cdot r + r \cdot i \cdot \frac{m}{m} + r \cdot i \cdot \frac{m-1}{m} + \ldots + r \cdot i \cdot \frac{1}{m}$$

In dieser Gleichung kann man vom 2. Summanden an den Ausdruck $\frac{r \cdot i}{m}$ ausklammern:

$$r_e = m \cdot r + \frac{r \cdot i}{m} \cdot \left[m + (m-1) + \ldots 1\right] \qquad (4\text{-}25).$$

Der Ausdruck in der eckigen Klammer ist eine arithmetische Reihe mit dem Anfangsglied $a_1 = m$, der konstanten Differenz $d = (-1)$ und der Länge m. Unter Verwendung von Gleichung (2-5) läßt sich die Summe dieser arithmetischen Reihe berechnen nach:

$$m + (m-1) + \ldots 1 = \frac{m}{2}[m+1] \qquad (4\text{-}26).$$

Durch Einsetzen von (4-26) statt der eckigen Klammer in (4-25) erhält man die Formel für die konforme Ersatzrentenrate bei unterjährlich-vorschüssiger Zahlungsweise als:

$$r_e = m \cdot r + \frac{r \cdot i}{m} \cdot \frac{m}{2} \cdot [m+1]$$

und weiter

$$\boxed{r_e = r \cdot \left[m + \frac{i}{2} \cdot (m+1) \right]} \qquad (4\text{-}27).$$

Die nach (4-27) berechnete jahreskonforme Ersatzrentenrate r_e wird nun anstelle der Jahresrentenrate r in den Formeln für die **nach**schüssige jährliche Rentenrechnung verwendet.

Übungsaufgaben:

(57) Aus der Vermietung einer bestimmten Maschine entstehen einem Unternehmen für drei Jahre monatlich konstante vorschüssig fällige Mieteinnahmen von je 500.- €. Diese Beträge werden vom Mieter auf ein Bankkonto überwiesen, für dessen Guthaben 6% Jahreszinsen vergütet werden. Welcher Betrag steht dem Unternehmen nach Ablauf der Mietzeit auf dem Konto zur Anschaffung einer neuen Maschine zur Verfügung?

(58) Ein Student benötigt während der 5 Jahre seines Studiums am Anfang jeden Monats 600.- €. Welchen Kapitalbetrag benötigt er zu Beginn seines Studiums, um dieses voll daraus finanzieren zu können, wenn eine Bank für die Anlage des Kapitals 7% Jahreszinsen vergütet?

(59) Ein Bauherr hat eine Hypothek von 100.000.- € zu 8% Jahreszins aufgenommen, die 30 Jahre lang monatlich-vorschüssig zurückgezahlt werden muß. Wie hoch ist seine monatliche Belastung?

(60) Das Entwicklungsland B erhält von der Bundesrepublik Deutschland einen Kredit von 10 Millionen € zu 2% Jahreszins. Dieser Kredit soll nach 2 Jahren, in denen nichts zurückgezahlt werden muß, in konstanten vorschüssigen Quartalsraten von je 100.000.- € abgetragen werden. Wie lange wird es dauern, bis der Kredit zurückgezahlt ist?

4.3.4 Unterjährliche Renten bei unterjährlich-nachschüssigen Zinsen mit identischer Länge von Zins- und Rentenperiode

Der spezielle Fall von Renten, bei denen Zins- und Rentenperiode zwar gleich lang, aber kürzer als ein Jahr sind, soll im folgenden untersucht werden. Zur Veranschaulichung diene

Übungsbeispiel 4-13:
Ein Sparer zahlt 5 Jahre lang am Ende eines Vierteljahres je 500.- € auf ein Sparkonto. Die Bank vergütet 4% nominelle Jahreszinsen, schreibt die Zinsen aber unter Ansatz des relativen Vierteljahreszinses am Ende eines jeden Quartals gut. Wie groß ist Endwert R_n bzw. Barwert R_0 dieses Rentenvorgangs?

Wie man sich leicht veranschaulichen kann, ist dieser Fall der unterjährlichen Rente mit identischer Länge von Zins- und Rentenperiode ein Unterfall der jährlichen Rente mit jährlich-nachschüssiger Zinsabrechnung. Es muß hier lediglich der geringere Zinssatz für die unterjährliche Zinsperiode und die entsprechend zu erhöhende Zahl der Zins- bzw. Rentenperioden berücksichtigt werden.

Wie in den Ausführungen des Abschnitts 3.3 erläutert, kann bei unterjährlichen Verzinsungen für die unterjährliche Zinsperiode entweder der

relative unterjährliche Periodenzins $i^* = \dfrac{i}{m}$ (3-13)

oder der

konforme unterjährliche Periodenzins $k = \sqrt[m]{(1+i)} - 1$ (3-16) verwendet werden. Der Einsatz des jeweiligen relativen oder konformen Zinssatzes hängt von den vertraglichen Vereinbarungen zwischen Bank und Kunden oder von den Voraussetzungen der Analyse ab.

Der Aufzinsungsfaktor $q = (1+i)$ wird bei unterjährlicher Betrachtung zu

$$q^* \begin{cases} = 1+i^*, \\[2mm] = 1+k, \end{cases} \qquad \text{je nach Art der Analyse.}$$

Da bei m unterjährlichen Renten- und Zinsperioden in jeweils n Jahren ein Kapital für insgesamt m·n Perioden angelegt ist, läßt sich für <u>nachschüssige</u> Rentenzahlungen der Rentenendwert R_n nach

$$R_n = r \cdot \frac{(q^*)^{m \cdot n} - 1}{(q^*) - 1} \qquad\qquad (4\text{-}28)$$

und der Rentenbarwert R_0 nach

$$R_0 = r \cdot \frac{1}{(q^*)^{m \cdot n}} \cdot \frac{(q^*)^{m \cdot n} - 1}{(q^*) - 1} \qquad\qquad (4\text{-}29)$$

berechnen.

Lösung zu Übungsbeispiel 4-13:
Aus den Angaben des Beispiels folgen:

$r = 500 \qquad m = 4 \qquad n = 5 \qquad i = 0{,}04 \qquad i^* = \dfrac{i}{m} = \dfrac{0{,}04}{4} = 0{,}01 \qquad q^* = 1{,}01.$

Damit erhält man mit (4-28):

$$R_0 = 500 \cdot \frac{(1{,}01)^{4 \cdot 5} - 1}{1{,}01 - 1} = 11.009{,}50$$

und mit (4-29) für den Rentenbarwert:

$$R_0 = 500 \cdot \frac{1}{(1{,}01)^{4 \cdot 5}} \cdot \frac{(1{,}01)^{4 \cdot 5} - 1}{1{,}01 - 1} = 9.022{,}77.$$

Werden die Rentenraten vorschüssig gezahlt, erhält man analog:

bzw.:

$$R_n = r \cdot (q^*) \cdot \frac{(q^*)^{m \cdot n} - 1}{(q^*) - 1} \qquad (4\text{-}30)$$

$$R_0 = r \cdot \frac{1}{(q^*)^{m \cdot n - 1}} \cdot \frac{(q^*)^{m \cdot n} - 1}{(q^*) - 1} \qquad (4\text{-}31).$$

4.3.5 Unterjährliche Renten bei unterjährlich-nachschüssigen Zinsen, wenn die Rentenperiode kürzer als die Zinsperiode ist

In diesem Abschnitt sollen Rentenvorgänge untersucht werden, bei denen die Rentenperiode kürzer ist als die unterjährliche Zinsperiode. Zur Veranschaulichung diene

Übungsbeispiel 4-14:
Ein Sparer zahlt monatlich-nachschüssig je 200.- € auf ein Sparkonto. Die Bank gewährt 4% nominelle Jahreszinsen bei vierteljährlich-nachschüssiger Zinsabrechnung mit dem relativen Periodenzinssatz. Wie hoch sind Rentenendwert R_n bzw. Rentenbarwert R_0 nach Ablauf von 5 Jahren?

In derartigen Rentenvorgängen ist zu unterscheiden:

m   = Zahl der Zinsperioden pro Jahr
c   = Zahl der Rentenperioden pro Zinsperiode
m·c = Zahl der Rentenperioden pro Jahr.

In Übungsbeispiel 4-14 gilt demgemäß: m = 4   c = 3   m·c = 12.

Der unterjährliche Periodenzinssatz ist dann, wie in Abschnitt 4.3.4 erläutert, entweder der relative unterjährliche Periodenzinssatz i^* oder der konforme unterjährliche Periodenzinssatz k.

Wie in den Abschnitten 4.3.2 und 4.3.3 soll auch in diesem speziellen Fall der unterjährlichen Rente der Weg zur Berechnung des Rentenendwertes R_n bzw. des Rentenbarwertes R_0 aufgezeigt werden. Hier setzt deren Berechnung die Kenntnis der **zinsperiodenkonformen Ersatzrentenrate** r_e^* voraus. Werden z.B. bei monatlichen Rentenzahlungen die Zinsen vierteljährlich-nachschüssig vergütet, muß wegen der vierteljährlichen Verzinsung eine vierteljahreskonforme Ersatzrentenrate r_e^* berechnet werden. Da pro Zinsperiode, also z.B. pro Vierteljahr, insgesamt c Rentenraten, also z.B. c = 3, gezahlt werden, setzt sich die zinsperiodenkonforme Ersatzrentenrate zusammen aus den c Rentenraten und den darauf zu verrechnenden einfachen Zinsen.

In Analogie zu den Gleichungen (4-23) bzw. (4-24) erhält man hier bei Ansatz des relativen Periodenzinssatzes i^*:

$$r_e^* = r \cdot \left[c + \frac{i^*}{2} \cdot (c - 1) \right] \qquad \textit{Bei nachschüssiger Zahlung der Rentenraten} \ (4\text{-}32)$$

bzw.

$$r_e^* = r \cdot \left[c + \frac{i^*}{2} \cdot (c + 1) \right] \qquad \textit{Bei vorschüssiger Zahlung der Rentenraten} \ (4\text{-}33).$$

Läuft der Rentenvorgang insgesamt n Jahre lang, wird die zinsperiodenkonforme Ersatzrentenrate r_e^* in jedem der n Jahre jeweils m mal gezahlt. Es entsteht hier also ein Rentenvorgang, bei dem über n·m Rentenperioden der konstante Betrag r_e^* gezahlt wird und diese Einzahlungen mit dem relativen Periodenzinssatz $i^* = \dfrac{i}{m}$ verzinst werden. Endwert bzw. Barwert des gesamten Rentenvorgangs können dann berechnet werden als

$$R_n = r_e^* \cdot \frac{\left(q^*\right)^{n \cdot m} - 1}{\left(q^*\right) - 1} \qquad \text{und} \qquad R_0 = r_e^* \cdot \frac{1}{\left(q^*\right)^{n \cdot m}} \cdot \frac{\left(q^*\right)^{n \cdot m} - 1}{\left(q^*\right) - 1}.$$

Als Lösung für Übungsbeispiel 4-14 erhält man mit den folgenden Werten:

$r = 200$ (nachschüssig); $n = 5$; $m = 4$; $c = 3$ $i^* = \dfrac{0,04}{4} = 0,01$; $q^* = 1,01$:

Zunächst wird mit (4-32) die zinsperiodenkonforme Ersatzrentenrate r_e^* berechnet:

$$r_e^* = 200 \cdot \left[3 + \frac{0,01}{2} \cdot (3-1) \right] = 602 .$$

Mit diesem über insgesamt $n \cdot m = 5 \cdot 4 = 20$ Perioden konstanten Betrag erhält man für den Rentenvorgang:

$$R_n = 602 \cdot \frac{(1,01)^{5 \cdot 4} - 1}{1,01 - 1} = 13.255,44 ;$$

$$R_0 = 602 \cdot \frac{1}{(1,01)^{5 \cdot 4}} \cdot \frac{(1,01)^{5 \cdot 4} - 1}{1,01 - 1} = 10.863,42 .$$

4.3.6 Dynamische unterjährliche Renten

Von einer **dynamischen Rente** spricht man dann, wenn sich der Rentenbetrag von Periode zu Periode um einen bestimmten Prozentsatz erhöht. Zu denken ist hier beispielsweise an eine Firmenrente, die sich von Rentenperiode zu Rentenperiode um 3% steigern soll. Für die Firma wäre es in diesem Beispiel interessant, die Höhe der Rückstellungen für die Rente bei Ausscheiden des Mitarbeiters (=Rentenbarwert) zu errechnen.

Zur Lösung derartiger Probleme wird ein **Dynamisierungsfaktor der Rente** pro Rentenperiode eingeführt, der mit **g** bezeichnet werden soll. Hier gilt z.B.:

bei 1%-iger Steigerung : $g = 1,01$
bei 5%-iger Steigerung : $g = 1,05$

Bei **nach**schüssiger Zahlung der Rente verändert sich Formel (4-29) durch die Dynamisierung der Rente zu :

$$R_0 = r \cdot \frac{1}{\left(q^*\right)^{m \cdot n}} \cdot \frac{\left(q^*\right)^{m \cdot n} - g^{m \cdot n}}{\left(q^*\right) - g} \qquad (4\text{-}34)$$

In dieser Formel ist r die Rentenrate zu Beginn des Vorgangs.

Übungsbeispiel 4-15 :
Es wird geplant, eine vierteljährlich-nachschüssige Rente über 15 Jahre auszuzahlen, die mit einem Betrag von 1.000 € beginnt und die sich jeweils um 1% erhöht. Als nominaler Jahreszinssatz sind 5,5% angesetzt. Man erhält hier als Rentenbarwert :

$$R_0 = 1.000 \cdot \frac{1}{\left(1,01375\right)^{4 \cdot 15}} \cdot \frac{\left(1,01375\right)^{4 \cdot 15} - 1,01^{4 \cdot 15}}{1,01375 - 1,01} = 53.166,0537 \, 8$$

Die Formel (4-34) läßt sich auch problemlos nach r hin auflösen, um festzustellen, wie hoch bei einem bestimmten Anfangskapital die anfängliche Rentenrate ist. Man erhält hier :

$$r = R_0 \cdot \left(q^*\right)^{m \cdot n} \cdot \frac{\left(q^*\right) - g}{\left(q^*\right)^{m \cdot n} - g^{m \cdot n}} \qquad (4\text{-}35)$$

Übungsbeispiel 4-16:
Ein Kapital von 500.000 € soll durch eine monatlich-nachschüssige Rente mit monatlicher Steigerung um 0,5% in 20 Jahren aufgezehrt werden. Wie hoch ist die anfängliche Rentenrate bei 7% nominellem Jahreszinssatz ?

$$r = 500.000 \cdot \left(1,005833\right)^{12 \cdot 20} \cdot \frac{\left(1,005833\right) - 1,005}{\left(1,005833\right)^{12 \cdot 20} - 1,005^{12 \cdot 20}} = 2.309,8537 \, 5$$

Für den Fall unterjährlich-vorschüssiger dynamischer Renten lassen sich aus Formel (4-31) Formeln für R_0 und r entsprechend der oben geschilderten Vorgehensweise ableiten.

4.4 Ewige Renten

Wenn ein Kapitalbestand so groß ist, daß man daraus und aus den darauf entfallenden Zinsen unbegrenzt viele Perioden lang Rentenraten zahlen kann,
dann spricht man von einer ewigen Rente. Offensichtlich ist ein solcher Fall
nur dann möglich, wenn durch die Rentenzahlungen der ursprüngliche Kapitalbestand nicht vermindert wird, wenn also die Rentenraten ausschließlich aus
den Zinsen finanziert werden.

Da der Endwert einer ewigen Rente unendlich groß ist, kann man hier nur den
Rentenbarwert und die Höhe der Rentenrate untersuchen. Dabei wird üblicherweise jährlich-nachschüssige Zahlung der Rentenraten angenommen.

Wird z.B. zwischen zwei Grundstückseigentümern vereinbart, daß der eine
dem anderen für ein Wegerecht jährlich-nachschüssig je 1.000.- € auf unbegrenzte Zeit zahlen muß, dann ist der Barwert dieser ewigen Rente der
Kapitalbetrag, mit dem die gesamte Rentenverpflichtung sofort abgelöst werden könnte. Der Empfänger dieses Barwertes könnte diesen zu dem vereinbarten Zinssatz bei einer Bank anlegen, die ihm aus den Zinserlösen am Ende eines jeden Jahres 1.000.- € auszahlt. Der Zahlungspflichtige wird dabei sein zu
zahlendes Kapital sicher so bemessen, daß dessen Zinserträge nach einem Jahr
genau 1.000.- € ausmachen.

Zur Ermittlung des Barwertes müssen alle zukünftigen Rentenraten auf den
Anfangszeitpunkt der Betrachtung abgezinst werden. Aus den abgezinsten
Werten wird dann die Summe gebildet.

$$R_0 = r \cdot \left(\frac{1}{q} \right) + r \cdot \left(\frac{1}{q^2} \right) + r \cdot \left(\frac{1}{q^3} \right) + \dots \qquad (4\text{-}36).$$

Nach Ausklammern von r ergibt sich:

$$R_0 = r \cdot \left[\frac{1}{q} + \frac{1}{q^2} + \frac{1}{q^3} + \dots \right] \qquad (4\text{-}37).$$

Der Ausdruck in der eckigen Klammer von (4-37) ist eine unendliche geometrische Reihe mit dem Anfangsglied $a_1 = \dfrac{1}{q}$ und dem konstanten Faktor $\dfrac{1}{q}$.

Nach Gleichung (2-11) gilt für die Summe einer derartigen unendlichen geometrischen Reihe:

$$\frac{1}{q} + \frac{1}{q^2} + \frac{1}{q^3} + \ldots = \frac{\dfrac{1}{q}}{1 - \dfrac{1}{q}} = \frac{\dfrac{1}{q}}{\dfrac{q-1}{q}} = \frac{1}{q-1}$$

Da $q = (1+i)$ definiert ist, ergibt sich weiter:

$$\frac{1}{q} + \frac{1}{q^2} + \frac{1}{q^3} + \ldots = \frac{1}{q-1} = \frac{1}{i} \qquad\qquad (4\text{-}38).$$

Durch Einsetzen von (4-38) statt der eckigen Klammern in (4-37) ergibt sich:

$$\boxed{R_0 = \frac{r}{i}} \qquad\qquad (4\text{-}39).$$

Übungsbeispiel 4-17:
A räumt dem B ein Wegerecht auf alle Zeiten ein. B muß dafür unbegrenzte Zeit dem A am Ende eines jeden Jahres 1.000.- € zahlen. Wie groß ist der Barwert dieser ewigen Rente, wenn mit p = 8% Jahreszinsen gerechnet wird? Mit anderen Worten: Wie hoch müßte der Betrag sein, durch dessen einmalige Zahlung der B seine Zahlungsverpflichtung sofort in voller Höhe abdecken könnte?

Es gilt: r = 1.000   p = 8%   i = 0,08.

Durch Einsetzen dieser Werte in (4-37) ergibt sich:

$$R_0 = \frac{1.000}{0,08} = 12.500.$$

Wenn der B dem A sofort 12.500.- € zahlte, wäre seine gesamte Zahlungsverpflichtung abgegolten. Der A erhielte für dieses Kapital bei den angenommenen 8% Jahreszinsen am Ende eines jeden Jahres genau 1.000.- € an Zinsen, die er als Rentenrate abheben könnte. Da dadurch das ursprüngliche Kapital von 12.500.- € nicht angegriffen wurde, erhält der A auch am Ende des 2. und jedes weiteren Jahres genau 1.000.- € bis in alle Ewigkeit ausgezahlt.

Übungsaufgaben:

(61) Für die Verpachtung eines Grundstückes an eine Kirchengemeinde muß diese dem Eigentümer eine ewige Rente von 2.000.- € jährlich-nachschüssig zahlen. Wie groß ist der Barwert dieser Rente, wenn mit 8% Jahreszins gerechnet wird?

(62) Der Barwert einer ewigen Rente, die jährlich-nachschüssig fällig ist, betrage 50.000.- €. Wie hoch sind bei 7,5% Jahreszins die Rentenraten?

(63) Jemand habe 25.000.- €. Bei welchem Jahreszins kann er mit diesem Kapital eine ewige Rente von jährlich-nachschüssig je 1.500.- € finanzieren?

4.5 Anwendung der Rentenrechnung bei Investitions- und Finanzierungsentscheidungen: die Annuitätenmethode

Neben der Kapitalwertmethode und der Methode des internen Zinsfußes wird in der Literatur auch die Annuitätenmethode als Verfahren zur Beurteilung der Vorteilhaftigkeit von Investitionen genannt. Diese Methode ist eine Sonderform der Kapitalwertmethode. Mit Hilfe der Rentenrechnung wird nämlich der Kapitalwert einer Investition gewissermaßen "verrentet", d.h. es wird eine dem Kapitalwert entsprechende Rentenrate berechnet. Ist diese Rentenrate, die auch "Annuität der Periodenüberschüsse" bzw. "Überschußannuität" genannt werden kann, positiv, ist die Investition vorteilhaft; bei negativer Überschußannuität ist eine Investition dagegen unvorteilhaft. Beim Vergleich mehrerer Investitionsalternativen kann nach der Höhe der Überschußannuität eine Rangfolge der Investitionen aufgestellt werden. Die Anwendung der Annuitätenmethode wird anhand folgenden Beispiels näher erläutert:

Ein Unternehmer erwägt die Durchführung einer Investition mit Anschaffungsausgaben von 15.000.- €. Für die Investitionsdauer von vier Jahren werden folgende Einnahmen und Ausgaben prognostiziert, wobei die Zahlungen jeweils zum Jahresende realisiert werden:

Jahr 1: 32.000.- € Einnahmen und 29.500.- € Ausgaben
Jahr 2: 39.000.- € Einnahmen und 33.700.- € Ausgaben
Jahr 3: 43.000.- € Einnahmen und 36.400.- € Ausgaben
Jahr 4: 40.500.- € Einnahmen und 35.200.- € Ausgaben.

Der Unternehmer möchte wissen, ob diese Investition bei Finanzierungskosten von 8%, also bei einem Kalkulationszinsfuß von 8% vorteilhaft ist.

Aufgrund der prognostizierten Einnahmen und Ausgaben ergeben sich Periodenüberschüsse von 2.500.- €, 5.300.- €, 6.600.- € und 5.300.- € in den Jahren 1 bis 4. Bei einem Kalkulationszinsfuß von 8% ergibt sich für die Investition demnach ein Kapitalwert von

$$G = 2.500 \cdot \frac{1}{1,08} + 5.300 \cdot \frac{1}{1,08^2} + 6.600 \cdot \frac{1}{1,08^3} + 5.300 \cdot \frac{1}{1,08^4} - 15.000$$

$$G = 15.993,66 - 15.000 = 993,66;$$

nach der Kapitalwertmethode ist die Investition also vorteilhaft.

Der Kapitalwert wurde bei den obigen Berechnungen als Differenz zwischen dem Barwert der Periodenüberschüsse und den Anschaffungsausgaben ermittelt. Zum selben Ergebnis kommt man, wenn der Barwert der Ausgaben vom Barwert der Einnahmen subtrahiert wird; denn der Kapitalwert ist allgemein als Barwert sämtlicher Zahlungen (Einnahmen und Ausgaben) einer Investition definiert. Es ergibt sich im vorliegenden Beispiel als Barwert der Einnahmen

$$E = 32.000 \cdot \frac{1}{1,08} + 39.000 \cdot \frac{1}{1,08^2} + 43.000 \cdot \frac{1}{1,08^3} + 40.500 \cdot \frac{1}{1,08^4} = 129.969,34.$$

und als Barwert der Ausgaben

$$A = 15.000 + 29.500 \cdot \frac{1}{1,08} + 33.700 \cdot \frac{1}{1,08^2} + 36.400 \cdot \frac{1}{1,08^3} + 32.500 \cdot \frac{1}{1,08^4} = 125.975,68.$$

Als Kapitalwert ergibt sich als Differenz der beiden Barwerte das oben bereits errechnete Ergebnis von

$$G = 993,66.$$

Ausgangspunkt der Annuitätenmethode sind der Barwert der Einnahmen und der Barwert der Ausgaben. Aus diesen Barwerten werden eine Einnahmenannuität und eine Ausgabenannuität berechnet, d.h. es wird ermittelt, welche während der Investitionsdauer gleichbleibenden Jahreseinnahmen bzw. Jahresausgaben zu entsprechenden Barwerten führen würden. Die in verschiedener Höhe anfallenden Einnahmen und Ausgaben einer Investition werden also in äquivalente gleichbleibende Einnahmen- und Ausgabenannuitäten umgerechnet.

Um dies zu erreichen, werden die Barwerte der Einnahmen bzw. Ausgaben als nachschüssige Rentenbarwerte betrachtet. Die Nachschüssigkeit ergibt sich daraus, daß die gleichbleibenden Einnahmen- bzw. Ausgabenannuitäten ebenso dem jeweiligen Periodenende zugerechnet werden wie auch die prognostizierten, in verschiedener Höhe anfallenden Einnahmen und Ausgaben, die der Umrechnung in Annuitäten zugrundeliegen. Aus den nachschüssigen Rentenbarwerten wird dann jeweils eine gleichbleibende Rentenrate berechnet, die die Einnahmenannuität bzw. die Ausgabenannuität darstellen.

Die Berechnungen der Einnahmen- bzw. Ausgabenannuitäten erfolgen aufgrund der Rentenformel (4-5)

$$R_0 = r \cdot \frac{1}{q^n} \cdot \frac{q^n - 1}{q - 1},$$

wobei für R_0 der Barwert der Einnahmen bzw. der Barwert der Ausgaben einzusetzen ist, n der Investitionsdauer entspricht und als Zinsfuß im nachschüssigen Rentenbarwertfaktor der Kalkulationszinsfuß zu verwenden ist, der auch der Berechnung der Barwerte zugrundeliegt. Zu berechnen ist jeweils die Rentenrate r. Im obigen Beispiel ergibt sich als Einnahmenannuität e ein Wert von

$$e = 126,969,34 \quad : \quad \frac{1}{q^n} \cdot \frac{q^n - 1}{q - 1}$$
$$= 126.969,34 : 3,31213... = 38.334,65.$$

Entsprechend lautet die Ausgabenannuität a

$$a = 125.975,68 : 3,31213... = 38.034,64.$$

Die Einnahmen im obigen Beispiel, die in verschiedener Höhe am Ende der Jahre 1 bis 4 anfallen, entsprechen unter Verwendung eines Kalkulationszinsfußes von 8% einer viermal nachschüssig erzielbaren, gleichbleibenden Jahreseinnahme von 38.334,65 €. Ebenso entspricht eine gleichbleibende, viermal jeweils am Jahresende zahlbare Ausgabe von 38.034,64 € den Ausgaben der Investition, wie sie in den einzelnen Jahren (einschließlich den Anschaffungsausgaben zum Zeitpunkt t_0) in verschiedener Höhe zu erwarten sind.

Unter Verwendung der Formeln zur Rentenrechnung lassen sich die Einnahmenannuität bzw. die Ausgabenannuität einer Investition wie folgt berechnen: die Einnahmenannuität e ergibt sich aus

$$e = E : \frac{1}{q^n} \cdot \frac{q^n - 1}{q - 1} = E \cdot \frac{q^n \cdot (q - 1)}{q^n - 1} \qquad (4\text{-}40)$$

und die Ausgabenannuität a aus

$$a = A : \frac{1}{q^n} \cdot \frac{q^n - 1}{q - 1} = A \cdot \frac{q^n \cdot (q - 1)}{q^n - 1} \qquad (4\text{-}41).$$

Dabei stellen E den Barwert der Einnahmen und A den Barwert der Ausgaben dar. Der Faktor

$$\frac{q^n \cdot (q - 1)}{q^n - 1}$$

ist der Kehrwert des nachschüssigen Rentenbarwertfaktors; er wird in der Investitionsrechnung üblicherweise als Wiedergewinnungsfaktor bezeichnet; in der Finanzmathematik wird er Annuitätenfaktor genannt. Dabei wird als Zinssatz der Kalkulationszinsfuß verwendet, während n der Investitionsdauer entspricht. Der Barwert der Einnahmen E und der Barwert der Ausgaben A werden aus den Formeln bzw.

$$E = \sum_{t=0}^{n} E_t \cdot \frac{1}{q^t}$$ (4-42)

$$A = \sum_{t=0}^{n} A_t \cdot \frac{1}{q^t}$$ (4-43)

berechnet. Mit A bzw. E werden dabei die Ausgaben bzw. die Einnahmen der Periode t bezeichnet, n entspricht der Investitionsdauer und als Zinsfuß findet entsprechend der Kapitalwertmethode der Kalkulationszinsfuß Anwendung.

Nach der Annuitätenmethode ist eine Investition vorteilhaft, wenn die Einnahmenannuität größer als die Ausgabenannuität ist. Dies kann wegen der einheitlichen Verwendung des Kalkulationszinsfußes nur der Fall sein, wenn auch der Barwert der Einnahmen größer als der Barwert der Ausgaben ist; denn die Annuitäten werden aus diesen beiden Barwerten unter Verwendung jenes Zinsfußes berechnet, der auch der Berechnung der Barwerte zugrundeliegt. Dann ist aber auch zugleich der Kapitalwert der Investition als Differenz der beiden Barwerte positiv. Die Annuitätenmethode entspricht insofern also vollständig der Kapitalwertmethode.

Wenn die Einnahmenannuität größer als die Ausgabenannuität ist, dann muß die Differenz zwischen diesen beiden Annuitäten, und zwar die Differenz Einnahmenannuität minus Ausgabenannuität positiv sein. Im obigen Beispiel ist dies mit einem Ergebnis von

$$38.334,65 - 38.034,64 = 300,01$$

der Fall. Diese Differenz kann jedoch auch unmittelbar aus der Differenz der beiden Barwerte bzw. aus dem Kapitalwert berechnet werden. Es geht hierbei darum, jene während der Investitionsdauer gleichbleibende Rentenrate zu bestimmen, deren Barwert (nachschüssiger Barwert) der Differenz zwischen dem Barwert der Einnahmen und dem Barwert der Ausgaben entspricht. Es ergibt sich im vorliegenden Beispiel aufgrund der Formeln zur Berechnung des nachschüssigen Rentenbarwertes und unter Verwendung des Kalkulationszinsfußes von 8% ein Ergebnis von

$$p = 993,66 : 3,31213... = 300,01.$$

Der Wert von 300,01 € entspricht der oben berechneten Differenz zwischen der Einnahmenannuität und der Ausgabenannuität. Diese Differenz kann als Annuität der Periodenüberschüsse bzw. als Überschußannuität bezeichnet werden. Diese Überschußannuität entspricht unter Berücksichtigung des jeweiligen Kalkulationszinsfußes den Überschüssen der Einnahmen über die Ausgaben (einschließlich den Anschaffungsausgaben) einer Investition, wie sie in den einzelnen Perioden in jeweils unterschiedlicher Höhe anfallen. Unter Verwendung des Wiedergewinnungsfaktors als Kehrwert des nachschüssigen Rentenbarwertfaktors kann die Überschußannuität p allgemein aus der Formel

$$p = G \cdot \frac{q^n \cdot (q - 1)}{q^n - 1} \qquad\qquad (4\text{-}44)$$

berechnet werden, wobei mit G der Kapitalwert bezeichnet wird. Die Überschußannuität stellt also nichts anderes dar als eine "Verrentung" des Kapitalwertes, wobei der Berechnung des Kapitalwerts ebenso wie seiner Verrentung jeweils der Kalkulationszinsfuß zugrundeliegt.

Nach der Annuitätenmethode ist eine Investition vorteilhaft, wenn die Einnahmenannuität größer als die Ausgabenannuität bzw. die Überschußannuität positiv ist. Beim Vergleich mehrerer Investitionsmöglichkeiten läßt sich nach der Höhe der Differenz zwischen Einnahmenannuität und Ausgabenannuität bzw. nach der Höhe der Überschußannuität eine Rangfolge der Investitionsalternativen aufstellen.

Die Überschußannuität kann als Differenz zwischen der Einnahmenannuität und der Ausgabenannuität, aber auch unmittelbar durch eine Verrentung des Kapitalwerts berechnet werden. In jedem Fall aber setzt die Anwendung der Annuitätenmethode die Berechnung des Kapitalwerts bzw. die Berechnung des Barwerts der Einnahmen und des Barwerts der Ausgaben voraus. Da die Berechnung der Annuitäten ebenso wie die Ermittlung des Kapitalwerts bzw. des Barwerts der Einnahmen und des Barwerts der Ausgaben zum Kalkulationszinsfuß erfolgt, entspricht die Annuitätenmethode der Kapitalwertmethode. Es werden im Unterschied zur Kapitalwertmethode lediglich weitere Berechnungen angestellt, es werden nämlich der Kapitalwert bzw. der Barwert der Einnahmen und der Barwert der Ausgaben unter Verwendung des Kalkulationszinsfußes in äquivalente gleichbleibende Rentenraten umgerechnet.

Die Annuitätenmethode ist ebenso ein vereinfachtes Verfahren zur Investitionsrechnung wie die Kapitalwertmethode und die Methode des internen Zinsfußes. Da die Annuitätenmethode der Kapitalwertmethode, von formalen Umrechnungen abgesehen, vollständig entspricht, basiert sie auch auf denselben Unterstellungen. Ebenso wie bei der Kapitalwertmethode wird demnach auch bei der Annuitätenmethode von der Annahme ausgegangen, daß die Zinswirkung aller zwischenzeitlichen Zahlungssalden der Investition dem Kalkulationszinsfuß entspricht. Auch bei der Annuitätenmethode wird also unterstellt, daß zum Kalkulationszinsfuß eine Geldanlage bzw. eine Kreditaufnahme erfolgen kann und daß damit Soll- und Habenzinsen gleich sind.

Übungsaufgaben:

(64) Jemand hat zum 1.1.1977 zehn Aktien mit einem Nennwert von 1.000.- DM je Aktie gekauft und hierfür 15.000.- DM gezahlt. Die AG zahlt bis zum Jahre 1981 keine Dividende, für die Jahre 1982 bis 1986 jeweils 6% (vom Nennwert) und für die Jahre 1988 - 1991 jeweils 8%. Im Jahr 1987 wurden eine Dividende und ein Bonus von insgesamt 18% gezahlt. Dividenden und Bonus wurden jeweils am Jahresende ausgeschüttet. Der Aktienkurs am 31.12.1991 beträgt 104 je 50-DM-Aktie. Der Aktionär will am 31.12 1991 wissen, ob eine Kapitalanlage auf einem Sparkonto bei 5% jährlichen Zinsen günstiger gewesen wäre. Er unterstellt dabei, daß er Dividenden und Bonus zu 5% angelegt hat, und er vernachlässigt die mit dem Aktienkauf verbundenen Gebühren.

(a) Überprüfen Sie die Vorteilhaftigkeit des Aktienkaufs nach der Kapitalwertmethode.

(b) Überprüfen Sie die Vorteilhaftigkeit des Aktienkaufs nach der Annuitätenmethode.

(65) Eine Kupfermine ergibt gewöhnlich jährliche nachschüssige Periodenüberschüsse von 200.000.- €. Die Reserven dieser Mine reichen bei unveränderter Förderintensität voraussichtlich noch 20 Jahre. Der Unternehmer kann nun durch eine Rationalisierungsinvestition eine Erhöhung der Förderintensität erreichen, wodurch die Kupfermine in der halben Zeit ausgebeutet ist. Die jährlichen Periodenüberschüsse werden durch die Investition während der verkürzten Förderungsdauer verdoppelt. Kann dem Unternehmer diese Investition empfohlen werden, wenn sie mit Anschaffungsausgaben in Höhe von 650.000.- € verbunden ist und die Investition zu einem Zinssatz von 7% fremdfinanziert werden muß?

(a)   Überprüfen Sie die Vorteilhaftigkeit der Investition nach der Kapitalwertmethode.

(b)   Überprüfen Sie die Vorteilhaftigkeit der Investition nach der Annuitätenmethode.

5 Tilgungsrechnung

5.1 Die verschiedenen Arten der Tilgung

Jeder aufgenommene Kredit muß einschließlich der Kreditgebühren und der Kreditzinsen zurückgezahlt werden; er muß mit anderen Worten getilgt werden. Dabei kann der Schuldner am Fälligkeitstag den gesamten bis dahin geschuldeten Betrag in einer Summe zurückzahlen, oder er kann die Rückzahlung in mehreren kleinen Teil-Zahlungen in regelmäßigen oder unregelmäßigen Zeitabständen vornehmen. In letzterem Fall wird die letzte Zahlung in der Regel ebenfalls am Ende der Kreditlaufzeit vorgenommen. Der für die Wirtschaftspraxis wichtigere Fall ist die Tilgung in mehreren Teilbeträgen, die in konstanten Zeitabständen aufgebracht werden. Deswegen soll im folgenden nur dieser Fall untersucht werden.

Das Tilgungsproblem, bei dem in konstanten Zeitabständen Rück-Zahlungen vorgenommen werden, ist ein Sonderproblem der Rentenrechnung, wie sich auch schon aus den Übungsbeispielen zu den Abschnitten 4.2 und 4.3 ergibt.

Um für den Schuldner während der Kreditlaufzeit alle auf ihn zukommenden finanziellen Belastungen, die in den Rückzahlungsbeträgen enthaltenen Zinsbestandteile, die Dauer der Tilgung usw. übersichtlicher zu machen, stellt man für Tilgungen meist Tilgungspläne auf. Aus diesen lassen sich alle interessierenden Beträge und Daten leicht ablesen. Das Kernproblem der Tilgungsrechnung ist die Aufstellung und Interpretation derartiger Tilgungspläne, und damit unterscheidet sie sich in ihrem Ansatz von der Rentenrechnung.

In jedem Rückzahlungsbetrag sind mehrere Bestandteile feststellbar. Ein Teil des Betrages ist für die eigentliche Schuldentilgung vorgesehen und vermindert die bis dahin gültige Restschuldsumme. Man bezeichnet diesen Bestandteil des Rückzahlungsbetrages als die **Tilgungsrate** mit dem Symbol **T**. Neben der Tilgungsrate enthält der Rückzahlungsbetrag noch einen Bestandteil, der die Kreditzinsen abdeckt. Dieser **Zinsbestandteil**, der mit dem Symbol **Z** bezeichnet werden soll, bildet mit der Tilgungsrate den Rückzahlungsbetrag, der üblicherweise **Annuität**[1] genannt und mit dem Symbol **A** gekennzeichnet wird. Es gilt danach die Beziehung:

$$A = T + Z.$$

Wird die Tilgung in mehreren Rückzahlungsbeträgen, also in mehreren Annuitäten vorgenommen, sind zwei Arten von Tilgungen zu unterscheiden:

(1) in gleichen Zeitabständen wird ein gleich hoher Teilbetrag der eigentlichen Schuldsumme bezahlt, d.h. die Höhe der **Tilgungsrate** ist bei jeder Rückzahlung **konstant**. Zu der Tilgungsrate hinzugerechnet werden die Kreditzinsen auf die verbleibende Restschuld. Die Restschuld wird aber mit fortschreitender Tilgung immer kleiner, wodurch sich auch die Zinsen auf die Restschuld vermindern. Die gesamte Annuität wird also von Tilgungszeitpunkt zu Tilgungszeitpunkt immer kleiner. Einen Tilgungsvorgang dieser Art, der durch konstante Tilgungsraten charakterisiert wird, bezeichnet man als **Ratentilgung**.

(2) in gleichen Zeitabständen wird eine **Annuität** gezahlt, die **in ihrer Höhe konstant** ist. Tilgungsvorgänge dieser Art bezeichnet man als **Annuitätentilgung**. Auch bei dieser Tilgungsform sind in jeder Annuität eine Tilgungsrate und ein Zinsbestandteil enthalten. Am Anfang der Kreditlaufzeit, wenn die Zinsen durch die hohe Restschuld noch hoch sind, ist der Zinsanteil in der Annuität groß und die Tilgungsrate klein. Dies ergibt sich aus der oben angeführten Bestimmungsgleichung A=T+Z. Mit fortschreitender Tilgung nimmt die Restschuld und damit die darauf zu zahlenden Zinsen ab. Dadurch wird von Zahlungszeitpunkt zu Zahlungszeitpunkt der Anteil der Tilgungsrate in der konstanten Annuität immer größer. Daraus folgt, daß mit zunehmender Tilgungsdauer die verbleibende Restschuld mit zunehmender Geschwindigkeit abnimmt.

---

[1] Obwohl sich der Begriff "Annuität" vom lateinischen Wortstamm her nur auf jährliche Zahlungen bezieht, hat es sich aus systematischen Gründen eingebürgert, auch unterjährliche Rückzahlungsbeträge als Annuitäten zu bezeichnen.

Bei allen Tilgungsvorgängen können

  die Annuitäten

  - in jährlichen oder
  - in unterjährlichen Abständen gezahlt werden.

Die Zahlungen können dabei

  - vorschüssig oder
  - nachschüssig vorgenommen werden.

Die Zinsen können

  - jährlich oder
  - unterjährlich fällig sein
    und
  - vorschüssig oder
  - nachschüssig erhoben werden.

Es sind also viele Kombinationen von Tilgungs- und Zinsgegebenheiten denkbar, von denen hier aber nur die für die Praxis wichtigen Fälle untersucht werden sollen. Dies sind üblicherweise die nachschüssige Zahlung der Annuitäten und die jährlich-nachschüssige Fälligkeit der Zinsen. Nur diese Fälle sollen nachfolgend bei zunächst jährlicher Tilgung behandelt werden. Danach wird die Betrachtung auf die unterjährliche Tilgung, z.B. die in Monatsraten, auszudehnen sein.

5.2 Tilgung durch gleichbleibende Tilgungsraten (Ratentilgung)

5.2.1 Jährliche Ratentilgung

Die Ausführungen zur jährlichen Ratentilgung sollen an folgendem Beispiel veranschaulicht werden:

Übungsbeispiel 5-1:
Ein Unternehmen nimmt einen Kredit von 100.000.- € bei 9% jährlichen Kreditzinsen auf. Der Kredit soll nach Ablauf von 5 Jahren durch jährlich-nachschüssige Ratentilgung zurückgezahlt sein.

Zunächst sollen die für die Tilgungsrechnung benötigten Symbole erläutert werden:

S   ist die ursprüngliche Schuldsumme;
n   ist die Anzahl der Jahre der Kreditlaufzeit;
T   ist die Tilgungsrate, also jener Betrag, um den sich die Schuld bei einer Tilgungszahlung vermindert;
Z   ist der Zinsbetrag;
A   ist die jährlich aufzubringende Annuität.

Bei der Ratentilgung soll die Schuldsumme S in n gleichen Teilbeträgen getilgt werden. Damit ist die Höhe der Tilgungsrate festgelegt als

$$\boxed{T = \frac{S}{n}}$$ (5-1).

Lösung zu Übungsbeispiel 5-1:
Es gilt: S = 100.000   n = 5

Unter Verwendung von Gleichung (5-1) erhält man:

$$T = \frac{100.000}{5}$$
$$\mathbf{T = 20.000}$$

Ist die Tilgungsrate nach (5-1) berechnet, kann der Tilgungsplan aufgestellt werden.

Für die Daten des Übungsbeispiels 5-1 ergibt sich der in Tabelle 5-1 wiedergegebene Tilgungsplan:

Tabelle 5-1 : Tilgungsplan für Übungsbeispiel 5-1					
Jahr	Restschuld zu Beginn des Jahres	9% Zinsen auf die Restschuld zu Beginn des Jahres	Tilgungs- rate	Annuität am Ende des Jahres	Restschuld am Ende des Jahres
(1)	(2)	(3)	(4)	(5)	(6)
		(3) = (2)·0,09		(5) = (3) + (4)	(6) = (2) - (4)
1	100.000	9.000	20.000	29.000	80.000
2	80.000	7.200	20.000	27.200	60.000
3	60.000	5.400	20.000	25.400	40.000
4	40.000	3.600	20.000	23.600	20.000
5	20.000	1.800	20.000	21.800	0

Häufig möchte man wissen, wie groß die Restschuld nach Ablauf von r Jahren ist. Diese Restschuld soll mit RS_r bezeichnet werden. Oder man möchte wissen, wie hoch die Zinsbelastung Z_r am Ende des r-ten Jahres ist. Oder die Höhe der Annuität A_r am Ende des r-ten Jahres ist gesucht. Hat man einen Tilgungsplan aufgestellt, lassen sich diese Werte daraus unmittelbar ablesen.

Ist kein Tilgungsplan aufgestellt worden, kann man die gesuchten Werte nach den folgenden Formeln leicht berechnen:

Die Tilgungsrate T ist in allen Perioden gleich hoch und vermindert die Schuldsumme S. Die Restschuld am Ende des r-ten Jahres ist dann:

$$RS_r = S - T_1 - T_2 - T_3 - \ldots - T_r \qquad (5\text{-}2).$$

Da aber $T_1 = T_2 = T_3 = \ldots = T_r = \dfrac{S}{n}$, erhält man:

$$RS_r = S - \frac{S}{n} - \frac{S}{n} - \frac{S}{n} - \ldots \frac{S}{n}$$

Aus Gleichung (5-2) ergibt sich, daß die Tilgungsrate $\dfrac{S}{n}$ insgesamt r mal von der Schuld S abgezogen wird. Man kann daher zusammenfassen:

$$RS_r = S - r \cdot \frac{S}{n}.$$

Erweitert man S nun mit n, dann folgt:

$$RS_r = n \cdot \frac{S}{n} - r \cdot \frac{S}{n} = \frac{S}{n} \cdot (n - r).$$

Setzt man für $\dfrac{S}{n}$ den durch (5-1) definierten Ausdruck, ergibt sich schließlich:

$$\boxed{RS_r = T \cdot (n - r)} \qquad (5\text{-}3).$$

Bestimmt man für Übungsbeispiel 5-1 z.B. die Höhe der Restschuld nach Ablauf von r = 3 Jahren, dann erhält man:

$$RS_3 = 20.000 \cdot (5\text{-}3) = 20.000 \cdot (2)$$
$$\mathbf{RS_3 = 40.000}$$

Dieses Ergebnis stimmt mit dem in Tabelle 5-1 angeführten überein.

Bei der Ratentilgung vermindert sich von Tilgungstermin zu Tilgungstermin die Restschuld und damit auch die Höhe der Zinszahlungen auf diese Restschuld. Am Ende des 1. Jahres sind die Zinsen $Z_1 = (S \cdot i)$, am Ende des 2. Jahres $Z_2 = (S-T) \cdot i$, am Ende des 3. Jahres $Z_3 = (S-2T) \cdot i$ usw. Ist die Zinsbelastung am Ende der r-ten Periode zu ermitteln, dann ist

$$Z_r = [S - (r\text{-}1) \cdot T] \cdot i$$

Diese Gleichung läßt sich umformen zu

$$Z_r = \left[n \cdot \frac{S}{n} - (r - 1) \cdot \frac{S}{n} \right] \cdot i = \frac{S}{n} \cdot [n - r + 1] \cdot i$$

und unter Verwendung von (5-1):

$$\boxed{Z_r = T \cdot (n - r + 1) \cdot i}$$ (5-4).

In Übungsbeispiel 5-1 erhält man z.B. als die Zinszahlung der 3. Periode:

$$Z_3 = 20.000 \cdot (5-3+1) \cdot 0,09 = 20.000 \cdot 3 \cdot 0,09$$
$$Z_3 = 5.400$$

Die Annuität A_r der r-ten Periode setzt sich zusammen aus der Tilgungsrate T und der Zinsbelastung Z_r. Aus der Addition der beiden Größen erhält man:

$$A_r = T + T \cdot (n-r+1) \cdot i$$

und damit

$$\boxed{A_r = T \cdot \left[1 + (n - r + 1) \cdot i \right]}$$ (5-5).

In Übungsbeispiel 5-1 erhält man z.B. die Annuität am Ende der 3. Periode als:

$$A_3 = 20.000 \cdot [1+(5-3+1) \cdot 0,09] = 20.000 \cdot 1,27$$
$$A_3 = 25.400$$

5.2.2 Unterjährliche Ratentilgung

Bei der unterjährlichen Ratentilgung werden die Tilgungszahlungen beispielsweise halbjährlich oder vierteljährlich oder monatlich vorgenommen. Existieren allgemein pro Jahr **m** Tilgungsperioden, so ergeben sich über die gesamte, n-jährige Laufzeit des Tilgungsvorgangs insgesamt **m·n** Tilgungszeitpunkte. In Abwandlung von (5-1) bestimmt sich die Höhe der periodischen Tilgungsrate nunmehr nach

$$\boxed{T = \frac{S}{m \cdot n}}$$ (5-6).

Bei der Ratentilgung ist die Höhe der Tilgungsrate eine fest vorgegebene Größe. Die Tilgungsrate vermehrt um die jeweiligen Zinsen ergibt die Annuität. Obwohl die Zinsen erst jährlich-nachschüssig fällig werden, ist es bei unterjährlicher Ratentilgung üblich, pro Tilgungsperiode auch einen periodisch anteiligen Zins zu zahlen, der sich aus der Verzinsung der Restschuld mit dem relativen Zinssatz i^* ergibt. Dieser relative Zinssatz i^* wurde bereits im Rahmen der Zinseszinsrechnung erläutert und wird gem. (3-13) berechnet als:

$$i^* = \frac{i}{m}.$$

Die unterjährliche Tilgung soll an folgendem Beispiel verdeutlicht werden:

Übungsbeispiel 5-2:
Ein Unternehmen nimmt bei 9% Kreditzinsen einen Kredit von 100.000.- € auf. Der Kredit muß nach Ablauf von 5 Jahren bei vierteljährlicher Ratentilgung zurückgezahlt sein.

Es gilt: $S = 100.000$ $p = 9\%$ $i = 0,09$ $m = 4n = 5$ $i^* = 0,0225$.

Man berechnet zunächst die Tilgungsrate nach (5-6):

$$T = \frac{100.000}{4 \cdot 5} = 5.000$$

Aufgrund der angegebenen bzw. berechneten Werte ergibt sich für Übungsbeispiel 5-2 der in Tabelle 5-2 aufgeführte Tilgungsplan.

Tabelle 5-2:   Tilgungsplan für Übungsbeispiel 5-2.

Jahr	Viertel-jahr	Restschuld zu Beginn des Vierteljahres	Zinsen auf die Restschuld bis zum Ende des Vierteljahres	Tilgungs-rate	Annuität am Ende des Vierteljahres	Restschuld am Ende des Vierteljahres
1	1	100.000,00	2.250,00	5.000,00	7.250,00	95.000,00
	2	95.000,00	2.137,50	5.000,00	7.137,50	90.000,00
	3	90.000,00	2.025,00	5.000,00	7.025,00	85.000,00
	4	85.000,00	1.912,50	5.000,00	6.912,50	80.000,00
2	1	80.000,00	1.800,00	5.000,00	6.800,00	75.000,00
	2	75.000,00	1.687,50	5.000,00	6.687,50	70.000,00
	3	70.000,00	1.575,00	5.000,00	6.575,50	65.000,00
	4	65.000,00	1.462,50	5.000,00	6.462,50	60.000,00
3	1	60.000,00	1.350,00	5.000,00	6.350,00	55.000,00
	2	55.000,00	1.237,50	5.000,00	6.237,50	50.000,00
	3	50.000,00	1.125,00	5.000,00	6.125,00	45.000,00
	4	45.000,00	1.012,50	5.000,00	6.012,50	40.000,00
4	1	40.000,00	900,00	5.000,00	5.900,00	35.000,00
	2	35.000,00	787,50	5.000,00	5.787,50	30.000,00
	3	30.000,00	675,00	5.000,00	5.675,00	25.000,00
	4	25.000,00	562,50	5.000,00	5.562,50	20.000,00
5	1	20.000,00	450,00	5.000,00	5.450,00	15.000,00
	2	15.000,00	337,50	5.000,00	5.337,50	10.000,00
	3	10.000,00	225,00	5.000,00	5.225,00	5.000,00
	4	5.000,00	112,50	5.000,00	5.112,50	0,00

Häufig will man wie bei der ganzjährigen Tilgung wissen, wie groß nach v Perioden des r-ten Jahres die verbleibende Restschuld ist, oder wie hoch in der v-ten Periode des r-ten Jahres die Zinsbelastung oder die gesamte Annuität sind. Hat man keinen Tilgungsplan aufgestellt, aus dem man diese Werte unmittelbar ablesen kann, dann muß man sie analog zu den Gleichungen (5-3) bis (5-5) berechnen, wobei diese Gleichungen wieder nach den Erfordernissen der unterjährlichen Ratentilgung umgeformt werden müssen.

Entsprechend der Gleichung (5-3) erhält man die Restschuld nach v Perioden des r-ten Jahres als

$$RS_{v/r} = T \cdot [m \cdot n - \{(r-1) \cdot m + v\}]$$

und

$$RS_{v/r} = T \cdot [m \cdot (n - r + 1) - v] \qquad (5\text{-}7).$$

Bei Übungsbeispiel 5-2 kann man z.B. untersuchen, wie hoch die Restschuld nach dem 2. Vierteljahr des 3. Jahres ist.

Es gilt: T = 5.000   m = 4   n = 5   r = 3.

Man erhält durch Einsetzen dieser Werte in (5-7):

$$RS_{2/3} = 5.000[4 \cdot (5\text{-}3+1)\text{-}2] = 5.000 \cdot 10$$
$$\mathbf{RS_{2/3} = 50.000}$$

Die Zinsbelastung der v-ten Periode des r-ten Jahres läßt sich aus Gleichung (5-4) entwickeln als:

$$Z_{v/r} = T \cdot [m \cdot n - \{(r\text{-}1) \cdot m + (v\text{-}1)\}] \cdot i^*$$

und nach Umformung

$$Z_{v/r} = T \cdot [m \cdot n - m \cdot r + m - v + 1] \cdot i^*$$

und schließlich

$$Z_{v/r} = T \cdot [m(n - r + 1) - v + 1] \cdot i^* \qquad (5\text{-}8).$$

In Übungsbeispiel 5-2 soll z.B. die Zinsbelastung des 3. Vierteljahres des 4. Jahres ermittelt werden.

Es gilt: T = 5.000   m = 4 n = 5   v = 3   r = 4   i* = 0,0225.

Man erhält mit (5-8):

$$Z_{3/4} = 5.000 \cdot [4 \cdot (5\text{-}4+1) \text{-}3 +1] \cdot 0,0225 = 5.000 \cdot 0,135$$
$$\mathbf{Z_{3/4} = 675}$$

Die Annuität der v-ten Periode im r-ten Jahr setzt sich zusammen aus der Tilgungsrate T und der Zinsbelastung $Z_{v/r}$:

$$A_{v/r} = T + Z_{v/r}$$

Für $Z_{v/r}$ kann man (5-8) einsetzen und erhält:

$$A_{v/r} = T + T \ [m \cdot (n-r+1) - v + 1] \cdot i^*$$

und

$$\boxed{A_{v/r} = T \cdot \left[1 + (m \cdot (n - r + 1) - v + 1) \cdot i^*\right]} \qquad (5\text{-}9).$$

In Übungsbeispiel 5-2 läßt sich z.B. die Annuität im 3. Vierteljahr des 3. Jahres ausrechnen als:

$$A_{3/3} = 5.000 \cdot [1 + \{4 \cdot (5\text{-}3+1)\text{-}3+1\} \cdot 0,0225] = 5.000 \cdot 1,225$$
$$A_{3/3} = 6.125$$

Bei unterjährlicher Ratentilgung ist es durchaus üblich, die Zinsen auch in unterjährlichen Zeitabständen auszurechnen, obwohl nominell eine jährliche Verzinsung besteht. Dieses Vorgehen ist bei Ratentilgungen völlig unproblematisch, da die Zinsen ohnehin als Zuschlag zu der Tilgungsrate für jede Periode neu berechnet und gezahlt werden.

Übungsaufgaben:
(66) Ein Kredit über 36.000.- € soll in 2 Jahren bei 10,8% Jahreszins mit monatlicher Ratentilgung zurückgezahlt werden. Erstellen Sie einen Tilgungsplan.

5.3 Tilgung durch gleichbleibende Annuitäten (Annuitätentilgung)

5.3.1 Jährliche Annuitätentilgung

Wie in Abschnitt 5.1 ausgeführt wurde, spricht man von Annuitätentilgung, wenn die Rückzahlung der Schuld in mehreren gleich hohen Annuitäten vorgenommen wird. In jeder Annuität sind Zinsen und Tilgungsrate enthalten. Da die Annuität in ihrer Größe über alle Tilgungszeitpunkte konstant ist, ist die Tilgungsrate am Anfang der Kreditlaufzeit gering und die Zinsen sind wegen der hohen Restschuld sehr hoch. Dieses Verhältnis kehrt sich bis zum Ende der Kreditlaufzeit um.

Bei der Annuitätentilgung muß zunächst die Höhe der konstanten Annuität bestimmt werden. Dazu geht man von folgender Überlegung aus: Am Anfang der Kreditlaufzeit steht die ausgezahlte Schuldsumme S. Sie stellt damit einen Barwert dar. Ohne Tilgung würde die Schuld bis zum Ende der Kreditlaufzeit auf einen bestimmten Endwert anwachsen. Gesucht ist nun der konstante, in gleichbleibenden Zeitabständen mehrfach zu zahlende Betrag, der gerade auf dieselbe Summe anwächst, wie der Endwert der Schuld. Man kann sich diesen Gedanken veranschaulichen, wenn man sich vorstellt, daß die Schuldsumme auf einem Konto einschließlich der Zinsen auf den Endwert anwächst, während der Schuldner seine Tilgungszahlungen verzinslich auf einem anderen Konto ansammelt. Bei Gleichheit der Zinssätze auf den beiden Konten müßte am Ende der Kreditlaufzeit das angesammelte Guthaben des Schuldners gerade ausreichen, die Schuld samt Zinsen zu bezahlen.

Die Berechnung der konstanten Annuität entspricht also der Bestimmung einer Rentenrate bei vorgegebenem Barwert. In der entsprechenden Gleichung (4-8) der Rentenrechnung wurde diese Rentenrate ermittelt nach

$$r = R_0 \cdot q^n \cdot \frac{q-1}{q^n - 1} \qquad (5\text{-}10).$$

In Gleichung (5-10) ist r die gesuchte Annuität A und der Barwert R_0 die Schuldsumme S. Wenn diese Größen in (5-10) eingesetzt werden, erhält man unmittelbar:

$$A = S \cdot q^n \cdot \frac{q-1}{q^n-1}$$ (5-11).

Der Annuitätenfaktor

$$q^n \cdot \frac{q-1}{q^n-1}$$

ist nichts anderes als der Kehrwert des nachschüssigen Rentenbarwertfaktors. Er läßt sich mit einem geeigneten elektronischen Taschenrechner ausrechnen.

Die Annuitätentilgung soll an folgendem Beispiel veranschaulicht werden:

Übungsbeispiel 5-3:

Einem Bauherrn wird eine Hypothek von 100.000.- € bei 100% Auszahlung und 8,5% Jahreszins angeboten, die in 16 Jahren durch Annuitätentilgung zurückgezahlt werden soll. Wie hoch ist die Annuität?

Es gilt: S = 100.000   n = 16   p = 8,5%   i = 0,085.

Man erhält mit Gleichung (5-11):

$$A = 100.000 \left(1,085\right)^{16} \cdot \frac{1,085-1}{\left(1,085\right)^{16}-1} = 100.000 \cdot 0,1166135$$

A = 11.661,35.

Der Bauherr muß also am Ende eines jeden Jahres 11.661,35 € zurückzahlen. Seine Tilgung läuft nach dem in Tabelle 5-3 wiedergegebenen Tilgungsplan ab.

Jahr	Restschuld zu Beginn des Jahres	8,5% Zinsen auf die Restschuld	Tilgungsrate	Annuität	Restschuld am Ende des Jahres
(1)	(2)	(3)	(4)	(5)	(6)
		(3) = (2)·0,085	(4) = (5) - (3)		(6) = (2) - (4)
1	100.000,00	8.500,00	3.161,35	11.661,35	96.838,65
2	96.838,65	8.231,28	3.430,07	11.661,35	93.408,58
3	93.408,58	7.939,72	3.721,63	11.661,35	89.686,95
4	89.686,95	7.623,39	4.037,96	11.661,35	85.648,99
5	85.648,99	7.280,16	4.381,19	11.661,35	81.267,80
6	81.267,80	6.907,76	4.753,59	11.661,35	76.514,21
7	76.514,21	6.503,70	5.157,65	11.661,35	71.356,56
8	71.356,56	6.065,30	5.596,05	11.661,35	65.760,51
9	65.760,51	5.589,64	6.071,71	11.661,35	59.688,80
10	59.688,80	5.073,54	6.587,81	11.661,35	53.100,99
11	56.100,99	4.512,58	7.147,77	11.661,35	45.953,22
12	45.953,22	3.906,02	7.755,33	11.661,35	38.197,89
13	38.197,89	3.246,82	8.414,53	11.661,35	29.783,36
14	29.783,36	2.531,58	9.129,77	11.661,35	20.653,59
15	20.653,59	1.755,55	9.905,80	11.661,35	10.747,79
16	10.747,79	913,56	10.747,79	11.661,35	0,00

Tab. 5-3 : Tilgunsplan für Übungsbeispiel 5-3

Hat man im Falle einer Annuitätentilgung einen Tilgungsplan aufgestellt, ist es kein Problem, die Restschuld nach r Jahren, die Tilgungsrate und die Zinsbelastung im r-ten Jahr abzulesen. Um diese Werte aber auch ohne Tilgungsplan ermitteln zu können, sind im folgenden allgemeine Formeln abzuleiten.

Untersucht sei zunächst die Höhe der Restschuld nach Ablauf von r Jahren, die oben mit RS_r bezeichnet wurde. Unterstellt sei, daß nach Ablauf des r-ten Jahres noch insgesamt s Annuitäten gezahlt werden müssen, daß also

$$(r+s) = n \qquad \text{und} \qquad s = n\text{-}r.$$

In diesem Fall ist die Restschuld identisch mit dem auf den Zeitpunkt r bezogenen Barwert aller noch zu zahlenden s Annuitäten, also:

$$RS_r = A \cdot \frac{1}{q} + A \cdot \frac{1}{q^2} + A \cdot \frac{1}{q^3} + \ldots + A \cdot \frac{1}{q^{n-r}}$$

und

$$RS_r = A \cdot \left[\frac{1}{q} + \frac{1}{q^2} + \frac{1}{q^3} + ... + \frac{1}{q^{n-r}} \right] \qquad (5\text{-}12).$$

Aus der Summierung der geometrischen Reihe erhält man

$$\frac{1}{q} + \frac{1}{q^2} + \frac{1}{q^3} + ... + \frac{1}{q^{n-r}} = \frac{1}{q^{n-r}} \cdot \frac{q^{n-r} - 1}{q - 1}.$$

Diesen Ausdruck kann man statt der eckigen Klammern in die Gleichung (5-12) einsetzen:

$$RS_r = A \cdot \frac{1}{q^{n-r}} \cdot \frac{q^{n-r} - 1}{q - 1} \qquad (5\text{-}13).$$

Setzt man weiter für A die Gleichung (5-11), dann ergibt sich als Bestimmungsgleichung für die Höhe einer Restschuld nach Ablauf von r Jahren:

$$\boxed{RS_r = S \cdot \frac{q^n - q^r}{q^n - 1}} \qquad (5\text{-}14).$$

In Übungsbeispiel 5-3 soll z.B. die Höhe der Restschuld nach Ablauf von 9 Jahren berechnet werden.

Es gilt: $\quad S = 100.000 \qquad n = 16 \qquad r = 9 \qquad i = 0{,}085 \qquad q = 1{,}085.$

Man kann mit (5-14) berechnen:

$$RS_9 = 100.000 \cdot \frac{(1{,}085)^{16} - (1{,}085)^9}{(1{,}085)^{16} - 1} = 100.000 \cdot 0{,}596888001$$

$RS_9 = 59.688{,}80.$

Dieser Wert ist identisch mit dem im Tilgungsplan berechneten.

Wie hoch ist nun die Tilgungsrate T_r in der r-ten Periode? Offensichtlich ist sie gleich der Annuität vermindert um die Zinsen auf die Restschuld nach Ablauf der Vorperiode (r-1). Algebraisch ausgedrückt bedeutet das:

$$T_r = A - RS_{r-1} \cdot i \qquad (5\text{-}15).$$

Setzt man für A die Gleichung (5-11) und für RS_{r-1} die Gleichung (5-14), dann erhält man:

$$T_r = S \cdot q^n \cdot \frac{q-1}{q^n-1} - S \cdot \frac{q^n - q^{r-1}}{q^n-1} \cdot i \qquad (5\text{-}16)$$

und

$$T_r = \frac{S \cdot q^n \cdot (q-1) - S \cdot i \cdot \left(q^n - q^{r-1}\right)}{q^n - 1} \qquad (5\text{-}17).$$

Berücksichtigt man, daß $(q-1) = i$, dann kann man (5-17) weiterentwickeln zu

$$T_r = \frac{S \cdot i \cdot q^n - S \cdot i \cdot \left(q^n - q^{r-1}\right)}{q^n - 1} = \frac{S \cdot i \cdot \left(q^n - q^n + q^{r-1}\right)}{q^n - 1},$$

und man erhält schließlich

$$\boxed{T_r = S \cdot i \cdot \frac{q^{r-1}}{q^n - 1}} \qquad (5\text{-}18).$$

Für das Übungsbeispiel 5-3 ist die Tilgungsrate der 11. Periode zu bestimmen.

Es gilt: S = 100.000   n = 16   r = 11   i = 0,085   q = 1,085.

Unter Verwendung von (5-18) ergibt sich hier:

$$T_{11} = 100.000 \cdot 0,085 \cdot \frac{(1,085)^{11-1}}{(1,085)^{16} - 1} = 100.000 \cdot 0,0714777$$

$T_{11} = 7.147,77.$

Die Zinsen, die in der r-ten Periode zu zahlen sind, ergeben sich aus der Annuität vermindert um die Tilgungsrate T_r der r-ten Periode:

$$Z_r = A - T_r \tag{5-19}.$$

Setzt man für A die Gleichung (5-11) und für T_r die Gleichung (5-18), dann folgt:

$$Z_r = S \cdot q^n \cdot \frac{q-1}{q^n-1} - S \cdot i \cdot \frac{q^{r-1}}{q^n-1} \tag{5-20}.$$

Berücksichtigt man, daß (q-1) = i, dann ergibt sich weiter:

$$Z_r = \frac{S \cdot i \cdot q^n - S \cdot i \cdot q^{r-1}}{q^n-1}$$

und schließlich

$$\boxed{Z_r = S \cdot i \cdot \frac{q^n - q^{r-1}}{q^n-1}} \tag{5-21}.$$

In Übungsbeispiel 5-3 sind z.B. die Zinsen der 7. Periode zu bestimmen.

Es gilt: S = 100.000   n = 16   r = 7   i = 0,085   q = 1,085.

Man kann mit (5-21) berechnen:

$$Z_7 = 100.000 \cdot 0,085 \cdot \frac{(1,085)^{16} - (1,085)^{7-1}}{(1,085)^{16} - 1} = 100.000 \cdot 0,0650370$$

$$Z_7 = 6.503,70$$

Übungsaufgabe:
(67) Ein Entwicklungsland erhält am 1.1. eines Jahres einen Kredit in Höhe von 10 Millionen € zu 2,5% Zinsen. Dieser Kredit soll durch Annuitätentilgung in 25 Jahren zurückgezahlt werden.
(a) Wie hoch ist die Annuität?
(b) Wie hoch ist die Restschuld nach 10 Jahren?
(c) Wie hoch ist die Tilgungsrate im 10. Jahr?
(d) Wie hoch ist die Zinszahlung im 13. Jahr?

Im Gegensatz zur Ratentilgung kann man bei der Annuitätentilgung auch Fragen der folgenden Art beantworten:

(1) Jemand kann eine jährliche Annuität von A € aufbringen. Er benötigt einen Kredit von S € bei p% Kreditzinsen. Wie lange wird die Tilgung dauern? Die Beantwortung dieser Frage wird möglich durch die recht komplizierte Auflösung von Gleichung (5-11) nach n. Da aber in der Praxis die Laufzeit von Krediten nicht beliebig vom Schuldner festlegbar ist, sondern vom Kreditgeber vorgegeben wird, soll diese Frage nicht weiter untersucht werden.

(2) Jemand kann eine jährliche Annuität von A € aufbringen für einen Kredit, der bei p% Zinsen in n Jahren getilgt sein soll. Wie hoch kann der Kreditbetrag S (ohne Berücksichtigung der Frage der Sicherheiten und der Kreditgebühren) gewählt werden? Man denke bei dieser Fragestellung z.B. an einen Bauwilligen, der wissen will, in welcher Höhe er Hypotheken zur Finanzierung seines Bauvorhabens aufnehmen kann, wenn er sich in der Lage sieht, pro Jahr A € an Annuitäten aufzubringen. Die Behandlung derartiger Probleme erfolgt durch die Auflösung der Gleichung (5-11) nach S. Man erhält:

$$S = A \cdot \frac{1}{q^n} \cdot \frac{q^n - 1}{q - 1}$$ (5-22).

5.3.2 Unterjährliche Annuitätentilgung

In Abschnitt 5.3.1 wurde die Annuitätentilgung aus der Rentenrechnung abgeleitet. Dabei wurden sowohl die Annuitäten (= Rentenraten), als auch die Zinsen **jährlich**-nachschüssig gezahlt.

In der Rentenrechnung wurden die Probleme unterjährlicher Zahlung von Rentenraten durch die Einführung der jahreskonformen Ersatzrentenrate r_e gelöst. Dabei ist wichtig, daß die unterjährlichen Rentenraten bis zum Ende des Jahres einfach, die konforme **Jahres**rate aber zinseszinslich verzinst werden. Da zudem die Verzinsung erst am Jahresende vorgenommen wird, werden im Laufe des Jahres keine Zinsen ausgezahlt und dem Kapital zugerechnet.

Ähnlich wie in der Rentenrechnung ist auch das Vorgehen in der Tilgungs-rechnung. Die Jahresannuität, für die ja Zinseszinsen berechnet werden, ist der Betrag, auf den die unterjährlichen Tilgungsraten anwachsen müssen, wobei zu diesen Raten am Jahresende noch die im Verlauf des Jahres anfallenden einfachen Zinsen kommen. Das bedeutet aber bei <u>dieser</u> Betrachtungsweise, daß die im Laufe des Jahres gezahlten Annuitäten in vollem Umfang Tilgungs-raten darstellen und keine Zinsbestandteile enthalten. Die Zinsen auf die ver-schieden hohen Restschuldbeträge werden erst am Ende des Jahres berechnet und dem Konto des Schuldners belastet.

Da die Jahresannuität A der Betrag ist, auf den die unterjährlichen Tilgungsra-ten a_1, a_2, ..., a_m anwachsen müssen, ist die Jahres-Annuität A der jahreskon-formen Ersatzrentenrate r_e der Rentenrechnung gleichzusetzen. In Analogie zu Gleichung (4-23) erhält man dann für den Fall der unterjährlich-nachschüssigen Tilgung:

$$A = a \cdot \left[m + \frac{i}{2} \cdot (m - 1) \right] \quad \text{mit } a_1 = a_2 = ... = a_m = a \qquad (5\text{-}23).$$

In dieser Gleichung ist **A** die Jahresannuität, und die $a_1 = a_2 = ... = a_m = \mathbf{a}$ sind die konstanten unterjährlichen Annuitäten. **m** ist die Anzahl der Tilgungsperi-oden pro Jahr und **i** ist der Jahreszinssatz der Schuld. Bei Tilgungsproblemen interessiert allerdings weniger die Gleichung (5-23), denn man berechnet A ja nach (5-11). Man kann aber (5-23) bei bekannter Jahres-Annuität A nach a auflösen und erhält so die folgende Bestimmungsgleichung für die konstante unterjährliche Annuität:

$$a = \frac{A}{m + \frac{i}{2} \cdot (m - 1)} \qquad (5\text{-}24).$$

Der Ablauf der Annuitätentilgung mit unterjährlichen Tilgungsraten soll nun an folgendem Beispiel veranschaulicht werden:

<u>Übungsbeispiel 5-4:</u>
Ein aufgenommener Kredit von 5.000.- € soll bei 9% Jahreszinsen in zwei Jahren bei monatlich-nachschüssiger Ratenzahlung durch konstante Annuitäten zurückgezahlt werden.

Es gilt: $S = 5.000$ $n = 2$ $m = 12$ $p = 9\%$ $i = 0,09$ $q = 1,09$.

Nach Gleichung (5-11) berechnet man zunächst die Jahresannuität:

$$A = 5.000 \cdot (1,09)^2 \cdot \frac{(1,09)-1}{(1,09)^2 -1} = 5.000 \cdot 0,5684689$$

$$A = 2.842,3445 \approx 2.842,34$$

Unter Verwendung der Jahresannuität A berechnet man mit (5-24) die Monatsannuität:

$$a = \frac{2.842,34}{12 + \dfrac{0,09}{2} \cdot (12-1)} = \frac{2.842,34}{12,495}$$

$$a = 227,47855 \approx 227,48.$$

Mit dieser monatlichen Tilgungsrate ist der 2-jährige Tilgungsplan wie in Tabelle 5-4 aufzustellen.

Da bei unterjährlicher Annuitätentilgung in jeder Tilgungsperiode die gesamte Annuität als Tilgungsrate verwendet wird, erübrigt es sich, besondere Formeln für die Höhe der Restschuld, der Tilgungsrate oder der Zinsbelastung pro Tilgungsperiode abzuleiten.

Tabelle 5-4:	Tilgungsplan für Übungsbeispiel 5-4.						
Jahr	Monat	Rest-schuld zu Beginn des Monats	Monats-annuität	Tilgungs-rate	Zins-betrag	Rest-schuld am Ende des Monats	Auf die Restschuld am Monatsanfang werden für diesen Monat am Ende des Jahres Zinsen in folgender Höhe belastet
1	1	5.000,00	227,48	227,48		4.772,52	37,50
	2	4.772,52	227,48	227,48		4.545,04	35,79
	3	4.545,04	227,48	227,48		4.317,56	34,09
	4	4.317,56	227,48	227,48		4.090,08	32,38
	5	4.090,08	227,48	227,48		3.862,60	30,68
	6	3.862,60	227,48	227,48		3.635,12	28,97
	7	3.635,12	227,48	227,48		3.407,64	27,26
	8	3.407,64	227,48	227,48		3.180,16	25,56
	9	3.180,16	227,48	227,48		2.952,68	23,85
	10	2.952,68	227,48	227,48		2.725,20	22,15
	11	2.725,20	227,48	227,48		2.497,72	20,44
	12	2.497,72	227,48	-109,92	337,40	2.607,64	18,73 337,40
2	1	2.607,64	227,48	227,48		2.380,16	19,56
	2	2.380,16	227,48	227,48		2.152,68	17,85
	3	2.152,68	227,48	227,48		1.925,20	16,15
	4	1.925,20	227,48	227,48		1.697,72	14,44
	5	1.697,72	227,48	227,48		1.470,24	12,73
	6	1.470,24	227,48	227,48		1.242,76	11,03
	7	1.242,76	227,48	227,48		1.015,28	9,32
	8	1.015,28	227,48	227,48		787,80	7,61
	9	787,80	227,48	227,48		560,32	5,91
	10	560,32	227,48	227,48		332,84	4,20
	11	332,84	227,48	227,48		105,36	2,50
	12	105,36	227,45[1]	105,36	122,09	0,00	0,79 122,09

[1] Die geringfügig abweichende Annuität des letzten Monats beruht auf unvermeidlichen Rundungsungenauigkeiten.

Die Zinsbelastung am Ende des ersten Jahres ergibt sich aus:

$$Z_j = S_j \cdot \frac{i}{m} + (S_j - a) \cdot \frac{i}{m} + (S_j - 2a) \cdot \frac{i}{m} + \ldots + (S_j - [m-1] \cdot a) \cdot \frac{i}{m} \qquad (5\text{-}25).$$

S_j ist in (5-25) die Restschuld zu Beginn des Jahres j, a ist die periodisch konstante Annuität, m ist die Anzahl der Tilgungsperioden pro Jahr und i der nominelle Jahreszinssatz.

Durch Ausklammern von $\dfrac{i}{m}$ und Zusammenfassen der m mal auftretenden Summanden S_j läßt sich (5-25) vereinfachen zu:

$$Z_j = \frac{i}{m} \cdot \left[m \cdot S_j - a \cdot (1 + 2 + 3 + \ldots [m-1]) \right] \qquad (5\text{-}26).$$

Für die in (5-26) enthaltene arithmetische Reihe kann man setzen:

$$1 + 2 + 3 + \ldots + [m-1] = \frac{m-1}{2} \cdot (1 + [m-1]) = \frac{m \cdot [m-1]}{2} \qquad (5\text{-}27).$$

(5-27) läßt sich in (5-26) einsetzen. Man erhält nach Ausklammern von m in (5-26) und anschließendem Kürzen von m:

$$\boxed{Z_j = i \cdot \left(S_j - a \cdot \frac{m-1}{2} \right)} \qquad (5\text{-}28).$$

Werden die unterjährlichen Annuitäten in jeder Periode **vor**schüssig gezahlt, erhält man für die Zinsbelastung eines Jahres j nach analoger Ableitung:

$$Z_j = i \cdot \left(S_j - a \cdot \frac{m+1}{2} \right) \qquad (5\text{-}28a),$$

wobei dieser Fall wegen seiner geringen praktischen Relevanz nicht weiter verfolgt werden soll.

Berechnet man die Zinsen, die am Ende der beiden Jahre des Übungsbeispiels 5-4 zu zahlen sind, dann erhält man mit (5-28):

Für das Jahr 1:

Es gilt: $S_1 = 5.000$ $m = 12$ $a = 227,48$ $i = 0,09$.

Diese Werte werden in (5-28) eingesetzt:

$$Z_1 = 0,09 \cdot \left(5.000,00 - 227,48 \cdot \frac{12-1}{2} \right) = 337,40.$$

Für das Jahr 2:

Es gilt: $S_2 = 2.607,64$ $m = 12$ $a = 227,48$ $i = 0,09$.

Die Berechnung ergibt hier:

$$Z_2 = 0,09 \cdot \left(2.607,64 - 227,48 \cdot \frac{12-1}{2}\right) = 122,09 \ .$$

Die Restschuld S_j am Beginn eines jeden Jahres erhält man, indem man von der Restschuld zu Beginn des Vorjahres, also von S_{j-1}, die m gezahlten Tilgungsraten abzieht und die gemäß (5-28) zu zahlenden Zinsen hinzuaddiert:

$$\boxed{S_j = S_{j-1} - m \cdot a + i \cdot (S_{j-1} - a \cdot \frac{m-1}{2})} \qquad (5\text{-}29).$$

Restschuld zu   *im Vorjahr*   *am Ende des*
Beginn des   *gezahlte Til-*   *Vorjahres zu*
Vorjahres   *gungsraten*   *zahlende Zinsen*

Für <u>Übungsbeispiel 5-4</u> erhält man so mit $S_1 = 5.000$:

$$S_2 = 5.000 - 12 \cdot 227,48 + 0,09 \cdot \left(5.000 - 227,48 \cdot \frac{12-1}{2}\right)$$

$$S_2 = 2.607,64.$$

<u>Übungsaufgabe:</u>
(68) Ein Kredit von 100.000.- € soll bei 8,5% nominellem Jahreszins und jährlich-nachschüssiger Zinsabrechnung in 4 Jahren monatlich nachschüssig durch gleichbleibende Annuitäten getilgt werden.
    (a) Wie hoch ist die Monatsannuität?
    (b) Wie hoch ist die Zinsbelastung am Ende
        des 1.,
        des 2.,
        des 3. und
        des 4. Jahres?

Ein in der Bankpraxis häufig vorkommender Fall von unterjährlicher Annuitätentilgung ist der, bei dem der Schuldner gleichbleibende unterjährliche (z.B. monatliche) Beträge zurückzahlt. Dabei werden die Zinsen mehrfach im Jahr (z.B. vierteljährlich) abgerechnet. Die Zinsperiode ist länger oder höchstens gleich der Tilgungsperiode. Bei Tilgungsproblemen dieser Art ist zu berücksichtigen, daß nach höchstrichterlichem Urteil[1] die Verrechnung der gezahlten Beträge zugunsten der Tilgung sofort bei Zahlung zu erfolgen hat, und daß die Zinsen nur auf die dann übrigbleibende Restschuld erhoben werden dürfen. Zur Veranschaulichung der möglichen Vorgehensweise diene

Übungsbeispiel 5-5:
Ein Kredit über 10.000.- € soll in einem Jahr durch gleichbleibende **monatlich-nachschüssige** Annuitäten getilgt werden. Es wird mit einem nominellen Jahreszinssatz von 10% gearbeitet, wobei die Zinsen aber vierteljährlich-nachschüssig abgerechnet werden.
(a)   Wie hoch ist die monatlich zu erbringende Zahlung?
(b)   Ein Tilgungsplan ist zu erstellen.
(c)   Wie hoch sind die Zinsbelastungen am Ende jeden Quartals?

Dieser spezielle Fall der unterjährlichen Tilgung mit unterjährlicher Zinsabrechnung läßt sich zurückführen auf die entsprechenden unterjährlichen Rentenprobleme des Abschnitts 4.3.4. Aus der dort erläuterten Gleichung (4-29) läßt sich durch einfache Umformung und Anpassung der Symbole an die Tilgungsrechnung die <u>zinsperiodenkonforme Ersatzannuität</u> a^* berechnen als:

$$a^* = S \cdot (q^*)^{m \cdot n} \cdot \frac{(q^*) - 1}{(q^*)^{m \cdot n} - 1}$$

(5-30),

wobei $q^* = (1+i^*)$ der bankübliche **unter**jährliche Aufzinsungsfaktor und m die Zahl der Zinsperioden pro Jahr ist.

Für <u>Übungsbeispiel 5-5</u> erhält man als <u>vierteljahreskonforme Ersatzannuität</u>

mit $q^* = 1 + i^* = 1 + \dfrac{0,10}{4} = 1,025$ $m = 4$ $n = 1$:

$$a^* = 10.000 \cdot (1,025)^{4 \cdot 1} \cdot \frac{(1,025) - 1}{(1,025)^{4 \cdot 1} - 1} = 2.658,1788 \approx 2.658,18$$

Aus der durch (5-30) definierten zinsperiodenkonformen Ersatzannuität wird analog zu den Gleichungen (5-24) bzw. (4-32) die unterjährliche Periodenan-

---

[1] Vgl. das grundlegende Urteil des Bundesgerichtshofes (BGH) vom 24.11.1988 (AZ : III ZR 188/87) und eine Reihe von Folgeurteilen des BGH (10.7.1990, AZ : XI ZR 275/89), des Oberlandesgerichts Hamburg (11.7.1990, AZ : 5U 42/90) und des Landgerichts Dortmund (25.1.1990, AZ : 8 0 539/89).

nuität abgeleitet. Hierbei ist zu beachten, daß pro Zinsperiode c Tilgungsperioden anfallen und für jede Zinsperiode ein unterjährlicher Periodenzinssatz i* unter Verwendung des nominellen Jahreszinssatzes i oder des konformen Zinssatzes k anzusetzen ist. Man erhält hier:

$$a = \frac{a^*}{c + \frac{i^*}{2} \cdot (c-1)} \qquad (5\text{-}31).$$

Für <u>Übungsbeispiel 5-5</u> ergibt sich hier

mit c = 3   i* = 0,025   und   a* = 2.658,18:

$$a = \frac{2.658,18}{3 + \frac{0,025}{2} \cdot (3-1)} = 878,7368 \approx 878,74.$$

Damit läßt sich für <u>Übungsbeispiel 5-5</u> folgender <u>Tilgungsplan</u> aufstellen (alle Werte sind auf 2 Nachkommastellen gerundet):

Tabelle 5-5:	Tilgungsplan für Übungsbeispiel 5-5.						
Jahr	Monat	Restschuld zu Beginn des Monats	Monatsannuität	Tilgungsrate	Restschuld am Ende des Monats	kalkulatorisch berechnete Zinsen	dem Kunden belasteter Zinsbetrag
1	1	10.000,00	878,74	878,74	9.121,26	83,33	
	2	9.121,26	878,74	878,74	8.242,53	76,01	
	3	8.242,53	878,74	650,71	7.591,82	68,69	228,03
	4	7.591,82	878,74	878,74	6.713,08	63,27	
	5	6.713,08	878,74	878,74	5.834,35	55,94	
	6	5.834,35	878,74	710,91	5.123,44	48,62	167,83
	7	5.123,44	878,74	878,74	4.244,70	42,70	
	8	4.244,70	878,74	878,74	3.365,96	35,37	
	9	3.365,96	878,74	772,62	2.593,35	28,05	106,12
	10	2.593,35	878,74	878,74	1.714,61	21,61	
	11	1.714,61	878,74	878,74	835,87	14,29	
	12	835,87	878,74	835,87	0,00	6,97	42,87

In Analogie zu Gleichung (5-28) lassen sich die am Ende einer jeden unterjährlichen Zinsperiode j, wobei j = 1, 2, 3, ..., b, anfallenden Zinsen berechnen
nach:

$$Z_j = \frac{c \cdot i}{m} \cdot \left(S_j - a \cdot \frac{c-1}{2} \right) \qquad (5\text{-}32),$$

wobei sich die Restschuld S_j am Anfang einer Zinsperiode j in Analogie zu
Gleichung (5-29) ermitteln läßt nach:

$$\boxed{S_j = S_{j-1} - c \cdot a + \frac{c \cdot i}{m} \cdot (S_{j-1} - a \cdot \frac{c-1}{2})} \quad (5\text{-}33).$$

Restschuld zu	*in der vorher-*	*Am Ende der vorher-*
Beginn der vor-	*gehenden Zins-*	*gehenden Zinsperiode*
hergehenden	*periode ge-*	*zu zahlende Zinsen*
Zinsperiode	*zahlte Tilguns-*	*gem. (5-32)*
	raten	

Für Übungsbeispiel 5-5 erhält man hier: mit $S_1 = 10.000$

$c = 3$ (Tilgungsperioden pro Quartal)

$m = 12$ (Tilgungsperioden pro Jahr)

$i = 0,10$ (nomineller Jahreszinssatz)

$a = 878,74$ (Monatsannuität).

Unter Verwendung von Gleichung (5-33) werden zunächst die Restschuldbeträge S_j zu Beginn der verschiedenen Quartale berechnet:

$$S_2 = 10.000 - 3 \cdot 878,74 + \frac{3 \cdot 0,1}{12} \cdot (10.000 - 878,74 \cdot \frac{3-1}{2})$$
$$S_2 = 7.591,82$$

$$S_3 = 7.591,82 - 3 \cdot 878,74 + \frac{3 \cdot 0,1}{12} \cdot (7.591,82 - 878,74 \cdot \frac{3-1}{2})$$
$$S_3 = 5.123,44$$

$$S_4 = 5.123,44 - 3 \cdot 878,74 + \frac{3 \cdot 0,1}{12} \cdot (5.123,44 - 878,74 \cdot \frac{3-1}{2})$$
$$S_4 = 2.593,35$$

Bei den Ergebnissen für S_2, S_3 und S_4 sind Rundungsungenauigkeiten wegen der Rundung
von $a = 878,74$ zu berücksichtigen.

Mit diesen Restschuldbeträgen zum Beginn der 4. Zinsabrechnungsquartale erhält man unter
Verwendung der Gleichung (5-32) die Zinsbelastungen am Ende der einzelnen Quartale:

$$Z_1 = \frac{3 \cdot 0,10}{12} \cdot (10.000,00 - 878,74 \cdot \frac{3-1}{2})$$
$$Z_1 = 228,03;$$

$$Z_2 = \frac{3 \cdot 0,10}{12} \cdot (7.591,82 - 878,74 \cdot \frac{3-1}{2})$$

$$Z_2 = 167,83;$$

$$Z_3 = \frac{3 \cdot 0,10}{12} \cdot (5.123,44 - 878,74 \cdot \frac{3-1}{2})$$

$$Z_3 = 106,12;$$

$$Z_4 = \frac{3 \cdot 0,10}{12} \cdot (2.593,35 - 878,74 \cdot \frac{3-1}{2})$$

$$Z_4 = 42,87.$$

5.3.3 Tilgung mit Prozentannuitäten

Das besondere Kennzeichen der Annuitätentilgung ist, wie oben erläutert, daß in jeder Tilgungsperiode eine gleich hohe Annuität gezahlt wird. Dabei ergibt sich jedoch, daß diese Jahres-Annuitäten und unterjährlichen Annuitäten in der Regel keine glatten €-Beträge ausmachen. Die Übungsbeispiele des Abschnitts 5.3 zeigten dies deutlich. Zur Buchungsvereinfachung ist es jedoch oft wünschenswert, daß die Annuitäten runde €-Beträge ausmachen.

Um diesem Wunsche Rechnung zu tragen, bedient man sich, vor allem bei großen Krediten, der Tilgung mit sogenannten Prozentannuitäten. Bei diesen legt man die in ihrer Höhe konstante Annuität als bestimmten Prozentsatz von der ursprünglichen Gesamtschuld fest. Bei der Tilgung von Bauspardarlehen ist es z.b. üblich, die Annuität mit 12% der ursprünglichen Darlehenssumme anzusetzen. In dieser Annuität sind am Anfang üblicherweise 5% Zinsen und 7% Tilgung enthalten. Es wurde allerdings bereits erläutert, daß sich dieses Verhältnis von Zinsen und Tilgung mit fortschreitender Tilgungsdauer grundlegend ändert.

Bei Prozentannuitäten ergibt sich nach einer bestimmten Anzahl von Tilgungsperioden eine Restschuld, die kleiner ist, als ein Annuitätsbetrag. Diese Restschuld wird als sogenannte **Abschlußzahlung** entweder zum gleichen Zeitpunkt bezahlt, wie die letzte Annuität, oder sie wird baldmöglichst im darauffolgenden Jahr unter Berechnung von Zinsen getilgt.

Die Tilgung mit Prozentannuitäten soll an folgendem Zahlenbeispiel veranschaulicht werden:

Übungsbeispiel 5-6:
Ein Bauherr erhält ein Bauspardarlehen von 80.000.- €, das mit 5% jährlichem Darlehenszins belastet wird. Zur Tilgung wird eine nachschüssige Prozentannuität von 12% der Ursprungsschuld vereinbart.

Damit ergibt sich als Annuität:
$$A = 80.000 \cdot 0,12 = 9.600$$

Der Bauherr muß pro Jahr 9.600.- € zurückzahlen. Es ergibt sich für ihn der in Tabelle 5-6 aufgeführte Tilgungsplan.

Tabelle 5-6:   Tilgungsplan für Beispiel 5-6.

Jahr	Restschuld zu Beginn des Jahres	Annuität	Tilgungsrate	5% Zinsen auf die Restschuld	Restschuld am Ende des Jahres	Abschlußzahlung
1	80.000,00	9.600,00	5.600,00	4.000,00	74.400,00	
2	74.400,00	9.600,00	5.880,00	3.720,00	68.520,00	
3	68.520,00	9.600,00	6.174,00	3.426,00	62.346,00	
4	62.346,00	9.600,00	6.482,70	3.117,30	55.863,30	
5	55.863,30	9.600,00	6.806,83	2.793,17	49.056,47	
6	49.056,47	9.600,00	7.147,18	2.452,82	41.909,29	
7	41.909,29	9.600,00	7.504,54	2.095,46	34.404,75	
8	34.404,75	9.600,00	7.879,76	1.720,24	26.524,99	
9	26.524,99	9.600,00	8.273,75	1.326,25	18.251,24	
10	18.251,24	9.600,00	8.687,44	912,56	9.563,80	
11	9.563,80	9.600,00	9.121,81	478,19	441,99	441,99

Die Tilgung mit unterjährlichen prozentualen Tilgungsraten wird wie eine jährliche prozentuale Annuitätentilgung vorgenommen. Auch hier ergibt sich der Betrag der konstanten Annuität als Prozentsatz der Ursprungsschuld. Manche Bauspardarlehen werden z.B. mit 1% pro Monat der ursprünglichen Schuldsumme getilgt. Weitere Einzelheiten entsprechen den Ausführungen des Abschnitts 5.3.2.

Bei der Berechnung von Prozentannuitäten ist die Bestimmung der Laufzeit der Tilgung von besonderer Bedeutung. Die Laufzeit der Tilgung endet dann, wenn die Restschuld gleich Null ist. Die Restschuld am Ende einer beliebigen r-ten Periode läßt sich aber ermitteln aus

$$RS_r = \underbrace{S \cdot q^r}_{} \quad - \quad \underbrace{A \cdot \frac{q^r - 1}{q - 1}}_{} \qquad (5\text{-}34).$$

Auf diesen Betrag wäre die Schuld ohne Tilgung bis zum Ende des r-ten Jahres angewachsen	Endwert aller gezahlten Annuitäten am Ende des r-ten Jahres

Die Tilgung wird so lange fortgesetzt, bis $RS_r = 0$. Für diesen Fall kann (5-34) umgeformt werden zu:

$$0 = S \cdot q^r - A \cdot \frac{q^r - 1}{q - 1}$$

und

$$S \cdot q^r = A \cdot \frac{q^r - 1}{q - 1}$$

Diese Gleichung ist nach der abgelaufenen Laufzeit r aufzulösen. Man erhält:

$$S \cdot q^r \cdot (q\text{-}1) = A \cdot (q^r\text{-}1)$$

und

$$S \cdot q^r \cdot (q\text{-}1) = A \cdot q^r\text{-}A$$

und

$$S \cdot q^r \cdot (q\text{-}1) - A \cdot q^r = \text{-}A.$$

Diese Gleichung wird mit (-1) multipliziert, und auf der linken Seite kann q^r ausgeklammert werden:

$$q^r \cdot [A - S \cdot (q\text{-}1)] = A.$$

Wegen $(q\text{-}1) = i$ ergibt sich weiter:

$$q^r = \frac{A}{A - S \cdot i}.$$

Das Produkt $S \cdot i$ stellt die Zinsbelastung der 1. Rückzahlungsperiode dar. Damit ist die Differenz $(A\text{-}S \cdot i)$ die 1. Tilgungsrate, die mit T_1 bezeichnet wird. Mit diesen Werten kann man die Gleichung schreiben als

$$q^r = \frac{A}{T_1}$$

Diese Gleichung ist nach der Laufzeit r aufzulösen und man erhält:

$$r = \frac{\log(A) - \log(T_1)}{\log(q)} \qquad (5\text{-}35).$$

Für die Daten des Übungsbeispiels 5-6 soll die Laufzeit der Tilgung berechnet werden.

Es gilt: $A = 9.600$ $T_1 = 5.600$ $i = 0,05$ $q = 1,05$.

Man erhält:

$$r = \frac{\log(9.600) - \log(5.600)}{\log(1,05)}$$

r = 11,047

Die Tilgung erfolgt also in 11 ganzen Jahren. Danach bleibt eine Abschlußzahlung übrig.

Die Höhe der Abschlußzahlung ergibt sich aus folgender Überlegung: Man zerlegt die nach (5-35) ermittelte Laufzeit in einen ganzzahligen Bestandteil **g** und einen nicht-ganzzahligen Bestandteil **h**. Damit gilt:

$$r = g + h \qquad \text{mit} \quad 0 \le h \le 1.$$

Bis zum Ende der g-ten Periode sind nur volle Annuitäten gezahlt worden. Damit läßt sich die Höhe der Abschlußzahlung, die mit AZ bezeichnet wird, als die Restschuld nach Zahlung der letzten vollen Annuität, also nach Ablauf des g-ten Jahres in Analogie zu (5-34) berechnen als

$$AZ = S \cdot q^g - A \cdot \frac{q^g - 1}{q - 1} \qquad (5\text{-}36).$$

Die Höhe der Abschlußzahlung soll zur Demonstration für Übungsbeispiel 5-6 berechnet werden.

Es gilt: $S = 80.000$ $A = 9.600$ $q = 1,05$ $g = 11$ $h = 0,047$.

Man kann mit (5-36) berechnen:

$$AZ = 80.000 \cdot (1,05)^{11} - 9.600 \cdot \frac{(1,05)^{11} - 1}{(1,05) - 1} = 136.827,15 - 136.385,16$$

AZ = 441,99.

Wegen der verbreiteten Einführung elektronischer Taschenrechner mit wirtschaftlicher oder finanzmathematischer Ausstattung ist es heute kein Problem mehr, Gleichungen mit Logarithmen wie (5-30) oder andere direkt zu berechnen. Auf die in der Literatur zur Vermeidung der Logarithmierung vorgeschlagenen Näherungsverfahren mit komplizierten Interpolationen kann man deswegen verzichten.

Übungsaufgabe:
(69) Eine Hypothek über 250.000.- € zu 8,5% Jahreszinsen soll mit einer Prozentannuität von 10% der ursprünglichen Schuldsumme getilgt werden.
  (a) Wie hoch ist die jährliche Gesamtbelastung für den Schuldner?
  (b) Wie lange dauert die Tilgung?
  (c) Wie hoch ist die Abschlußzahlung?

5.4 Einige ausgewählte spezielle Tilgungsprobleme

5.4.1 Die Berücksichtigung von Kreditgebühren

In der Praxis ist es üblich, für die Gewährung von Krediten zusätzlich zu den Zinsen eine einmalige Kreditgebühr zu erheben, die der Deckung von Verwaltungskosten, Versicherungsprämien, den Kosten der Kreditwürdigkeitsprüfung und ähnlichen Positionen dient. Diese Kreditgebühren betragen bei kleineren Krediten meist 1% oder 2% der Schuldsumme. Bei Hypotheken sind sie in der Regel wesentlich höher und liegen zwischen 2% und 10%. Sie werden hier als **Damnum** bezeichnet. Die Kreditgebühren lassen sich in die Tilgungsrechnung auf zwei Arten eingliedern:

(1) Der Kredit wird dem Schuldner in voller Höhe ausgezahlt, die Kreditgebühren werden aber dem Schuldkonto sofort belastet, so daß sich die Anfangsschuld zusammensetzt aus dem Kreditbetrag plus Kreditgebühren. Die Kreditgebühr muß hier mitverzinst werden. Diese Behandlung der Kreditgebühren ist bei Kleinkrediten und Anschaffungsdarlehen üblich.

Für die Tilgungsrechnung ergeben sich keine neuen Probleme, wenn man als Schuldsumme S die neue Anfangsschuld verwendet.

(2) Der Kredit wird nicht in voller Höhe ausgezahlt, sondern vom Kreditbetrag wird die Kreditgebühr sofort abgezogen und einbehalten. Der in diesem Fall zu tilgende Schuldbetrag ist der vereinbarte Kreditbetrag. Die Behandlung der Kreditgebühren ist hier im Rahmen der Tilgungsrechnung ebenfalls unproblematisch, weil die Anfangsschuld gleich dem Kreditbetrag ist.

In Tilgungen der 2. Art ist es in manchen Fällen, vor allem bei Hypotheken, üblich, daß der einbehaltene Betrag für Kreditgebühren erheblich ist. So werden z.B. bei einer Hypothek über 100.000.- € bei einem Auszahlungskurs von 93,5 nur 93.500.- € ausgezahlt und somit 6.500.- € als Damnum einbehalten. Da der Bauherr aber diesen Betrag ebenfalls zur Finanzierung seines Bauvorhabens benötigt, muß entweder der Kreditbetrag so hoch gewählt werden, daß netto 100.000.- € ausgezahlt werden können. In unserem Beispiel wäre das bei einer Hypothekenschuld von ca. 107.000.- € möglich. Oder die durch das Damnum entstehende Finanzierungslücke müßte durch ein gesondertes Zusatzdarlehen abgedeckt werden, das man meist als Tilgungsstreckungsdarlehen bezeichnet.

5.4.2 Die Berücksichtigung tilgungsfreier Perioden

Häufig wird, vor allem bei sehr großen Darlehen, die Tilgung am Anfang der Kreditlaufzeit für einige Perioden ausgesetzt.

Übungsbeispiel 5-7:
Die BR Deutschland gewährt dem Entwicklungsland A einen Kredit über 100 Millionen € zu 2% Zinsen. Die Tilgung soll nach 10 tilgungsfreien Jahren mit nachschüssigen Prozentannuitäten von jährlich 5% der Ursprungsschuld erfolgen.

Soll für ein derartiges Problem ein Tilgungsplan aufgestellt werden, muß man sich vergegenwärtigen, daß in den ersten tilgungsfreien Perioden die ursprüngliche Schuld mit Zinsen belastet wird, daß sie sich also vergrößert auf den verschobenen Schuldbetrag S_v zu Beginn der Tilgung. Aus der Zinseszinsrechnung ist bekannt, daß S_v berechnet wird nach

$$S_v = S \cdot q^t \qquad (5\text{-}37),$$

wobei S den ursprünglich vereinbarten Kreditbetrag und t die Anzahl der tilgungsfreien Perioden angibt.

Für das Übungsbeispiel 5-7 erhält man den in Tabelle 5-7 wiedergegebenen Tilgungsplan.

Tabelle 5-7:   Tilgungsplan für Übungsbeispiel 5-7.

Jahr	Restschuld zu Beginn des Jahres	Annuität 5% von 100 Mio.	Tilgungsrate	Zinsanteil	Restschuld am Ende des Jahres
1	100.000.000,00				102.000.000,00
.					
.					
.					
10	119.509.256,90				121.899.442,00
11	121.899.442,00	5.000.000,00	2.562.011,16	2.437.988,84	119.337.430,84
12	119.337.430,84	5.000.000,00	2.613.325,38	2.386.748,62	116.724.179,46
.					
.					
.					
43	8.589.298,59	5.000.000,00	4.828.214,03	171.785,97	3.761.084,56
44	Abschlußzahlung: 3.761.084,56 + eventuelle Zinsen				

Bei einem Kredit wie in Übungsbeispiel 5-7 würde die Abschlußzahlung wahrscheinlich am Ende des 44. Jahres vorgenommen. Der Betrag von 3.761.084,56 € müßte dann noch für ein Jahr mit 2% aufgezinst werden, so daß am Ende des 44. Jahres insgesamt 3.836.306,25 € aufzubringen wären.

Eine andere Variante einer Tilgung mit tilgungsfreien Perioden besteht darin, daß der Schuldner zunächst für eine bestimmte Zahl von Perioden keine Tilgungsraten erbringt, daß er aber die fälligen Zinsen bezahlt. Typisches Beispiel hierfür sind Zwischenkredite zur Zwischenfinanzierung von Bauspardarlehen. Durch dieses Vorgehen erhöht sich die Kreditsumme bis zum Beginn der eigentlichen Tilgung nicht. Demnach ist der Tilgungsplan unter Berücksichtigung der verschobenen Zeitpunkte ohne Schwierigkeiten aufzustellen. Eine für die Praxis besonders wichtige Variante der Tilgung mit tilgungsfreien Perioden ergibt sich oft aus dem in Abschnitt 5.4.1 bereits angesprochenen Tilgungsstreckungsdarlehen. Diese werden gewährt, um Finanzierungslücken zu schließen, die durch einbehaltene Kreditgebühren entstanden sind. Das besondere an Tilgungsstreckungsdarlehen ist nun, daß diese vor der eigentlichen Schuld zurückgezahlt werden müssen. Um die finanziellen Kapazitäten des Schuldners aber nicht zu überfordern, wird für die Zeit der Tilgung des Tilgungsstreckungsdarlehens die Tilgung des Hauptdarlehens, meist einschließlich der Zinszahlungen darauf, ausgesetzt. Die Tilgung des Hauptdarlehens einschließlich der eventuell bis dahin angefallenen Zinsen beginnt in dem Zeitpunkt, in dem das Tilgungsstreckungsdarlehen vollständig zurückgezahlt ist.

Übungsbeispiel 5-8:
Für eine Eigenheimfinanzierung nimmt ein Bauherr eine Hypothek über 100.000.- € auf, die er zu 7,75% Jahreszins bei einem Auszahlungskurs von 92,5 erhält. Die Hypothek ist mit einer Prozentannuität von 10% der Hypothekensumme jährlich-nachschüssig zu tilgen. Zur Überbrückung des einbehaltenen Damnums wir ein Tilgungsstreckungsdarlehen bei 8,5% Jahreszins gewährt, das durch eine 2-jährige nachschüssige Annuitätentilgung vorab zurückgezahlt werden muß. Für die Zeit der Tilgung des Tilgungsstreckungsdarlehens erfolgen keine Zahlungen für Tilgung und Zinsen für die Hypothek. Es ergibt sich der in Tabelle 5-8 aufgeführte Tilgungsplan.

Tabelle 5-8: Tilgungsplan für Übungsbeispiel 5-8.

Schuld aus	Jahr	Restschuld zu Beginn des Jahres	Annuität	Tilgungs- rate	Zinsen	Restschuld am Ende des Jahres
Tilgungs- streckungs- darlehen	1	7.500,00	4.234,62	3.597,12	637,50	3.902,88
	2	3.902,88	4.234,62	3.902,88	331,74	0,00
Hypothek	3	116.100,63	10.000,00	1.002,20	8.997,80	115.098,43
	4	115.098,43	10.000,00	1.079,87	8.920,13	114.018,56
	.					
	.					
	.					
	32	16.376,27	10.000,00	8.730,84	1.269,16	7.645,43
	33	7.645,43	8.237,95[1]	7.645,43	592,52	0,00

Anmerkung:
[1] Abschlußzahlung einschließlich Zinsen am Abschluß des 33. Jahres

Übungsaufgabe:

(70) Ein Bauherr muß zur Finanzierung seines Bauvorhabens folgende Fremdmittel aufnehmen:

(1) Eine I. Hypothek von 70.000.- € zu 8,5% Jahreszinsen bei einem Auszahlungskurs von 94. Es wird ein Tilgungsstreckungsdarlehen zu 10% für das Damnum gewährt. Die Tilgung der Hypothek einschließlich der Zinszahlung wird für ein Jahr ausgesetzt, in dem das Tilgungsstreckungsdarlehen zurückgezahlt wird. Die Tilgung der Hypothek erfolgt danach mit einer 10%-igen Prozentannuität.

(2) Ein Bauspardarlehen in Höhe von 60.000.- € zu 5% Jahreszins. Tilgung ab sofort mit 12%-iger Prozentannuität.

Wie hoch wird für den Bauherrn in den verschiedenen Jahren die finanzielle Belastung durch die Rückzahlungsverpflichtungen? Die Abschlußzahlungen sollen aufgezinst und am Ende des Jahres getätigt werden, das der Zahlung der letzten vollen Annuität folgt.

6 Berechnung von Kurs und Effektivverzinsung

6.1 Der Zusammenhang zwischen Kurs und Effektivverzinsung

Bei einigen Investitions- und Finanzierungsproblemen spielen die Begriffe "Kurs" und "Effektivverzinsung" eine besondere Rolle, so beispielsweise bei Wertpapieren, Anleihen, Anschaffungsdarlehen, Hypotheken und Kleinkrediten. Bei Anschaffungsdarlehen z.B. ist folgendes Verfahren üblich: Es wird nicht die zu einem bestimmten Zinssatz vereinbarte Kreditsumme ausgezahlt, sondern ein darunter liegender Betrag von beispielsweise 98%. Dennoch werden aber Zinsen und Tilgung vom vereinbarten Kreditbetrag berechnet. Dies führt für den Darlehensnehmer zu einer über dem vereinbarten Zinssatz liegenden effektiven Zinsbelastung (Effektivverzinsung), während andererseits der Darlehensgeber einen über dem vereinbarten Zinssatz liegenden Zinsbetrag (Rendite) erzielt. Ebenso fallen bei Anleihen, Hypothekendarlehen, Kleinkrediten sowie der Ausgabe von Wertpapieren zumeist Kreditbetrag und Verfügungsbetrag auseinander.

Die Konsequenzen aus dem oben genannten Vorgehen verdeutlicht das folgende Beispiel: Ein Student der Betriebswirtschaftslehre hat ein Wertpapier erworben, das auf 100.- € lautet und eine Verzinsung von 6% bringt. Das Wertpapier besitzt also einen Nennwert von 100.- € und eine Nominalverzinsung, d.h. eine auf den Nennwert bezogene Verzinsung von 6%. Die Zinsen werden jeweils am Jahresende, also nachschüssig gezahlt, und zwar für insgesamt 5 Jahre. Nach Ablauf von 5 Jahren gibt der Student das Wertpapier zurück und er erhält dafür genau 100.- €; das Wertpapier wird also zum Nennwert zurückgekauft.

Der Erwerb des Wertpapiers mit einem Nennwert von 100.- € und einer Nominalverzinsung von 6% bei einer Laufzeit von 5 Jahren stellt für den Studenten eine Investition dar. Diese Investition bringt 5 Jahre jeweils nachschüssig Zinseinnahmen von 6.- € (6% von 100.- €) sowie am Ende des fünften Jahres eine Einnahme von 100.- € aus der Rückzahlung des Wertpapiers; die Zinszahlungen stellen also eine nachschüssige Rente dar. Der Barwert aller Einnahmen aus der Wertpapier-Investition läßt sich unter Verwendung der Rentenrechnung - Berechnung des nachschüssigen Rentenbarwerts - und unter Verwendung der Zinsrechnung - Berechnung des Barwerts des Rückzahlungsbetrages - bestimmen. Dieser Barwert der Einnahmen beträgt unter Berücksichtigung der vereinbarten Nominalverzinsung von 6%

$$K_0 = 6 \cdot \frac{1}{1,06^5} \cdot \frac{1,06^5 - 1}{1,06 - 1} + 100 \cdot \frac{1}{1,06^5} = 100.$$

Der Barwert der Einnahmen unter Berücksichtigung der Nominalverzinsung entspricht also dem Nennwert des Wertpapiers.

Hat der Student das Wertpapier für den unter Verwendung der Nominalverzinsung berechneten Barwert der Einnahmen von 100.- € erworben, also zum Nennwert des Wertpapiers, so bringt ihm diese Investition mit den Einnahmen von 6.- € pro Jahr und einer Einnahme von 100.- € am Ende der Investitionsdauer eine Verzinsung des eingesetzten Kapitals bzw. eine Rendite von 6%; das Kapital verzinst sich also zum Nominalzinssatz. Wünscht der Student jedoch eine über der Nominalverzinsung liegende tatsächliche Verzinsung (Effektivverzinsung, Rendite), so wird er bei den gegebenen Einnahmen der Investition nur zu einem Preis unter 100.- € bereit sein, das Wertpapier zu kaufen. Ist der Student andererseits mit einer Rendite unter der Nominalverzinsung zufrieden, so wird er mehr als 100.- € für das Wertpapier zahlen.

Angenommen der Student wünscht eine tatsächliche Verzinsung von 8%. Er wird dann nicht den Nennwert von 100.- € bezahlen, der dem unter Verwendung der Nominalverzinsung berechneten Barwert der Einnahmen entspricht; vielmehr wird er als Kaufpreis nur den geringeren, unter Berücksichtigung der gewünschten Effektivverzinsung errechneten Barwert der gegebenen Einnahmen der Wertpapier-Investition akzeptieren. Dieser Barwert beträgt

$$K_0' = 6 \cdot \frac{1}{1,08^5} \cdot \frac{1,08^5 - 1}{1,08 - 1} + 100 \cdot \frac{1}{1,08^5} = 92,01.$$

Wird das Wertpapier mit einem Nennwert von 100.- € und einer Nominalverzinsung von 6% zu einem Kaufpreis von 92,01 € erworben, so bringt dieses Wertpapier eine tatsächliche Verzinsung bzw. Rendite von 8%. Wird nämlich für 92,01 € ein Wertpapier mit den oben genannten feststehenden Einnahmen gekauft, so beträgt der Endwert dieser Investition unter Berücksichtigung eines Zinssatzes von 8% nach 5 Jahren

$$K_n = 6 \cdot \frac{1,08^5 - 1}{1,08 - 1} + 100 = 135,20 \, .$$

Ebenso führt aber auch eine Anlage des Geldes zu 8% auf dem Sparkonto nach 5 Jahren zu einem Endwert von

$$K_n = 92,01 \cdot 1,08^5 = 135,20 \, .$$

Der Endwert einer Anlage zu 8% auf dem Sparkonto und der Endwert der Wertpapier-Investition sind gleich, also muß auch die Effektivverzinsung bzw. die Rendite der beiden Anlagemöglichkeiten gleich sein.

Aus dem Nennwert eines Wertpapiers und aus dem unter Berücksichtigung der Effektivverzinsung berechneten Barwert der Einnahmen läßt sich der Kurs eines Wertpapiers ermitteln. Der Kurs ergibt sich dadurch, daß der unter Verwendung der Effektivverzinsung berechnete Barwert der Einnahmen auf den Nennwert bezogen wird. Da im vorliegenden Beispiel der Nennwert 100.- € beträgt, stimmt der Kurs des Wertpapiers mit dem unter Berücksichtigung der Effektivverzinsung berechneten Barwert der Einnahmen überein und beträgt 92,01. Wird das Wertpapier mit dem Nennwert von 100.- € und einer Nominalverzinsung von 6% zu einem Kurs von 92,01 erworben, so führt dies zu der gewünschten Effektivverzinsung von 8%.

Das bisher Gesagte wird nun verallgemeinert: Jede Kapitalschuld (Kredit) bzw. jedes Kapitalguthaben (Kapitalforderung) besitzt einen Nennwert bzw. ein Nominalkapital und eine Nominalverzinsung. Die Nominalverzinsung ist die auf den Nennwert bzw. das Nominalkapital bezogene, vereinbarte, festgelegte Verzinsung. Der Nennwert bzw. das Nominalkapital ist die vereinbarte Schuldsumme und entspricht dem unter Verwendung der Nominalverzinsung berechneten Barwert aller Leistungen einer Kapitalschuld bzw. eines Kapitalguthabens. Darüber hinaus kann ein Wert bestimmt werden, der üblicherweise

Realkapital genannt wird. Das Realkapital einer Kapitalschuld bzw. eines Kapitalguthabens ist der unter Verwendung der Effektivverzinsung berechnete Barwert aller Leistungen. Werden die Symbole

K_0 für das Nominalkapital,

K'_0 für das Realkapital und

C_0 für den Kurs

verwendet, so ergibt sich der Kurs einer Kapitalschuld bzw. eines Kapitalguthabens aus

$$C_0 = \frac{K'_0}{K_0} \cdot 100.$$

Der Kurs einer Kapitalschuld bzw. eines Kapitalguthabens ist also der unter Verwendung der Effektivverzinsung errechnete Barwert aller zukünftigen Leistungen, bezogen auf ein Nominalkapital von 100.- €.

Üblicherweise wird die Berechnung eines Kurses insofern vereinfacht, als man von einem Nominalkapital von 100.- € ausgeht. In diesem Fall braucht das Realkapital nicht auf das Nominalkapital bezogen zu werden; vielmehr entspricht das Realkapital bereits dem Kurs. Es gilt bei $K_0 = 100$ also $C_0 = K'_0$.

Im obigen Beispiel - Wertpapier mit einem Nennwert von 100.- € und einer Nominalverzinsung von 6% - beträgt der Kurs bei einer Effektivverzinsung von 8% genau 92,01. Bei einer über der Nominalverzinsung liegenden Effektivverzinsung muß der Kurs immer geringer als 100 sein. Andererseits muß dann aber der Kurs bei einer Effektivverzinsung unter der Nominalverzinsung größer als 100 sein. Im obigen Beispiel ergibt sich z.B. bei einer Effektivverzinsung von 5% ein Realkapital von

$$K'_0 = 6 \cdot \frac{1}{1,05^5} \cdot \frac{1,05^5 - 1}{1,05 - 1} + 100 \cdot \frac{1}{1,05^5} = 104,33.$$

Der Kurs beträgt folglich bei einer Effektivverzinsung von 5% 104,33 und liegt, da die Effektivverzinsung geringer als die Nominalverzinsung ist, über 100.

Besitzt eine Kapitalschuld bzw. ein Kapitalguthaben mit einem bestimmten Nominalkapital und einer darauf bezogenen, festgelegten Nominalverzinsung einen von 100 abweichenden Kurs, so sind Nominalverzinsung und Effektivverzinsung verschieden. Dabei liegt bei einem Kurs unter 100 die Effektivverzinsung über der Nominalverzinsung und bei einem Kurs über 100 die Effektivverzinsung unter der Nominalverzinsung. Zu einem bestimmten Kurs gehört bei einem gegebenen Nominalkapital und festgelegter Nominalverzinsung eine bestimmte Effektivverzinsung. Mit Hilfe eines bestimmten Kurses ist es möglich, unter Verwendung einer "glatten" Nominalverzinsung kleinste Abstufungen der Effektivverzinsung zu erzielen.

Aufgrund der Abhängigkeit zwischen Kurs und Effektivverzinsung existieren zwei Berechnungsmöglichkeiten:
- Einerseits kann der Kurs berechnet werden, der zu einer gewünschten Effektivverzinsung führt.
- Andererseits kann aber auch die Effektivverzinsung bestimmt werden, die sich aufgrund eines gegebenen Kurses ergibt.

Der Begriff der Effektivverzinsung entspricht dem in der Investitionsrechnung gebräuchlichen Begriff des internen Zinsfußes. Dies kann unabhängig davon, daß sowohl die Effektivverzinsung als auch der interne Zinsfuß als tatsächliche Verzinsung des eingesetzten Kapitals bezeichnet werden, wie folgt verdeutlicht werden:
Der Kurs einer Kapitalschuld bzw. eines Kapitalguthabens entspricht bei einem Nominalkapital von 100.- € dem unter Verwendung der Effektivverzinsung errechneten Barwert aller Leistungen. Diese Leistungen sind bei einem Kapitalguthaben (Investitionsproblem) Einnahmen und bei einer Kapitalschuld (Finanzierungsproblem) Ausgaben. Wird die Investition mit Anschaffungsausgaben durchgeführt, die dem Kurs entsprechen, so ist der Barwert der Einnahmen gleich dem Barwert der Ausgaben. Bringt andererseits die Finanzierung eine dem Kurs entsprechende Anfangseinnahme, so sind auch hier der Barwert der Einnahmen und der Barwert der Ausgaben gleich. In jedem Fall entspricht also der Barwert der Einnahmen dem Barwert der Ausgaben. Folglich ist der Kapitalwert als Differenz der beiden Barwerte gleich Null. Die Effektivverzinsung führt also dann, wenn die Anschaffungsausgabe einer Investition bzw. die Anfangseinnahme einer Finanzierung dem Kurs des Kapital-

guthabens bzw. der Kapitalschuld entsprechen, zu einem Kapitalwert von Null. Damit entspricht die Effektivverzinsung aber dem internen Zinsfuß; denn als interner Zinsfuß gilt jener Zinsfuß, der zu einem Kapitalwert von Null führt.

6.2 Kurs und Effektivverzinsung bei verschiedenen Arten von Kapitalschulden

6.2.1 Kurs und Effektivverzinsung einer Zinsschuld

Eine Zinsschuld stellt eine Schuld dar, die zu einem vereinbarten Zeitpunkt in einem Betrag zurückzuzahlen ist (**Gesamtfälligkeits-Darlehen**). Während der Laufzeit einer Zinsschuld fallen lediglich Zinszahlungen an, wobei diese Zinsen im folgenden immer als nachschüssig zahlbar gelten sollen.

6.2.1.1 Jährliche Zinsschuld ohne Aufgeld

Zunächst wird vom einfachsten Fall einer Zinsschuld ausgegangen, nämlich davon, daß die vereinbarten Nominalzinsen einmal pro Jahr nachschüssig fällig sind und die Rückzahlung der Schuld zum Nennwert erfolgt. Dieser Fall entspricht dem obigen Wertpapier-Beispiel aus Abschnitt 6.1. Wird allgemein von einem Nominalkapital von 100.- €, einer Laufzeit von n Jahren und einer Nominalverzinsung von p% ausgegangen, so sind in diesem Fall der Zinsschuld während eines Zeitraums von n Jahren nachschüssig pro Jahr p € Zinsen und nach n Jahren das Nominalkapital von 100.- € zu zahlen. Graphisch kann diese Zinsschuld anhand eines Zeitstrahls wie folgt dargestellt werden:

Abb. 6-1:   Zeitstrahl einer Zinsschuld mit einer Nominalverzinsung von p% bei einer Rückzahlung zum Nennwert von 100.- €.

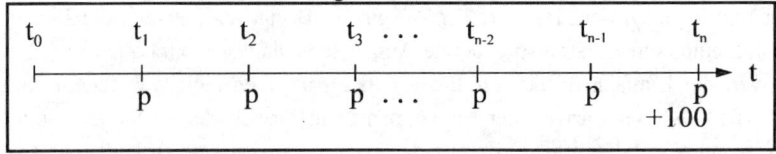

Bei einem Nominalkapital von 100.- € entspricht der Kurs dem unter Verwendung der Effektivverzinsung errechneten Realkapital. Im folgenden werden

- der Effektivzinssatz für 100.- € mit p'
- der Effektivzinssatz für 1.- € mit i' und
- der Zinsfaktor $q = 1+i$ mit $q'= 1+i'$ bezeichnet, sofern er unter Verwendung der Effektivverzinsung ermittelt wird.

Die bisher üblichen Symbole p, i und q beziehen sich jeweils auf die Nominalverzinsung. Für den auf eine bestimmte Effektivverzinsung p' bezogenen Kurs einer Zinsschuld bei jährlicher Verzinsung und Rückzahlung zum Nennwert gilt dann:

$$C_0 = p \cdot \frac{1}{q'^n} \cdot \frac{q'^n - 1}{q' - 1} + 100 \cdot \frac{1}{q'^n} \qquad (6\text{-}1).$$

Es sind also die jährlichen Zinszahlungen p sowie die Rückzahlung von 100.- € am Ende der Laufzeit unter Verwendung der gewünschten Effektivverzinsung p' auf den Anfangszeitpunkt der Zinsschuld abzuzinsen, d.h. es ist der Barwert aller Leistungen der Zinsschuld unter Verwendung der Effektivverzinsung p' zu berechnen.

Die Kursformel (6-1) kann vereinfacht werden, wenn für den nachschüssigen Rentenbarwertfaktor das Symbol f_n eingeführt wird, wenn also unter Verwendung der Effektivverzinsung i'

$$\frac{1}{q'^n} \cdot \frac{q'^n - 1}{q' - 1} = f_n$$

gesetzt wird. Der Index des Symbols f_n bzw. f'_n drückt jeweils die Laufzeit n der Rente aus. Unter Verwendung dieses Symbols ergibt sich der Kurs einer Zinsschuld aus

$$C_0 = p \cdot f'_n + 100 \cdot \frac{1}{q'^n} \qquad (6\text{-}2).$$

Ein Wertpapier besitzt bei jährlicher Zinszahlung eine Nominalverzinsung von 6,5% und wird nach 8 Jahren zum Nennwert zurückgezahlt. Zu welchem Kurs muß das Wertpapier ausgegeben werden, wenn es über eine Effektivverzinsung von 8% bzw. von 5,5% verfügen soll?

Der Barwert sämtlicher Leistungen beträgt unter Verwendung einer Effektivverzinsung von $p' = 8\%$

$$K_0' = 6{,}5 \cdot \frac{1}{1{,}08^8} \cdot \frac{1{,}08^8 - 1}{1{,}08 - 1} + 100 \cdot \frac{1}{1{,}08^8} = 91{,}38 \ .$$

Der Kurs C_0 muß also 91,38 betragen, wenn eine Effektivverzinsung von 8% erreicht werden soll. Bei einer gewünschten Effektivverzinsung von 5,5% beträgt der Kurs dagegen

$$K_0' = 6{,}5 \cdot \frac{1}{1{,}055^8} \cdot \frac{1{,}055^8 - 1}{1{,}055 - 1} + 100 \cdot \frac{1}{1{,}055^8} = 106{,}33 \ .$$

Mit dem Kurs einer Zinsschuld ist jener Preis bestimmt, den ein Darlehensgeber verlangt bzw. ein Darlehensnehmer bezahlt, wenn bei einer gegebenen Nominalverzinsung eine bestimmte Effektivverzinsung erreicht werden soll. Oft stellt sich jedoch das umgekehrte Problem, daß nämlich der Kurs einer Zinsschuld mit festgelegter Nominalverzinsung gegeben ist und die Effektivverzinsung zu bestimmen ist, zu der der gegebene Kurs bei der festgelegten Nominalverzinsung führt. In diesem Fall ist die obige Kursformel (6-1) nach q' bzw. nach i' aufzulösen. Hierbei ergibt sich durch eine Ausklammerung des Abzinsungsfaktors zunächst

$$\frac{1}{q'^n} \cdot \left(p \cdot \frac{q'^n - 1}{q' - 1} + 100 \right) = C_0 \ .$$

Da für den nachschüssigen Rentenendwertfaktor nach den Regeln der geometrischen Reihen gilt

$$\frac{q'^n - 1}{q' - 1} = 1 + q' + q'^2 + q'^3 + \ldots + q'^{n-1} \ ,$$

ergibt eine weitere Umformung der Kursformel

$$\frac{1}{q'^n} \cdot (p \cdot [1 + q' + q'^2 + q'^3 + \ldots + q'^{n-1}] + 100) = C_0.$$

Nach einigen weiteren Umformungen ergibt sich schließlich die Gleichung

$$C_0 q'^n - pq'^{n-1} - pq'^{n-2} - \ldots - pq' - p - 100 = 0 \qquad (6\text{-}3).$$

Die Auflösung der Kursformel (6-1) zur Bestimmung der Effektivverzinsung führt also zu einer Gleichung vom Grade n, wobei n der Laufzeit der Zinsschuld entspricht. Gleichungen vom Grade n > 4 lassen sich, von Spezialfällen abgesehen, nur noch näherungsweise lösen; eine allgemeine Lösungsformel existiert nicht mehr.

Die näherungsweise Bestimmung der Effektivverzinsung ist nach jenem Verfahren möglich, nach dem auch in der Investitionsrechnung zur Bestimmung des internen Zinsfußes vorgegangen wird. Danach sind iterativ zwei Zinssätze i^o und i^u so zu bestimmen, daß sich bei i^o ein über dem gegebenen Kurs C_0 liegender Wert C^o und bei i^u ein unter dem gegebenen Kurs C_0 liegender Wert C^u ergeben. Durch lineare Interpolation ergibt sich entsprechend (3-28) die Effektivverzinsung aus

$$i' = i^o - \frac{(C^o - C_0) \cdot (i^o - i^u)}{C^o - C^u} \qquad (6\text{-}4).$$

Neben der Bestimmung der Effektivverzinsung durch lineare Interpolation kann auch eine Berechnung nach dem Newton'schen Verfahren erfolgen. In diesem Fall ergibt sich entsprechend (3-30) die Effektivverzinsung aus

$$i' = i_1 - \frac{C_0(i_1)}{C_0'(i_1)} \qquad (6\text{-}5),$$

wobei der Zinssatz i_1 iterativ so bestimmt werden kann, daß $C_0(i_1)$ nahe bei Null liegt.

In der Praxis ist die Anwendung eines anderen approximativen Verfahrens üblich, das als "Näherungsverfahren" bezeichnet werden soll. Es basiert auf der einfachen Zinsrechnung. Zur Erläuterung dieses Verfahrens wird von einem Wertpapier ausgegangen, das über eine Nominalverzinsung von 5,5%, eine Laufzeit von 10 Jahren und einen Kurs von 94 verfügt; die Rückzahlung erfolgt zum Nennwert. Die näherungsweise Bestimmung der Effektivverzinsung erfolgt in zwei Schritten:

In einem ersten Schritt werden die Nominalzinsen p als Zinsen aus dem Realkapital $K'_0 = C_0$ aufgefaßt. Man geht davon aus, daß aufgrund eines Kapitals von $C_0 = 94$ jährlich der Nominalverzinsung entsprechend p = 5,50 Zinsen gezahlt werden. Damit wird von einer einfachen Verzinsung des Kapitals ausgegangen; Zinsen auf Wertpapierzinsen und folglich Zinseszinsen bleiben unberücksichtigt. Bei einem Kapital von 94.- € werden jährlich 5,50 € Zinsen gezahlt, sofern ein Zinssatz von

$$\frac{p}{C_0} = \frac{5,50}{94} \cdot 100 = 5,85$$

vereinbart ist.

In einem zweiten Schritt wird beim Näherungsverfahren die Tatsache berücksichtigt, daß das Wertpapier zu einem vom Rückzahlungsbetrag abweichenden Kurs erworben wird. Dies geschieht dadurch, daß die Differenz zwischen dem Rückzahlungsbetrag von 100.- € und dem Ausgabekurs C_0 gleichmäßig auf die Laufzeit n verteilt wird. Teilweise wird hierbei insofern noch eine Relativierung vorgenommen, als das Ergebnis auf den von 100 abweichenden Ausgabekurs bezogen wird. Wird das Ergebnis dieser Rechnung dem im ersten Schritt ermittelten Ergebnis hinzugefügt, ergibt sich die Effektivverzinsung. Im vorliegenden Beispiel führt die Rechnung zu einem Ergebnis von

$$p' = 5{,}85 + \frac{100 - C_0}{n} = 5{,}85 + \frac{100 - 94}{10}$$
$$= 5{,}85 + 0{,}6 = 6{,}45 \, ;$$

bzw.

$$p' = 5{,}85 + \frac{\dfrac{100 - C_0}{n}}{C_0} \cdot 100 = 5{,}85 + \frac{\dfrac{100 - 94}{10}}{94} \cdot 100$$
$$= 5{,}85 + 0{,}638 = 6{,}488 \, ;$$

die Effektivverzinsung beträgt also ungefähr 6,45% (bzw. 6,49%).

Die Effektivverzinsung kann nunmehr nach dem Näherungsverfahren aus dem Ausdruck

$$p' = \frac{p}{C_0} \cdot 100 + \frac{100 - C_0}{n} \qquad (6\text{-}6)$$

bzw.

$$p' = \frac{p + \dfrac{100 - C_0}{n}}{C_0} \cdot 100 \qquad (6\text{-}7)$$

berechnet werden. Sofern z.B. bei Wertpapieren eine "lange" Laufzeit vorliegt, wird in der Praxis die Differenz zwischen dem Rückzahlungsbetrag und dem Auszahlungskurs vernachlässigt und vereinfachend von der Formel

$$p' = \frac{p}{C_0} \cdot 100 \qquad (6\text{-}8)$$

ausgegangen. Allerdings stellen die Formeln (6-6), (6-7) und (6-8) lediglich "Faustformeln" dar, bei denen die Wirkung von Zinseszinsen unberücksichtigt

bleibt. Im obigen Beispiel ergibt sich beispielsweise bei einer Effektivverzinsung von $p' = 6,45\%$ ein Kurs von

$$C_0 = 5,5 \cdot \frac{1}{1,0645^{10}} \cdot \frac{1,0645^{10} - 1}{1,0645 - 1} + 100 \cdot \frac{1}{1,0645^{10}}$$
$$= 93,15.$$

Tatsächlich beträgt der gegebene Kurs jedoch $C_0 = 94$. Der nach dem Näherungsverfahren approximativ berechnete Wert für die Effektivverzinsung ist
also wegen der Nichtberücksichtigung von Zinseszinsen ungenau. Die Effektivverzinsung muß unter 6,45% liegen, da der Kurs bei einer Verzinsung von
6,45% unter dem gegebenen Kurs von $C_0 = 94$ liegt und eine Kurserhöhung zu
einer Zinssatzsenkung führt.

Sofern eine verfeinerte Berechnung der Effektivverzinsung unter Berücksichtigung von Zinseszinsen verlangt wird, kann das nach dem Näherungsverfahren
errechnete Ergebnis Ausgangspunkt weiterer Berechnungen sein. Unter Verwendung der Kursformel (6-1) wird hierbei für zwei verschiedene Zinssätze,
von denen der eine etwas unter der nach dem Näherungsverfahren berechneten
Lösung liegt und der andere etwas darüber, jeweils der entsprechende Kurs
bestimmt. Auf der Grundlage dieser Kurse und den entsprechenden Zinssätzen
sowie unter Berücksichtigung des gegebenen Kurses kann dann durch lineare
Interpolation die Effektivverzinsung bestimmt werden.

Im obigen Beispiel ergab das Näherungsverfahren eine erste Näherungslösung
von $p' = 6,45\%$. Zur Verfeinerung der Berechnung unter Berücksichtigung von
Zinseszinsen wird davon ausgegangen, daß die Effektivverzinsung zwischen
6% und 6,5% liegt. Bei einem Zinssatz von 6% ergibt sich ein Kurs von

$$C_0 = 5,5 \cdot \frac{1}{1,06^{10}} \cdot \frac{1,06^{10} - 1}{1,06 - 1} + 100 \cdot \frac{1}{1,06^{10}} = 96,32$$

und bei einem Zinssatz von 6,5% ein Kurs von

$$C_0 = 5,5 \cdot \frac{1}{1,065^{10}} \cdot \frac{1,065^{10} - 1}{1,065 - 1} + 100 \cdot \frac{1}{1,065^{10}} = 92,81 \,.$$

Die Effektivverzinsung bei einem Kurs von $C_0 = 94$ läßt sich nun durch lineare Interpolation ermitteln. Aus der Relation

$$\frac{96,32 - 94}{96,32 - 92,81} = \frac{6 - p'}{6 - 6,5}$$

ergibt sich durch Auflösung nach p' die Effektivverzinsung von $p' = 6,33\%$. Auch diese Lösung ist ebenso wie das nach dem Näherungsverfahren ermittelte Ergebnis nur eine Näherungslösung, da die Berechnung aufgrund einer linearen Interpolation erfolgt. Das Ergebnis ist aber wesentlich genauer, wie eine Berechnung des Kurses bei einer Effektivverzinsung von $p' = 6,33\%$ zeigt; der Kurs beträgt in diesem Fall nämlich $C_0 = 93,98$ und weicht kaum vom gegebenen Kurs von 94 ab.

Die Berechnung der Effektivverzinsung nach dem Näherungsverfahren beruht auf der einfachen Zinsrechnung. Weitere Verzinsungen der Leistungen einer Kapitalschuld bzw. eines Kapitalguthabens werden nicht berücksichtigt. Dies ist sicherlich unrealistisch. Wird bei der näherungsweisen Bestimmung der Effektivverzinsung von der Kursformel ausgegangen, so werden hierbei Zinseszinsen berücksichtigt; die Leistungen einer Kapitalschuld bzw. eines Kapitalguthabens werden also weiterverzinst. Insofern ist die auf der Kursformel basierende Näherungslösung dem Ergebnis nach dem Näherungsverfahren vorzuziehen.

Andererseits wird bei der Berechnung der Effektivverzinsung nach der Kursformel davon ausgegangen, daß die Zinswirkung aller Leistungen einer Kapitalschuld bzw. eines Kapitalguthabens der Effektivverzinsung entspricht; denn die Auf- bzw. Abzinsungen erfolgen nach der Kursformel zum Effektivzinssatz. So realistisch es ist, bei der Berechnung Zinseszinsen zu berücksichtigen, so wenig braucht es jedoch der Wirklichkeit zu entsprechen, daß sich die Leistungen einer Kapitalschuld bzw. eines Kapitalguthabens zum Effektivzinssatz verzinsen.

Übungsbeispiel 6-2:
Ein Wertpapier mit einer jährlichen Nominalverzinsung von p = 8,5% besitzt eine Laufzeit von n = 3 Jahren und wird danach zum Nennwert zurückgezahlt. Zu bestimmen ist die Effektivverzinsung bei einem Kurs von $C_0 = 101,5$.

Nach dem Näherungsverfahren ergibt sich als approximative Lösung
$$p' = \frac{8,5}{101,5} \cdot 100 + \frac{100 - 101,5}{3} = 8,37 - 0,5 = 7,87.$$

Bei einer Effektivverzinsung von 7,87% beträgt der Kurs
$$C_0 = 8,5 \cdot \frac{1}{1,0787^3} \cdot \frac{1,0787^3 - 1}{1,0787 - 1} + 100 \cdot \frac{1}{1,0787^3} = 101,63;$$

die Lösung ist also bereits recht genau. Bei einer Verbesserung der Lösung unter Beachtung von Zinseszinsen wird davon ausgegangen, daß die Effektivverzinsung aufgrund des oben errechneten Ergebnisses zwischen 7,5% und 8% liegt. Bei einem Zinssatz von 7,5% ergibt sich ein Kurs von
$$C_0 = 8,5 \cdot \frac{1}{1,075^3} \cdot \frac{1,075^3 - 1}{1,075 - 1} + 100 \cdot \frac{1}{1,075^3} = 102,60$$

und bei einem Zinssatz von 8% ein Kurs von
$$C_0 = 8,5 \cdot \frac{1}{1,08^3} \cdot \frac{1,08^3 - 1}{1,08 - 1} + 100 \cdot \frac{1}{1,08^3} = 101,29.$$

Die Effektivverzinsung läßt sich durch lineare Interpolation aus der Relation
$$\frac{102,60 - 101,50}{102,60 - 101,29} = \frac{7,5 - p'}{7,5 - 8}$$

errechnen und beträgt p'= 7,92%. Der Kurs beträgt bei einer Effektivverzinsung von 7,92% tatsächlich $C_0 = 101,497$ und entspricht damit fast dem gegebenen Kurs.

6.2.1.2 Jährliche Zinsschuld mit Aufgeld

Der bisher behandelte Fall der Zinsschuld - jährliche Verzinsung und Rückzahlung zum Nennwert - wird im folgenden erweitert, und zwar wird berücksichtigt, daß Zinsschulden teilweise mit einem Aufgeld ausgestattet sind. Dies
bedeutet, daß die Schuld nicht zum Nennwert von 100.- € zurückzuzahlen ist,
sondern zu einem über dem Nennwert liegenden Rückzahlungskurs. Das
Aufgeld (Agio) wird in Prozent vom Nennwert der Zinsschuld ausgedrückt
und mit α bezeichnet. Der Rückzahlungskurs einer Zinsschuld beträgt dann,
wenn weiterhin von einem Nominalkapital von 100.- € ausgegangen wird,
$100 + \alpha$.

Die Formel zur Berechnung des Kurses einer Zinsschuld mit Aufgeld ändert
sich gegenüber den obigen Formeln (6-1) bzw. (6-2) nur geringfügig: An die
Stelle des Rückzahlungsbetrages von 100.- € tritt der Rückzahlungsbetrag
von $(100 + \alpha)$ €. Der Kurs einer Zinsschuld mit Aufgeld bei jährlichen
Zinszahlungen ergibt sich also aus

$$C_0 = p \cdot f'_n + (100 + \alpha) \cdot \frac{1}{q'^n} \qquad (6-9).$$

Die Effektivverzinsung wird nach dem Näherungsverfahren aufgrund der Formel

$$p' = \frac{p}{C_0} \cdot 100 + \frac{100 + \alpha - C_0}{n} \qquad (6-10)$$

bzw., sofern auch bei der von der Laufzeit abhängigen Komponente der Effektivverzinsung ein Bezug auf den Kurs erfolgt, aufgrund der Formel

$$p' = \frac{p + \dfrac{100 + \alpha - C_0}{n}}{C_0} \cdot 100 \qquad (6-11)$$

berechnet. Ausgehend von der nach (6-10) oder (6-11) ermittelten Lösung ist unter Berücksichtigung von Zinseszinsen eine Verfeinerung nach dem oben besprochenen Verfahren unter Verwendung der Kursformel (6-9) möglich. Das nachfolgende Beispiel soll die Berechnungen verdeutlichen.

Übungsbeispiel 6-3:
Eine Zinsschuld ist mit einer Nominalverzinsung von $p = 6,5\%$ ausgestattet und soll nach $n = 5$ Jahren mit einem Aufgeld von 3% zurückgezahlt werden. Zu bestimmen ist
* der Kurs bei einer gewünschten Effektivverzinsung von $p' = 8\%$ und
* die Effektivverzinsung bei einem Kurs von 98.

Der Kurs einer Zinsschuld beträgt bei einer Effektivverzinsung von 8% nach (6-9)

$$C_0 = 6,5 \cdot \frac{1}{1,08^5} \cdot \frac{1,08^5 - 1}{1,08 - 1} + (100 + 3) \cdot \frac{1}{1,08^5} = 96,05 .$$

Bei einem Kurs von 98 ergibt sich nach dem Näherungsverfahren eine Effektivverzinsung von

$$p' = \frac{6,5}{98} \cdot 100 + \frac{103 - 98}{5} = 7,63 .$$

Die unter Berücksichtigung von Zinseszinsen berechnete Effektivverzinsung liegt also offensichtlich zwischen 7,5% und 8%. Bei einem Zinssatz von 7,5% beträgt der Kurs

$$C_0 = 6,5 \cdot \frac{1}{1,075^5} \cdot \frac{1,075^5 - 1}{1,075 - 1} + (100 + 3) \cdot \frac{1}{1,075^5} = 98,04$$

und bei einem Zinssatz von 8%

$$C_0 = 6,5 \cdot \frac{1}{1,08^5} \cdot \frac{1,08^5 - 1}{1,08 - 1} + (100 + 3) \cdot \frac{1}{1,08^5} = 96,05 .$$

Aufgrund der Relation

$$\frac{98,04 - 98}{98,04 - 96,05} = \frac{7,5 - p'}{7,5 - 8}$$

ergibt sich durch lineare Interpolation die Effektivverzinsung von $p' = 7,51\%$.

6.2.1.3 Unterjährliche Zinsschuld

Für viele Zinsschulden in der Form von Anlagen bzw. Wertpapieren werden zwar nominelle Jahreszinsen angegeben, tatsächlich sind die Zinsen jedoch unterjährlich, insbesondere halbjährlich zahlbar. Bei derartigen Zinsschulden müssen der Kurs und die Effektivverzinsung unter Berücksichtigung der unterjährlichen Verzinsung berechnet werden. Dabei geht man bei der praktischen Berechnung wie folgt vor:

Es wird zunächst der Kurs auf der Grundlage jährlicher Zinszahlungen berechnet. Dieses Ergebnis ist jedoch insofern zu gering, als bei unterjährlichen Zinszahlungen alle vor dem Jahresende gezahlten Zinsen für die jeweilige Restzeit des Jahres bereits zu verzinsen und demnach bei der Kursberechnung zu berücksichtigen sind. Da der Kurs bei einem Nominalkapital von 100.- € der unter Verwendung der Effektivverzinsung errechnete Barwert sämtlicher Leistungen einer Kapitalschuld bzw. eines Kapitalguthabens ist, wird zu dem auf der Grundlage von Jahreszinsen errechneten Ergebnis der Barwert jener Zinsen addiert, die aus den unterjährlichen Zinszahlungen während des Jahres resultieren.

Angenommen ein Wertpapier mit einer Nominalverzinsung von $p = 6\%$, wobei die Zinsen jeweils halbjährlich fällig sind, besitzt eine Laufzeit von $n = 4$ Jahren und soll zum Nennwert von 100.- € zurückgezahlt werden. Werden die halbjährlichen Zinszahlungen zunächst vernachlässigt, so ergibt sich bei einer gewünschten Effektivverzinsung von $p' = 7\%$ ein Kurs von

$$C_0 = 6 \cdot \frac{1}{1{,}07^4} \cdot \frac{1{,}07^4 - 1}{1{,}07 - 1} + 100 \cdot \frac{1}{1{,}07^4} = 96{,}61.$$

Zusätzlich muß jedoch berücksichtigt werden, daß nicht jeweils 6.- € nach einem Jahr, sondern 3.- € nach jedem Halbjahr gezahlt werden. Die nominelle Jahresverzinsung von 6% wird also auf die beiden Halbjahre eines Jahres aufgeteilt. Dies bedeutet aber, daß im Gegensatz zu einer einmaligen Zahlung der Jahreszinsen von 6.- € am Jahresende   die bereits nach dem ersten

Halbjahr gezahlten Halbjahreszinsen von 3.- € im zweiten Halbjahr zu verzinsen sind. Im vorliegenden Beispiel bringen die Halbjahreszinsen des ersten Halbjahres in Höhe von 3.- € unter Verwendung einer Effektivverzinsung von $p' = 7\%$ im zweiten Halbjahr Zinsen von

$$3 \cdot \frac{0{,}07}{2} = 0{,}105.$$

Der Berechnung ist deshalb der halbe Effektivzinssatz zugrundezulegen, weil die Zinsen des ersten Halbjahres bis zum Jahresende genau ein halbes Jahr zu verzinsen sind.

Gegenüber einer jährlichen Zinsabrechnung sind bei halbjährlichen Zinszahlungen im obigen Beispiel pro Jahr jeweils 0,105 € als Zusatzzinsen für die Halbjahreszinsen des ersten Halbjahres zu berücksichtigen. Da der Kurs einer Zinsschuld aber der unter Verwendung der Effektivverzinsung berechnete Barwert aller Leistungen ist, muß zu dem auf der Grundlage von Jahreszinsen errechneten Ergebnis von $C_0 = 96{,}61$ zusätzlich der Barwert der Zusatzzinsen erfaßt werden. Dieser Barwert beträgt

$$0{,}105 \cdot \frac{1}{q'^n} \cdot \frac{q'^n - 1}{q' - 1} = 0{,}105 \cdot \frac{1}{1{,}07^4} \cdot \frac{1{,}07^4 - 1}{1{,}07 - 1} = 0{,}36;$$

als Kurs des dem Beispiel zugrundeliegenden Wertpapiers ergibt sich also

$$C_0 = 96{,}61 + 0{,}36 = 69{,}97.$$

Allgemein werden bei einer Zinsschuld mit halbjährlicher Zinsabrechnung die Jahreszinsen von p € auf zwei Halbjahre verteilt, es werden pro Halbjahr also $\frac{p}{2}$ € Zinsen gezahlt. Die Zusatzzinsen für die nach dem ersten Halbjahr gezahlten Halbjahreszinsen betragen bei einer Effektivverzinsung von p' bzw. i' pro Jahr

$$\frac{p}{2} \cdot \frac{i'}{2} = \frac{p \cdot i'}{4}.$$

Als Barwert der Zusatzzinsen ergibt sich folglich die Größe

$$\frac{p \cdot i'}{4} \cdot \frac{1}{q'^{n}} \cdot \frac{q'^{n}-1}{q'-1} = \frac{p \cdot i'}{4} \cdot f'_{n},$$

die in der Finanzmathematik üblicherweise "Kurszuschlag" genannt wird. Unter Hinzurechnung dieses Kurszuschlages kann der Kurs einer Zinsschuld mit halbjährlicher Zinsabrechnung auf der Grundlage von Jahreszinsen berechnet werden. Bei halbjährlicher Zinsabrechnung beträgt folglich der Kurs einer Zinsschuld ohne Aufgeld

$$\boxed{C_0 = p \cdot f'_n + 100 \cdot \frac{1}{q'^{n}} + \frac{p \cdot i'}{4} \cdot f'_n} \qquad (6\text{-}12)$$

und der Kurs einer Zinsschuld mit Aufgeld

$$\boxed{C_0 = p \cdot f'_n + (100 + \alpha) \cdot \frac{1}{q'^{n}} + \frac{p \cdot i'}{4} \cdot f'_n} \qquad (6\text{-}13).$$

Übungsbeispiel 6-4:
Zu welchem Kurs muß eine Zinsschuld mit einer Nominalverzinsung von p = 6,5% und einer Laufzeit von n = 5 Jahren ausgegeben werden, wenn die Schuld mit einem Aufgeld von

3% ausgestattet ist, die Zinszahlungen halbjährlich erfolgen und eine Effektivverzinsung von 8% erzielt werden soll?

Nach der Kursformel (6-13) gilt

$$C_0 = 6,5 \cdot \frac{1}{1,08^5} \cdot \frac{1,08^5 - 1}{1,08 - 1} + 103 \cdot \frac{1}{1,08^5} + \frac{6,5 \cdot 0,08}{4} \cdot \frac{1}{1,08^5} \cdot \frac{1,08^5 - 1}{1,08 - 1}$$
$$= 96,57.$$

Der Kurs muß also 96,57 betragen, um eine Effektivverzinsung von 8% zu erreichen.

Wird nicht vom konkreten Fall einer halbjährlichen Zinsabrechnung ausgegangen, sondern allgemein von m Zinsperioden pro Jahr, so sind die Jahreszinsen von p € auf m Perioden zu je $\frac{p}{m}$ € zu verteilen. Die Zusatzzinsen für die Periodenzinsen eines Jahres betragen bei einer Effektivverzinsung von p′% bzw. i′ pro Jahr

$$\frac{p}{m} \cdot \left[\frac{i'}{m} \cdot (m-1) + \frac{i'}{m} \cdot (m-2) + \ldots + \frac{i'}{m} \right]$$

$$= \frac{p}{m} \cdot \left[\frac{i'}{m} \cdot (1 + \ldots + (m-2) + (m-1)) \right]$$

$$= \frac{p}{m} \cdot \frac{i' \cdot (m-1)}{2}.$$

Dabei wird von einfacher Verzinsung der Zusatzzinsen zum Effektivzinssatz des Jahres ausgegangen.

Der Kurs einer Zinsschuld beträgt bei m Zinsabrechnungen pro Jahr unter Berücksichtigung der Zusatzzinsen

$$C_0 = p \cdot f_n' + 100 \cdot \frac{1}{q'^n} + \frac{p}{m} \cdot \frac{i' \cdot (m-1)}{2} \cdot f_n' \qquad (6\text{-}14)$$

oder, sofern von einem Aufgeld α ausgegangen wird:

$$C_0 = p \cdot f_n' + (100 + \alpha) \cdot \frac{1}{q'^n} + \frac{p}{m} \cdot \frac{i' \cdot (m-1)}{2} \cdot f_n' \qquad (6\text{-}15).$$

Übungsbeispiel 6-5:
Zu welchem Kurs muß die in Übungsaufgabe 6-4 genannte Zinsschuld (p = 6,5%, n = 5, α = 3%) bei vierteljährlicher Zinsabrechnung ausgegeben werden, wenn eine Effektivverzinsung von 8% erzielt werden soll?

Nach der Kursformel (6-15) gilt

$$C_0 = 6,5 \cdot \frac{1}{1,08^5} \cdot \frac{1,08^5 - 1}{1,08 - 1} + 103 \cdot \frac{1}{1,08^5} + \frac{6,5}{4} \cdot \frac{0,08 \cdot 3}{2} \cdot \frac{1}{1,08^5} \cdot \frac{1,08^5 - 1}{1,08 - 1}$$

$$C_0 = 96,83.$$

Die Effektivverzinsung einer Zinsschuld mit unterjährlichen Zinszahlungen kann unverändert nach dem oben besprochenen Näherungsverfahren berechnet werden. Auf der Grundlage einfacher Zinsen ergibt sich eine Lösung nach dem Näherungsverfahren. Da hierbei keine Zinseszinsen beachtet werden, bleiben auch die aus den unterjährlichen Zinszahlungen resultierenden Zusatzzinsen unberücksichtigt. Die Formeln (6-6) und (6-10) können also unverändert angewendet werden. Unter Verwendung der Kursformeln (6-14) und (6-15) kann die Lösung dann unter Berücksichtigung von Zinseszinsen und von unterjährlichen Zinszahlungen verbessert werden. Allerdings wird hierbei eine Verzinsung der Zinsen zum Effektivzinssatz unterstellt.

Übungsbeispiel 6-6:
Eine Zinsschuld verfügt über eine Nominalverzinsung von 6% bei halbjährlichen Zinszahlungen, eine Laufzeit von 6 Jahren und ist bei einem Kurs von 97 mit einem Aufgeld von 3% ausgestattet. Zu bestimmen ist die Effektivverzinsung dieser Zinsschuld.

Nach dem Näherungsverfahren ergibt sich ohne Berücksichtigung von Zinseszinsen und folglich auch ohne Berücksichtigung von unterjährlichen Zinszahlungen

$$p' = \frac{6}{97} \cdot 100 + \frac{103 - 97}{6} = 7,19.$$

Es kann also davon ausgegangen werden, daß die Effektivverzinsung, sofern Zinseszinsen berücksichtigt werden, zwischen 7% und 7,5% liegt. Unter Verwendung der Kursformel (6-13) beträgt der Kurs bei einem Zinssatz von 7%

$$C_0 = 6 \cdot \frac{1}{1,07^6} \cdot \frac{1,07^6 - 1}{1,07 - 1} + 103 \cdot \frac{1}{1,07^6} + \frac{6 \cdot 0,07}{4} \cdot \frac{1}{1,07^6} \cdot \frac{1,07^6 - 1}{1,07 - 1}$$

$$= 97,73$$

und bei einem Zinssatz von 7,5%

$$C_0 = 6 \cdot \frac{1}{1,075^6} \cdot \frac{1,075^6 - 1}{1,075 - 1} + 103 \cdot \frac{1}{1,075^6} + \frac{6 \cdot 0,075}{4} \cdot \frac{1}{1,075^6} \cdot \frac{1,075^6 - 1}{1,075 - 1}$$

$$= 95,43.$$

Durch lineare Interpolation läßt sich aus den berechneten Werten die Effektivverzinsung bestimmen. Aufgrund der Relation

$$\frac{97,73-97}{97,73-95,43} = \frac{7-p'}{7-7,5}$$

ergibt sich $p' = 7,16$; die Effektivverzinsung beträgt unter Berücksichtigung einer Verzinsung der Zinsen zum Effektivzinssatz also 7,16%.

Übungsaufgaben:

(71) Zu welchem Kurs muß eine Zinsschuld mit einer Nominalverzinsung von 6,5% und einer Laufzeit von 5 Jahren ausgegeben werden, wenn die Schuld mit einem Aufgeld von 3% ausgestattet ist, die Zinszahlungen halbjährlich erfolgen und der Erwerber eine Effektivverzinsung von 8% erzielen soll?

(72) Ein Student hat eine große Erbschaft gemacht und möchte sein Geld in festverzinslichen Wertpapieren anlegen. Dabei zieht er zwei Angebote in die engere Wahl:

Angebot 1: Nominalverzinsung von 6,5% bei halbjährlicher Zinszahlung, Laufzeit von 10 Jahren, Aufgeld von 2,5% bei der Rückzahlung, Kurs von 95.

Angebot 2: Nominalverzinsung von 7% bei jährlicher Zinszahlung, Laufzeit von 10 Jahren, Aufgeld von 3% bei der Rückzahlung, Kurs von 98.

Welches der Angebote sollte der Student, der eine möglichst hohe Rendite erzielen möchte, wählen?

Wäre es für den Studenten gegebenenfalls besser, sein Geld nicht in Wertpapieren, sondern zu 7,5% auf dem Sparkonto anzulegen?

(73) Ein Darlehensnehmer kann zwischen den folgenden Darlehensbedingungen wählen:

Alternative 1: Nominalverzinsung von 6% bei einem Auszahlungskurs von 95, jährlicher Zinszahlung, einem Rückzahlungskurs von 100 und einer Laufzeit von 5 Jahren.

Alternative 2: Nominalverzinsung von 6,5% bei einem Auszahlungskurs von 97,5, jährlicher Zinszahlung, einem Rückzahlungskurs von 100 und einer Laufzeit von 4 Jahren. Welche der beiden Alternativen sollte der Darlehensnehmer wählen, wenn die Effektivverzinsung des Darlehens möglichst gering sein soll?

(74) Die Zwischenfinanzierung eines Bauspardarlehens erfolgt zu folgenden Bedingungen: Nominalverzinsung von 7,5%, Auszahlungskurs von 99, Laufzeit von 3 Jahren, Rückzahlung der Schuld aus dem dann fälligen Bauspardarlehen zu einem Kurs von 100, also ohne Aufgeld, während der Laufzeit des Kredits vierteljährliche Zinsabrechnung.

Bestimmen Sie die Effektivverzinsung der Zwischenfinanzierung.

6.2.1.4 Besondere Laufzeiten

Zinsschulden weisen in der Praxis häufig Laufzeiten auf, die gebrochene, nicht ganzzahlige Vielfache eines Jahres sind. Insbesondere bei der Berechnung der Effektivverzinsung von festverzinslichen Wertpapieren ist eine Fragestellung, wie sie im nachfolgenden Übungsbeispiel 6-7 gegeben ist, der Normalfall.

Übungsbeispiel 6-7:
Ein Sparer erwirbt am 26.10.1990 ein bestimmtes festverzinsliches Wertpapier zum Kurs von 97,75 bei einer jährlichen Nominalverzinsung von p = 8,25% mit einer Laufzeit bis zum 1.7.1994, Rückzahlung zum Nennwert. Mit welcher Effektivverzinsung ist das Wertpapier ausgestattet?

Die (Rest-) Laufzeit der Zinsschuld im Übungsbeispiel 6-7 beträgt 3 Jahre, 8 Monate und 6 Tage oder n = 3,68333 Jahre. Bei der Lösung derartiger Frage-stellungen ist zu berücksichtigen, daß es sich um ein Problem der gemischten Verzinsung handelt; der ganzzahlige Anteil der Laufzeit, im Beispiel 3 Jahre, ist auf der Grundlage von Zinseszinsen, der unterjährliche Anteil von 8 Monaten und 6 Tagen ist im Beispiel 6-7 dagegen auf der Basis einfacher Zinsen zu kalkulieren.

Zur rechnerischen Behandlung von Zinsschulden mit nicht-ganzzahligen Lauf-zeiten wird im folgenden vom Fall einfacher Zinsabrechnung ausgegangen. Die Berechnung des Kurses einer derartigen Zinsschuld erfolgt zunächst nach den Kursformeln (6-2) bzw. (6-9), wobei vom ganzzahligen Anteil der Laufzeit ausgegangen wird. Allerdings kann der so errechnete Kurs nicht auf den Gegenwarts-Zeitpunkt bezogen werden, sondern nur auf den nächsten Jahres-Zinstermin. Daher ist der nach (6-2) bzw. (6-9) unter Berücksichtigung nur des ganzzahligen Anteils der Laufzeit berechnete Kurs in einem zweiten Rechen-schritt auf den Gegenwarts-Zeitpunkt abzuzinsen, und zwar unter Berücksich-tigung einfacher Zinsen. Dabei sind zusätzlich die einfachen Zinsen für diesen Zeitraum zu berücksichtigen.

Wird mit tg der Zeitraum zwischen Gegenwarts-Zeitpunkt und Jahres-Zinstermin bezeichnet, und zwar gemessen in Tagen, so ist der Kurs einer Zinsschuld mit nicht-ganzzahliger Laufzeit zu berechnen nach[1]

$$C_0 = \left[(p \cdot f'_n + 100 \cdot \frac{1}{q'^n}) + p \cdot \frac{tg}{360} \right] \cdot \frac{1}{1 + \frac{tg}{360} \cdot i'} \qquad (6\text{-}16).$$

Wird von einer Zinsschuld mit einem Aufgeld α ausgegangen, so gilt:

$$C_0 = \left[(p \cdot f'_n + (100 + \alpha) \cdot \frac{1}{q'^n}) + p \cdot \frac{tg}{360} \right] \cdot \frac{1}{1 + \frac{tg}{360} \cdot i'} \qquad (6\text{-}17).$$

Fortsetzung Übungsbeispiel 6-7:
Angenommen, es soll errechnet werden, zu welchem Kurs das Wertpapier bei einer gewünschten Effektivverzinsung von $p' = 9{,}5\%$ erworben werden müßte. Der Kurs beträgt zum 1.7.1991 nach der Kursformel (6-2)

$$C_0 = 8{,}25 \cdot \frac{1}{1{,}095^3} \cdot \frac{1{,}095^3 - 1}{1{,}095 - 1} + 100 \cdot \frac{1}{1{,}095^3}$$

$$C_0 = 96{,}8639.$$

Zusätzlich sind für die Zeit vom 26.10.1990 bis zum 30.6.1991 an Tageszinsen[2] zu berücksichtigen:

---

[1] Das Problem der gemischten Verzinsung ist gem. (6-16) und (6-17) dadurch gelöst, daß die unterjährliche Laufzeit an den Beginn der Gesamtlaufzeit gestellt wird. Das ist in dem obigen Wertpapier-Beispiel 6-7 realitätskonform. Allerdings kann die unterjährliche Laufzeit einer Zinsschuld auch an das Ende der Gesamtlaufzeit gelegt werden. Dies verlangt z.B. die Preisangabenverordnung bei der Berechnung der Effektivverzinsung von Teilzahlungskrediten. Insbesondere bei unterjährlichen Zinszahlungen ergeben sich unterschiedliche Lösungen, je nach Länge der unterjährlichen Laufzeit. Allerdings sind diese Unterschiede in der Regel gering.

[2] Unberücksichtigt bleibt hier, daß üblicherweise beim Erwerb festverzinslicher Wertpapiere die anteiligen Zinsen zu zahlen sind und zum nächsten Zinstermin die Jahreszinsen gezahlt werden. Die Berücksichtigung dieses Tatbestandes ergäbe einen Kurs von 96,094.

$$8{,}25 \cdot \frac{246}{360} = 8{,}25 \cdot 0{,}68333$$
$$= 5{,}6375$$

Eine Abzinsung auf den 26.10.1990 ergibt den Kurs der Zinsschuld nach (6-16), also

$$C_0 = (96{,}8639 + 5{,}6375) \cdot \frac{1}{1 + \frac{246}{360} \cdot 0{,}095} = 96{,}253$$

Zur Berechnung der Effektivverzinsung kann das auf der Kursformel basierende, oben dargestellte Verfahren nach (6-4) oder (6-5) angewendet werden. Ausgangspunkt kann ein nach dem Näherungsverfahren gemäß (6-6) oder (6-10) errechneter Zinssatz sein. Dabei ist die Laufzeit n als nicht-ganzzahlige Laufzeit zu berücksichtigen.

Lösung Übungsbeispiel 6-7:
Nach dem Näherungsverfahren ergibt sich gem. (6-6)

$$p' = \frac{8{,}25}{97{,}75} \cdot 100 + \frac{100 - 97{,}75}{3{,}68333} = 9{,}0508$$

Die unter Berücksichtigung von Zinseszinsen zu berechnende Effektivverzinsung liegt also offensichtlich zwischen 8,5% und 9,5%. Bei einem Zinssatz von 8,5% beträgt der Kurs

$$C_0 = \left[8{,}25 \cdot \frac{1}{1{,}085^3} \cdot \frac{1{,}085^3 - 1}{1{,}085 - 1} + 100 \cdot \frac{1}{1{,}085^3} + 8{,}25 \cdot \frac{246}{360} \right] \cdot \frac{1}{1 + \frac{246}{360} \cdot 0{,}085}$$
$$C_0 = 99{,}2351.$$

Ein Zinssatz von 9,5% führt zu einem Kurs von:

$$C_0 = \left[8{,}25 \cdot \frac{1}{1{,}095^3} \cdot \frac{1{,}095^3 - 1}{1{,}095 - 1} + 100 \cdot \frac{1}{1{,}095^3} + 8{,}25 \cdot \frac{246}{360} \right] \cdot \frac{1}{1 + \frac{246}{360} \cdot 0{,}095}$$
$$C_0 = 96{,}253.$$

Aufgrund der Relation

$$\frac{99{,}2351 - 97{,}75}{99{,}2351 - 96{,}253} = \frac{8{,}5 - p'}{8{,}5 - 9{,}5}$$

ergibt sich durch lineare Interpolation die Effektivverzinsung[1] von $p' = 8{,}998\%$.

---

[1] Die Berücksichtigung des Tatbestandes, daß üblicherweise beim Erwerb festverzinslicher Wertpapiere anteilige Zinsen zu zahlen sind und zum nächsten Zinstermin die Jahreszinsen gezahlt werden, ergibt eine geringfügig kleinere Effektivverzinsung von $p' = 8{,}95\%$.

6.2.2 Kurs und Effektivverzinsung einer Ratenschuld

Eine Schuld, deren Rückzahlung durch eine Ratentilgung erfolgt, also durch eine Rückzahlung stets gleicher Tilgungsbeträge der Schuld in gleichen Zeitabständen, stellt eine Ratenschuld dar. Mit der Tilgung der Schuld in gleichen Raten vermindert sich von Periode zu Periode die Restschuld. Folglich nehmen auch die Zinszahlungen mit zunehmender Tilgung ab, wodurch auch die insgesamt pro Periode zu leistenden Zahlungen als Summe von Tilgungsrate und Zinszahlung abnehmen. Sowohl die Tilgungsraten als auch die Zinszahlungen sollen im folgenden als nachschüssig gelten.

6.2.2.1 Kurs einer jährlichen Ratenschuld

Der Kurs einer Ratenschuld ist, sofern von einem Nominalkapital von 100.- € ausgegangen wird, gleich dem unter Verwendung der Effektivverzinsung errechneten Barwert aller Leistungen. Zur Berechnung des Kurses müssen also die Tilgungsraten und die jeweiligen Zinszahlungen der einzelnen Perioden abgezinst werden. Der Kurs einer Ratenschuld ist folglich gleich dem Barwert der Tilgungsraten plus dem Barwert der Zinszahlungen. Dabei wird im folgenden zunächst von einer Ratenschuld ausgegangen, die ohne Aufgeld mit jährlichen Tilgungsraten und Zinszahlungen zurückgezahlt wird.

Angenommen es soll der Kurs einer zum Nennwert zurückzuzahlenden Ratenschuld mit einer Nominalverzinsung von $p = 6\%$ und einer Laufzeit von $n = 5$ Jahren bei jährlicher Tilgung und Zinszahlung bestimmt werden, wenn eine Effektivverzinsung von $p' = 7\%$ verlangt wird. Die jährlichen Tilgungsraten betragen

$$T = \frac{100}{n} = \frac{100}{5} = 20.$$

Die Tilgungsrate von 20.- € ist insgesamt fünfmal zu zahlen. Als Barwert der nachschüssigen Tilgungsraten, der im folgenden mit dem Symbol BT_0 bezeichnet wird, ergibt sich bei einer Effektivverzinsung von 7%

$$BT_0 = 20 \cdot \frac{1}{1{,}07^5} \cdot \frac{1{,}07^5 - 1}{1{,}07 - 1} = 82{,}00.$$

Allgemein kann der Barwert von n-mal fälligen Tilgungsraten der Höhe $T = \dfrac{100}{n}$ aus der Formel

$$BT_0 = \frac{100}{n} \cdot \frac{1}{q'^n} \cdot \frac{q'^n - 1}{q' - 1}$$

bzw., wenn für den nachschüssigen Rentenbarwertfaktor das Symbol f'_n verwendet wird,

$$\boxed{BT_0 = \frac{100}{n} \cdot f'_n} \qquad (6\text{-}18)$$

berechnet werden.

Zur Berechnung des Kurses ist zusätzlich der Barwert der Zinszahlungen zu berücksichtigen. Im vorliegenden Beispiel sind bei einer Schuld von 100.- € und einem Nominalzinssatz von 6% am Ende des ersten Jahres 6.- € Zinsen zu zahlen. In den folgenden vier Jahren sinkt die Restschuld pro Jahr um die Tilgungsrate von 20.- €. Folglich sinkt auch die jährliche Zinsbelastung, und zwar um die ersparten Zinsen auf die jeweilige Tilgung, also pro Jahr um

$$20 \cdot 0{,}06 \ € = 1{,}20 \ €.$$

Die jährlichen Zinszahlungen betragen also während der Laufzeit der Restschuld

- 6.- € im Jahre 1,
- 4,80 € im Jahre 2,
- 3,60 € im Jahre 3,
- 2,40 € im Jahre 4 und
- 1,20 € im Jahre 5.

Der Barwert der Zinszahlungen, der im folgenden mit dem Symbol BZ_0 bezeichnet wird, beträgt bei einer Effektivverzinsung von 7% also

$$BZ_0 = 6 \cdot \frac{1}{1{,}07} + 4{,}80 \cdot \frac{1}{1{,}07^2} + 3{,}60 \cdot \frac{1}{1{,}07^3} + 2{,}40 \cdot \frac{1}{1{,}07^4} + 1{,}20 \cdot \frac{1}{1{,}07^5}$$

$$= 15{,}43.$$

Da zur Berechnung des Kurses einer Ratenschuld der Barwert der Tilgungsraten und der Barwert der Zinszahlungen zu addieren sind, ergibt sich im vorliegenden Beispiel ein Kurs von

$$C_0 = BT_0 + BZ_0 = 82,00 + 15,43 = 97,43.$$

Die Berechnung des Barwerts der Zinszahlungen wird im folgenden verallgemeinert: Am Ende des ersten Jahres sind bei einer Ratenschuld von 100.- € p € Zinsen zu zahlen. In den folgenden Jahren sinkt die Restschuld pro Jahr um die Tilgungsrate von $T = \dfrac{100}{n}$ €. Demnach nehmen die jährlichen Zinszahlungen pro Jahr um die ersparten Zinsen auf die Tilgungsrate ab, also um

$$\frac{100}{n} \cdot i = \frac{100}{n} \cdot \frac{p}{100} = \frac{p}{n}.$$

Die Zinsen betragen also während der Laufzeit einer Ratenschuld

$$p \qquad\qquad\qquad = \frac{p}{n} \qquad \text{im}$$

$$p - \frac{p}{n} = \frac{p \cdot n}{n} - \frac{p}{n} \qquad = \frac{p}{n} \cdot (n - 1) \qquad \text{im Jahr 2}$$

$$p - 2 \cdot \frac{p}{n} = \frac{p \cdot n}{n} - \frac{2p}{n} \qquad = \frac{p}{n} \cdot (n - 2) \qquad \text{im Jahr 3}$$

$$p - 3 \cdot \frac{p}{n} = \frac{p \cdot n}{n} - \frac{3p}{n} \qquad = \frac{p}{n} \cdot (n - 3) \qquad \text{im Jahr 4 und}$$

$$p - (n - 1) \cdot \frac{p}{n} = \frac{p \cdot n}{n} - \frac{(n - 1) \cdot p}{n} \qquad = \frac{p}{n} \qquad \text{im Jahr n}$$

Die während der Laufzeit einer Ratenschuld nachschüssig zahlbaren Zinsen lassen sich anhand eines Zeitstrahls graphisch wie folgt darstellen:

<u>Abb. 6-2:</u> Zeitstrahl der Zinszahlungen einer Ratenschuld von 100.- € bei einer Laufzeit von n Jahren.

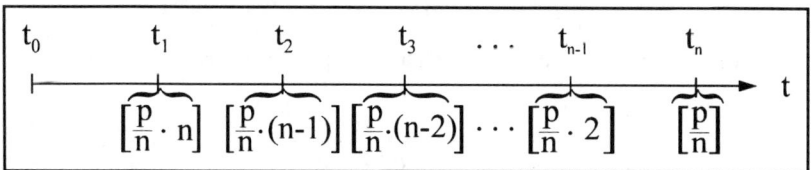

Werden die Zinszahlungen der Ratenschuld auf den Zeitpunkt t_0 abgezinst, ergibt sich der Barwert aller Zinszahlungen. Dieser beträgt unter Verwendung des Effektivzinssatzes

$$BZ_0 = \frac{p}{n} \cdot n \cdot \frac{1}{q'} + \frac{p}{n} \cdot (n-1) \cdot \frac{1}{q'^2} + \frac{p}{n} \cdot (n-2) \cdot \frac{1}{q'^3} + \dots$$
$$+ \frac{p}{n} \cdot 2 \cdot \frac{1}{q'^{n-1}} + \frac{p}{n} \cdot \frac{1}{q'^n}$$

(6-19).

Durch Ausklammerung von $\frac{p}{n}$ kann der Ausdruck (6-19) umgeformt werden zu

$$BZ_0 = \frac{p}{n} \cdot \left[n \cdot \frac{1}{q'} + (n-1) \cdot \frac{1}{q'^2} + (n-2) \cdot \frac{1}{q'^3} + \dots + 2 \cdot \frac{1}{q'^{n-1}} + \frac{1}{q'^n} \right]$$

(6-20).

Um den Ausdruck (6-20) zu vereinfachen, wird der Klammerausdruck, der im folgenden mit H bezeichnet wird, mit $\frac{1}{q'}$ multipliziert. Es ergibt sich also

$$H = n \cdot \frac{1}{q'} + (n-1) \cdot \frac{1}{q'^2} + (n-2) \cdot \frac{1}{q'^3} + \dots + \frac{1}{q'^n}$$

(I),

$$H \cdot \frac{1}{q'} = n \cdot \frac{1}{q'^2} + (n-1) \cdot \frac{1}{q'^3} + (n-2) \cdot \frac{1}{q'^4} + \dots + \frac{1}{q'^{n+1}}$$

(II).

Eine Subtraktion der Gleichung (II) von der Gleichung (I) führt zu folgender Gleichung:

$$H \cdot (1 - \frac{1}{q'}) = n \cdot \frac{1}{q'} - \frac{1}{q'^2} - \frac{1}{q'^3} - \dots - \frac{1}{q'^n} - \frac{1}{q'^{n+1}}$$

Aus einer Multiplikation dieser Gleichung mit q′ folgt weiter:

$$H \cdot q' \cdot (1 - \frac{1}{q'}) = n - \frac{1}{q'} - \frac{1}{q'^2} - \ldots - \frac{1}{q'^{n-1}} - \frac{1}{q'^n}$$

Da für die linke Seite dieser letzten Gleichung gilt

$$H \cdot q' \cdot (1 - \frac{1}{q'}) = H \cdot (q' - 1) = H \cdot (1 + i' - 1) = H \cdot i' = \frac{H \cdot p'}{100},$$

kann auch geschrieben werden

$$\frac{H \cdot p'}{100} = n - (\frac{1}{q'} + \frac{1}{q'^2} + \ldots + \frac{1}{q'^{n-1}} + \frac{1}{q'^n}) \qquad (6\text{-}21).$$

Der Klammerausdruck in Gleichung (6-21) stellt eine geometrische Reihe dar mit dem Anfangsglied $\frac{1}{q'}$ und dem konstanten Faktor $\frac{1}{q'}$ bei insgesamt n Reihengliedern. Nach der Summenformel (2-8) für geometrische Reihen kann der Klammerausdruck daher vereinfacht werden, und zwar wie folgt:

$$\frac{1}{q'} + \frac{1}{q'^2} + \frac{1}{q'^3} + \ldots + \frac{1}{q'^n} = \frac{1}{q'} \cdot \frac{(\frac{1}{q'})^n - 1}{\frac{1}{q'} - 1} = \frac{q'^n - 1}{q'^n \cdot (q' - 1)}$$

Der Klammerausdruck in Gleichung (6-21) stellt also den nachschüssigen Rentenbarwertfaktor f'_n dar. Folglich kann die Gleichung (6-21) auch vereinfacht werden zu

$$\frac{H \cdot p'}{100} = n - f'_n.$$

Für den Klammerausdruck H der Gleichung (6-20) gilt dann aber

$$H = \frac{100 \cdot (n - f'_n)}{p'}.$$

Aufgrund dieser Beziehung kann die Gleichung (6-20) zur Berechnung des Barwerts aller Zinszahlungen einer Ratenschuld vereinfacht werden, und zwar zu

$$BZ_0 = \frac{p}{n} \cdot \frac{100}{p'} \cdot (n - f_n').$$

Nach einer weiteren Umformung ergibt sich schließlich

$$\boxed{BZ_0 = \frac{100}{n} \cdot \frac{p}{p'} \cdot (n - f_n')} \qquad (6\text{-}22).$$

Der Kurs einer Ratenschuld ist die Summe des Barwerts der Tilgungsraten und des Barwerts der Zinszahlungen. Es gilt aufgrund der Beziehungen (6-18) und (6-22) also

$$C_0 = BT_0 + BZ_0 = \frac{100}{n} \cdot f_n' + \frac{100}{n} \cdot \frac{p}{p'} \cdot (n - f_n').$$

Demnach beträgt der Kurs einer Ratenschuld allgemein

$$C_0 = \frac{100}{n} \cdot \left[f_n' + \frac{p}{p'} \cdot (n - f_n') \right] \qquad (6\text{-}23).$$

Übungsbeispiel 6-8:
Eine Ratenschuld mit einer Nominalverzinsung von 7% bei jährlicher Zinszahlung soll innerhalb von 8 Jahren ohne Aufgeld mit jährlichen Raten getilgt werden. Zu bestimmen ist der Kurs bei einer verlangten Effektivverzinsung von 8,5%.

Aus der Kursformel (6-23) ergibt sich

$$C_0 = \frac{100}{8} \cdot \left[\frac{1}{1,085^8} \cdot \frac{1,085^8 - 1}{1,085 - 1} + \frac{7}{8,5} \cdot (8 - \frac{1}{1,085^8} \cdot \frac{1,085^8 - 1}{1,085 - 1}) \right]$$
$$= 94,79.$$

Der Kurs muß bei einer gewünschten Effektivverzinsung von 8,5% also 94,79 betragen.

Sofern bei der Rückzahlung einer Ratenschuld - beispielsweise einer Anleihe - ein Aufgeld zu berücksichtigen ist, wird dieser über den Nennwert von 100.- € hinausgehende Betrag gleichmäßig auf die Tilgungsdauer verteilt. Bei der Kursberechnung ist in diesem Fall zusätzlich der Barwert dieser auf die Tilgungsdauer verteilten Aufgeldbeträge zu erfassen.

6.2.2.2 Kurs einer jährlich aufgeschobenen Ratenschuld

Bei Ratenschulden insbesondere in der Form von Anleihen ist es oft üblich, mit der Tilgung erst nach einigen tilgungsfreien Jahren zu beginnen. Während der tilgungsfreien Zeit werden im Rahmen der Ratenschuld lediglich die fälligen Zinsen gezahlt. Der Kurs einer derartigen aufgeschobenen Ratenschuld kann zunächst unverändert nach der Kursformel (6-23) berechnet werden. Er bezieht sich dann allerdings nicht mehr auf den Anfangszeitpunkt der Ratenschuld, sondern auf den Anfangszeitpunkt des Tilgungszeitraums. Wird die Tilgung allgemein um k Jahre aufgeschoben, so sind zur Berechnung des Kurses der auf den Beginn des Tilgungszeitraums bezogene Kurs sowie die Zinszahlungen während der tilgungsfreien Zeit auf den Anfangszeitpunkt der Ratenschuld abzuzinsen. Da bei einem Nominalkapital von 100.- € während der tilgungsfreien Zeit pro Jahr p € Zinsen zu zahlen sind, beträgt der Kurs einer aufgeschobenen Ratenschuld

$$
C_0 = p \cdot f'_k + \frac{100}{n} \cdot \left[f'_n + \frac{p}{p'} \cdot (n - f'_n) \right] \cdot \frac{1}{q'^k}
\qquad (6\text{-}24).
$$

Dabei werden in der Kursformel (6-24) mit n die Anzahl der Tilgungsperioden und mit k die Anzahl der tilgungsfreien Perioden bezeichnet.

<u>Übungsbeispiel 6-9:</u>
Eine Anleihe ist mit einer Nominalverzinsung von 6% bei jährlichen Zinszahlungen ausgestattet. Die Tilgung in gleichen Jahresraten erfolgt nach einem Aufschub von 5 Jahren während eines Zeitraums von 4 Jahren. Zu bestimmen ist der Kurs (Ausgabekurs) der Anleihe bei einer dem Erwerber zu gewährenden Effektivverzinsung von 7,5%.

Unter Verwendung der Kursformel (6-24) ergibt sich

$$C_0 = 6 \cdot \frac{1}{1,075^5} \cdot \frac{1,075^5 - 1}{1,075 - 1} + \frac{100}{4} \cdot \left[\frac{1}{1,075^4} \cdot \frac{1,075^4 - 1}{1,075 - 1} + \frac{6}{7,5} \cdot (4 - \frac{1}{1,075^4} \cdot \frac{1,075^4 - 1}{1,075 - 1}) \right] \cdot \frac{1}{1,075^5}$$

$$= 91,67.$$

Der Kurs muß also bei einer gewünschten Effektivverzinung von 7,5% 91,67 betragen.

6.2.2.3 Effektivverzinung von Ratenschulden

In der Praxis tritt das Problem der Kursberechnung deutlich hinter das Problem der Effektivverzinung von Ratenschulden bei gegebenem Kurs zurück. Die bisher abgeleiteten Kursformeln sind jedoch notwendig, um durch ihre Auflösung nach q' bzw. i' die Effektivverzinung unter Berücksichtigung von Zinseszinsen zu berechnen. Ebenso wie bei Zinsschulden führt diese Auflösung aber zu Gleichungen vom Grade n, wobei n der Laufzeit der Ratenschuld entspricht. Folglich kann auch die Effektivverzinung von Ratenschulden nur näherungsweise berechnet werden.

Eine näherungsweise Berechnung der Effektivverzinung ist zunächst unter Vernachlässigung von Zinseszinsen nach dem Näherungsverfahren möglich. Dieses Verfahren wird bei einer Ratenschuld ebenso wie bei einer Zinsschuld angewandt; die unterschiedlichen Rückzahlungs-Modalitäten von Zinsschulden und Ratenschulden bleiben also bei der Berechnung der Effektivverzinung nach dem Näherungsverfahren unberücksichtigt.

Wünscht man unter Erfassung von Zinseszinsen eine detailliertere Berechnung der Effektivverzinung, dann kann ausgehend vom Ergebnis nach dem Näherungsverfahren in der im Abschnitt 6.2.1.1 dargestellten Weise eine lineare Interpolation erfolgen. Allerdings wird hierbei eine Verzinsung der Zinsen zum Effektivzinssatz unterstellt.

Übungsbeispiel 6-10:
Eine Anleihe ist mit einer Nominalverzinung von 5,5% bei jährlicher Zinszahlung, einer Laufzeit von 10 Jahren und einem Kurs von 98,5 ausgestattet. Zu bestimmen ist die Effektivverzinung.

Nach dem Näherungsverfahren ergibt sich aus Formel (6-6):
$$p' = \frac{5,5}{98,5} \cdot 100 + \frac{100 - 98,5}{10} = 5,73.$$

Zur Bestimmung eines Ergebnisses unter Berücksichtigung von Zinseszinsen wird davon ausgegangen, daß die Effektivverzinsung zwischen 5,5% und 6% liegt. Bei einem Zinssatz von 5,5%, also bei der Nominalverzinsung beträgt der Kurs natürlich

$$C_0 = 100$$

und bei einem Zinssatz von 6% ergibt sich der Kurs

$$C_0 = \frac{100}{10} \cdot \left[\frac{1}{1,06^{10}} \cdot \frac{1,06^{10}-1}{1,06-1} + \frac{5,5}{6} \cdot (10 - \frac{1}{1,06^{10}} \cdot \frac{1,06^{10}-1}{1,06-1}) \right]$$

$$= 97,8 .$$

Aus der Relation

$$\frac{100-98,5}{100-97,8} = \frac{5,5-p'}{5,5-6}$$

ergibt sich durch lineare Interpolation die Effektivverzinsung $p' = 5,84\%$.

Bei Ratenschulden wird in der finanzmathematischen Literatur zwischen Gesamtrendite und Stückrendite bzw. Gesamteffektivverzinsung und Stückeffektivverzinsung unterschieden. Diese Unterscheidung ist sinnvoll, wenn es sich bei einer Ratenschuld um eine Anleihe handelt. Die Gesamteffektivverzinsung bezieht sich auf die gesamte Anleihe. Sie stellt einerseits die tatsächliche Zinsbelastung des Schuldners dar, also desjenigen, der die Anleihe ausgibt. Andererseits entspricht die Gesamteffektivverzinsung dann der Rendite des Gläubigers, wenn er die gesamte Anleihe erwirbt, also alle Wertpapiere, in die eine Anleihe üblicherweise gestückelt wird.

Sofern dem Schuldner einer Anleihe wegen einer Streuung der Wertpapiere mehrere Gläubiger gegenüberstehen, hängt die von den einzelnen Gläubigern jeweils zu erzielende Rendite davon ab, wann die einzelnen Wertpapiere im Rahmen der Ratentilgung zurückgezahlt werden. Für die einzelnen Wertpapiere einer Anleihe besteht also eine vom Rückzahlungstermin abhängige Stückrendite. Diese Rendite läßt sich bei gegebener Laufzeit nach den Formeln einer Zinsschuld berechnen, da ein einzelnes Wertpapier im Gegensatz zur gesamten Anleihe in einem Betrage zurückgezahlt wird.

<u>Übungsaufgaben:</u>

(75) Eine Anleihe soll wie folgt ausgestattet werden:
Nominalverzinsung von 6% bei jährlicher Zinszahlung, Tilgung in gleichbleiben Jahresraten über einen Zeitraum von 5 Jahren nach 10 tilgungsfreien Jahren, Rückzahlung zum Nennwert.
Zu welchem Kurs muß die Anleihe ausgegeben werden, wenn dem Erwerber eine Effektivverzinsung von 6,5% gewährt werden soll?

(76) Ein Unternehmer benötigt einen Kredit und kann zwischen folgenden Alternativen wählen:
Alternative I: Tilgung in gleichbleibenden Jahresraten während eines Zeitraums von 10 Jahren bei einer Nominalverzinsung von 7,5% mit jährlichen Zinszahlungen und bei einem Auszahlungskurs von 97.
Alternative II: Tilgung in gleichbeibenden Jahresraten während eines Zeitraums von 8 Jahren nach 2 tilgungsfreien Jahren bei einer Nominalverzinsung von 7,75% mit jährlichen Zinszahlungen und bei einem Auszahlungskurs von 99.
Welche Alternative sollte der Unternehmer wählen, wenn er die effektive Zinsbelastung möglichst gering halten möchte?

6.2.2.4 Kurs und Effektivverzinsung einer unterjährlichen Ratenschuld

Der Kurs einer unterjährlichen Ratenschuld ist ebenso wie der Kurs einer jährlichen Ratenschuld gleich dem unter Verwendung der Effektivverzinsung errechneten Barwert aller Leistungen, also gleich der Summe des Barwerts der Tilgungsraten und des Barwerts der Zinszahlungen. Im Gegensatz zur jährlichen Ratenschuld sind im Fall unterjährlicher Ratentilgung zusätzlich zu berücksichtigen

- die einfachen Zinsen auf die Tilgungsraten während des Jahres, die zum Effektivzinssatz zu kalkulieren sind,

- die zum Nominalzinssatz zu kalkulierende Zinsersparnis während eines Jahres, die aus der unterjährlichen Tilgung im Vergleich zur nachschüssigen Jahrestilgung resultiert.

Bei einer zum Nennwert rückzahlbaren Ratenschuld mit einer Laufzeit von n Jahren und m Tilgungsterminen pro Jahr beträgt die unterjährliche Tilgungsrate

$$t = \frac{100}{n \cdot m}.$$

Entsprechend der Berechnung einer konformen Ersatzrentenrate nach Formel (4-23) ergeben die Tilgungsraten pro Jahr zum jeweiligen Jahresende einschließlich der einfachen Effektivzinsen während des Jahres einen Betrag von

$$\frac{100}{n \cdot m} \cdot \left[m + \frac{i'}{2} \cdot (m-1) \right].$$

Der Barwert der Tilgungsraten beträgt bei einer unterjährlichen Ratenschuld demnach

$$\boxed{BT_0 = \frac{100}{n \cdot m} \cdot \left[m + \frac{i'}{2} \cdot (m-1) \right] \cdot f'_n} \qquad (6\text{-}25).$$

Der Barwert der Zinszahlungen auf Jahresbasis nach (6-22) ist um den Barwert jener Zinsen zu verringern, die pro Jahr im Vergleich zur nachschüssigen Jahrestilgung bei unterjährlichen Tilgungsraten erspart werden. Die pro unterjährlicher Tilgungsperiode zu kalkulierende Zinsersparnis beträgt

$$\frac{100}{n \cdot m} \cdot \frac{i}{m}.$$

Daraus ergibt sich eine jährliche Zinsersparnis von

$$\frac{100}{n \cdot m} \cdot \frac{i}{m} \cdot \left[(m-1) + (m-2) + \dots + 1 \right]$$
$$= \frac{100}{n \cdot m} \cdot \frac{i}{2} \cdot (m-1)$$

Der Barwert der Zinszahlungen beträgt demnach bei einer unterjährlichen Ratenschuld

$$\boxed{BZ_0 = \frac{100}{n} \cdot \frac{p}{p'} \cdot (n - f'_n) + \frac{100}{n \cdot m} \cdot \frac{i}{2} \cdot (m-1) \cdot f'_n} \qquad (6\text{-}26).$$

Als Summe der Barwerte der Tilgungsraten und Zinszahlungen ergibt sich der Kurs einer unterjährlichen Ratenschuld aus

$$C_0 = \frac{100}{n \cdot m} \cdot \left[m + \frac{i' - i}{2} \cdot (m - 1) \right] \cdot f'_n + \frac{100}{n} \cdot \frac{p}{p'} \cdot (n - f''_n)$$ (6-27).

Übungsbeispiel 6-11:
Eine Ratenschuld mit einer Nominalverzinsung von 7% bei jährlicher Zinszahlung soll innerhalb von 8 Jahren ohne Aufgeld mit vierteljährlichen Raten getilgt werden. Zu bestimmen ist der Kurs bei einer verlangten Effektivverzinsung von 8,5%.

Nach Kursformel (6-27) ergibt sich:

$$C_0 = \frac{100}{8 \cdot 4} \cdot \left[4 + \frac{0,085 - 0,07}{2} \cdot 3 \right] \cdot \frac{1}{1,085^8} \cdot \frac{1,085^8 - 1}{1,085 - 1} + \frac{100}{8} \cdot \frac{7}{8,5} \cdot \left[8 - \frac{1}{1,085^8} \cdot \frac{1,085^8 - 1}{1,085 - 1} \right]$$

$$C_0 = 95,1888.$$

Der Kurs muß bei einer verlangten Effektivverzinsung von 8,5% also 95,19 betragen.

Die Effektivverzinsung einer unterjährlichen Ratenschuld läßt sich wie im Fall der Tilgung auf Jahresbasis näherungsweise nach dem Näherungsverfahren oder unter Verwendung der Kursformel (6-27) berechnen.

Übungsbeispiel 6-12:
Eine Ratenschuld ist mit einer Nominalverzinsung von 5,5% bei jährlichen Zinszahlungen, einer Laufzeit von 10 Jahren mit monatlicher Tilgung und einem Kurs von 98,5 ausgestattet. Zu bestimmen ist die Effektivverzinsung.

Nach dem Näherungsverfahren ergibt sich aus der Formel (6-6)

$$p' = \frac{5,5}{98,5} \cdot 100 + \frac{100 - 98,5}{10} = 5,73.$$

Zur Bestimmung eines Ergebnisses unter Berücksichtigung von Zinseszinsen nach der Kursformel (6-27) wird davon ausgegangen, daß die Effektivverzinsung zwischen 5,5% und 6% liegt. Bei einer der Nominalverzinsung entsprechenden Verzinsung von 5,5% beträgt der Kurs

$$C_0 = 100.$$

Bei einem Zinssatz von 6% ergibt sich ein Kurs von

$$C_0 = \frac{100}{10 \cdot 12} \cdot \left[12 + \frac{0,06 - 0,055}{2} \cdot 11 \right] \cdot \frac{1}{1,06^{10}} \cdot \frac{1,06^{10} - 1}{1,06 - 1} + \frac{100}{10} \cdot \frac{5,5}{6} \cdot \left[10 - \frac{1}{1,06^{10}} \cdot \frac{1,06^{10} - 1}{1,06 - 1} \right]$$

$$= 97,9687.$$

Aus der Relation

$$\frac{100 - 98,5}{100 - 97,9687} = \frac{5,5 - p'}{5,5 - 6}$$

ergibt sich durch lineare Interpolation die Effektivverzinsung von $p' = 5,87\%$.

6.2.3 Kurs und Effektivverzinsung einer Annuitätenschuld

Eine Schuld, deren Rückzahlung durch eine Annuitätentilgung erfolgt, wird Annuitätenschuld genannt. Annuitätentilgung heißt, daß pro Tilgungsperiode stets der gleiche Betrag als Summe aus Tilgungsrate und Zinsen gezahlt wird.

6.2.3.1 Kurs einer jährlichen Annuitätenschuld

Der Kurs einer Kapitalschuld ist allgemein der unter Verwendung der Effektivverzinsung errechnete Barwert aller Leistungen. Die Leistungen einer Annuitätenschuld liegen in den stets gleichen Annuitäten, die allgemein mit dem Symbol A gekennzeichnet werden. Der Kurs einer Annuitätenschuld bei jährlicher Verzinsung zu einem gegebenen Nominalzinssatz, jährlicher Tilgung und einer Rückzahlung zum Nennwert beträgt also

$$C_0 = A \cdot \frac{1}{q'^n} \cdot \frac{q'^n - 1}{q' - 1}$$

bzw. unter Verwendung des Symbols f'_n für den nachschüssigen Rentenbarwertfaktor

$$\boxed{C_0 = A \cdot f'_n} \tag{6-28}.$$

Die Annuität wird nach (5-11) ermittelt, indem die Schuldsumme S mit dem Annuitätenfaktor multipliziert wird. Bei der Kursberechnung wird üblicherweise von einem Nominalkapital bzw. von einer Schuldsumme von 100.- € ausgegangen. Demnach kann die Kursformel für eine Annuitätenschuld unter Verwendung der Formel (5-11) auch als angegeben werden.

$$C_0 = 100 \cdot q^n \cdot \frac{q-1}{q^n - 1} \cdot f_n' \qquad (6\text{-}29)$$

Übungsbeispiel 6-13:
Eine Annuitätenschuld mit einer Nominalverzinsung von p = 5% soll zum Nennwert innerhalb von n = 7 Jahren bei jährlicher Zins- und Tilgungsleistung zurückgezahlt werden. Welcher Ausgabekurs muß bei einer zu gewährenden Effektivverzinsung von p'= 6% vorgesehen werden?

Nach der Kursformel (6-29) ergibt sich ein Kurs von

$$C_0 = 100 \cdot 1{,}05^7 \cdot \frac{1{,}05-1}{1{,}05^7 - 1} \cdot \frac{1}{1{,}06^7} \cdot \frac{1{,}06^7 - 1}{1{,}06 - 1} = 96{,}47 \,.$$

Der Kurs muß bei einer Effektivverzinsung von 6% also 96,47 betragen.

6.2.3.2 Kurs einer jährlichen Annuitätenschuld mit Prozentannuitäten

Die Tilgung einer Kapitalschuld durch gleichbleibende Annuitäten wird in der
Praxis zumeist in der Form der Prozentannuitäten durchgeführt. Hierbei wird
die Annuität als Prozentsatz der Kapitalschuld festgelegt, so daß sich im Gegensatz zur gleichbleibenden Annuität A, wie sie nach der Formel (5-11) berechnet wird, ein glatter € -Betrag ergibt. Als Konsequenz dieses Vorgehens
ist die Tilgung jedoch in der Regel nicht nach einer bestimmten Anzahl ganzer
Jahre mit stets gleichen Prozentannuitäten beendet; vielmehr ist im letzten Jahr
der Tilgung eine unter der Prozentannuität liegende Restzahlung bzw. Abschlußzahlung fällig.

Der Kurs einer Annuitätenschuld mit jährlicher Zinszahlung und jährlicher Tilgung, bei der die Tilgung in der Form der Prozentannuität erfolgt, ist gleich
dem Barwert aller Zahlungen, wobei als Zahlungen g Jahre jeweils die gleichbleibenden Prozentannuitäten und im Jahre n = g + 1 die Abschlußzahlung anfallen. Die jährlichen Prozentannuitäten betragen bei einem Nominalkapital
von 100.- € (p + t) €. Dabei entspricht p dem Nominalzinssatz und t dem
Tilgungssatz. Soll also beispielsweise bei einer Nominalverzinsung von p =
7,5% der Tilgungssatz t = 1% betragen, so sind jährlich (p + t) = 8,5% der
Kapitalschuld zu zahlen, bei einem Nominalkapital von 100.- € also jeweils

8,50 €. Diese jährliche Zahlung von 8,5% der Schuldsumme führt während der Tilgungsdauer bei konstanter Prozentannuität zu abnehmenden Zinszahlungen und steigenden Tilgungsraten; der Tilgungssatz bezieht sich also nur auf das erste Jahr und nimmt in den Folgejahren mit zunehmender Tilgung wegen der daraus resultierenden Verringerung der Zinsen zu.

Der noch zu tilgende Restbetrag beträgt am Ende des Jahres g nach (5-31) allgemein

$$AZ = S \cdot q^g - A \cdot \frac{q^g - 1}{q - 1},$$

wobei g der Anzahl jener ganzen Jahre entspricht, während der die Prozentannuität unverändert zu zahlen ist. Da die Laufzeit einer in der Form der Prozentannuität zu tilgenden Annuitätenschuld nach (5-30) allgemein

$$r = \frac{\log A - \log T_1}{\log q}$$

beträgt, entspricht g also dem ganzzahligen Teil von r. Wird von einem Nominalkapital von 100.- € ausgegangen, so ergibt sich eine Prozentannuität von (p + t) € und eine Tilgungsrate von $T_1 = t$ im ersten Jahr. Die Abschlußzahlung nach n = g + 1 Jahren, also ein Jahr nach der letzten Prozentannuität, lautet in diesem Fall

$$AZ = \left[100 \cdot q^g - (p + t) \cdot \frac{q^g - 1}{q - 1} \right] \cdot q \tag{6-30};$$

dabei entspricht g dem ganzzahligen Anteil von r und für r gilt

$$r = \frac{\log (p + t) - \log t}{\log q} \tag{6-31}.$$

Der Kurs einer Annuitätenschuld in der Form der Prozentannuität bei jährlicher Zinszahlung und jährlicher Tilgung ist gleich dem Barwert aller Prozentannuitäten plus dem Barwert der Abschlußzahlung, und zwar jeweils unter Bcrücksichtigung der Effektivverzinsung. Der Kurs beträgt also

$$C_0 = (p + t) \cdot f'_g + AZ \cdot \frac{1}{q'^n}$$ (6-32).

Dabei werden die Abschlußzahlungen AZ und die Laufzeit g bzw. n = g + 1 unter Verwendung der Formeln (6-30) und (6-31) berechnet.

Übungsbeispiel 6-14:
Eine Annuitätenschuld ist mit einer Nominalverzinsung von p = 6% bei jährlichen Zinszahlungen ausgestattet. Die Tilgung erfolgt durch gleichbleibende Prozentannuitäten von jeweils 9% jährlich, der Tilgungssatz beträgt also t = 3%. Zu welchem Kurs muß die Annuitätenschuld ausgegeben werden, wenn sie mit einer Effektivverzinsung von p´= 7,5% ausgestattet sein soll?

Nach (6-31) ergibt sich eine Laufzeit von

$$r = \frac{\log 9 - \log 3}{\log 1,06} = 18,86$$

Jahren. Die Prozentannuität von (p + t) € wird also g = 18 Jahre gezahlt; im Jahre n = 19 erfolgt die Abschlußzahlung AZ. Nach (6-30) beträgt die Abschlußzahlung

$$AZ = (100 \cdot 1,06^{18} - 9 \cdot \frac{1,06^{18} - 1}{1,06 - 1}) \cdot 1,06 = 7,72 .$$

Als Kurs ist demnach aufgrund der Kursformel (6-32) zu wählen

$$C_0 = 9 \cdot \frac{1}{1,075^{18}} \cdot \frac{1,075^{18} - 1}{1,075 - 1} + 7,72 \cdot \frac{1}{1,075^{19}} = 89,31 .$$

6.2.3.3 Kurs einer aufgeschobenen jährlichen Annuitätenschuld

Wie bei Ratenschulden so ist es auch bei Annuitätenschulden - beispielsweise bei Hypothekendarlehen - teilweise üblich, vor der eigentlichen Tilgungszeit tilgungsfreie Jahre vorzusehen, in denen lediglich die fälligen Zinsen gezahlt werden. Wird in einem derartigen Fall der Kurs nach der Kursformel (6-28) bzw. (6-32) berechnet, so gibt das Ergebnis dieser Berechnung den Kurs zu Beginn des Tilgungszeitraums an. Der Kurs zu Beginn der Annuitätenschuld ergibt sich entsprechend den Berechnungen einer Ratenschuld, indem der Kurs zu Beginn des Tilgungszeitraums sowie die während der tilgungsfreien Zeit fälligen Zinsen abgezinst werden, und zwar unter Verwendung des Effektivzinssatzes. Der Kurs einer um k Jahre aufgeschobenen Annuitätenschuld beträgt demnach

$$C_0 = p \cdot f'_k + A \cdot f'_n \cdot \frac{1}{q'^k} \qquad (6\text{-}33).$$

Wird von einer aufgeschobenen Annuitätenschuld mit Prozentannuitäten ausgegangen, so ergibt sich der Kurs aus

$$C_0 = p \cdot f'_k + \left[(p + t) \cdot f'_g + AZ \cdot \frac{1}{q'^n} \right] \cdot \frac{1}{q'^k} \qquad (6\text{-}34).$$

<u>Übungsbeispiel 6-15:</u>
Eine Anleihe ist mit einer Nominalverzinsung von 5,5% bei jährlicher Zinszahlung und jährlicher Tilgung ausgestattet. Die Tilgung erfolgt nach zunächst 5 tilgungsfreien Jahren durch gleichbleibende Prozentannuitäten von 10%; die Abschlußzahlung wird ein Jahr nach der letzten Prozentannuität fällig. Zu bestimmen ist der Ausgabekurs bei einer verlangten Effektivverzinsung von 6%.

Nach der tilgungsfreien Zeit ergibt sich nach (6-31) eine Tilgungsdauer von

$$r = \frac{\log 10 - \log 4,5}{\log 1,055} = 14,91$$

Jahren. Die Prozentannuität von (p + t) = 10.- € wird also g = 14 Jahre gezahlt. Im Jahre n = g + 1 = 15 nach Tilgungsbeginn erfolgt die Abschlußzahlung

$$AZ = (100 \cdot 1,055^{14} - 10 \cdot \frac{1,055^{14} - 1}{1,055 - 1}) \cdot 1,055 = 9,16.$$

Als Kurs ergibt sich nach (6-34) also

$$C_0 = 5,5 \cdot \frac{1}{1,06^5} \cdot \frac{1,06^5 - 1}{1,06 - 1} + \left[10 \cdot \frac{1}{1,06^{14}} \cdot \frac{1,06^{14} - 1}{1,06 - 1} + 9,16 \cdot \frac{1}{1,06^{15}} \right] \cdot \frac{1}{1,06^5} = 95,48$$

6.2.3.4 Effektivverzinsung von Annuitätenschulden

Ist der Kurs einer Annuitätenschuld gegeben, wie es in der Praxis zumeist der Fall ist, so kann die dem Kurs entsprechende Effektivverzinsung berechnet werden. Hierzu ist die jeweilige Kursformel nach q′ bzw. nach i′ aufzulösen. Da dies jedoch ebenso wie bei Zinsschulden und Ratenschulden zu Gleichungen vom Grade n führt, kann auch die Effektivverzinsung einer Annuitätenschuld nur näherungsweise bestimmt werden. Eine Näherungslösung ist zum einen unter Vernachlässigung von Zinseszinsen und unter Nichtberücksichtigung der Annuitätentilgung nach dem Näherungsverfahren möglich, das wie bei Zinsschulden und Ratenschulden auch bei der Annuitätenschuld unverändert angewandt wird. Zum anderen kann eine Berechnung der Effektivverzinsung unter Erfassung von Zinseszinsen nach dem oben dargestellten Verfahren erfolgen, also durch lineare Interpolation auf der Grundlage der Kursformeln.

Übungsbeispiel 6-16:
Eine Kapitalschuld soll bei einer Nominalverzinsung von p = 7% und einem Ausgabekurs von $C_0 = 99$ innerhalb von 8 Jahren durch gleichbleibende Annuitäten getilgt werden. Wie hoch ist die Effektivverzinsung bei jährlicher Tilgung und jährlicher Zinsabrechnung?

Nach dem Näherungsverfahren gilt

$$p' = \frac{7}{99} \cdot 100 + \frac{1}{8} = 7,2,$$

also eine Effektivverzinsung von näherungsweise 7,2%. Wird eine Lösung unter Erfassung von Zinseszinsen verlangt, so wird zunächst davon ausgegangen, daß die Effektivverzinsung zwischen 7% und 7,5% liegt. Bei jährlicher Tilgung und jährlichen Zinszahlungen beträgt die Annuität

$$A = 100 \cdot 1,07^8 \cdot \frac{1,07 - 1}{1,07^8 - 1} = 16,747 .$$

Dies führt bei einem Zinssatz von 7% zu einem Kurs von

$$C_0 = 16{,}747 \cdot \frac{1}{1{,}07^8} \cdot \frac{1{,}07^8 - 1}{1{,}07 - 1} = 100$$

und bei einem Zinssatz von 7,5% zu einem Kurs von

$$C_0 = 16{,}747 \cdot \frac{1}{1{,}075^8} \cdot \frac{1{,}075^8 - 1}{1{,}075 - 1} = 98{,}09 .$$

Nach linearer Interpolation zwischen diesen Zinssätzen ergibt sich näherungsweise die Effektivverzinsung von $p' = 7{,}26\%$.

Übungsaufgaben:

(77) Ein Bauherr erhält unter folgenden Bedingungen eine I. Hypothek: 8,25% Jahreszinsen bei jährlicher Zinsabrechnung und bei einem Auszahlungskurs von 94. Die Tilgung erfolgt in gleichbleibenden Prozentannuitäten von 10% jährlich; eine eventuelle Abschlußzahlung ist ein Jahr nach der letzten Prozentannuität fällig. Die Tilgung (nicht die Zinszahlung) wird zu Beginn für ein Jahr angesetzt. Bestimmen Sie die Effektivverzinsung dieser Hypothek.

(78) Ein Unternehmer kann zwischen folgenden Finanzierungsalternativen wählen: Alternative I: Jährliche Annuitätentilgung während eines Zeitraums von 15 Jahren nach 2 tilgungsfreien Jahren, Nominalverzinsung von 7,25% bei jährlicher Zinsabrechnung, Ausgabekurs von 96. Alternative II: Jährliche Annuitätentilgung mit Prozentannuitäten von 10% und einer eventuellen Abschlußzahlung ein Jahr nach der letzten Prozentannuität, Nominalverzinsung von 7,5% bei jährlicher Zinsabrechnung, Ausgabekurs von 98. Welche Alternative sollte der Unternehmer wählen, wenn er die Effektivverzinsung möglichst gering halten möchte?

6.2.3.5 Kurs und Effektivverzinsung einer unterjährlichen Annuitätenschuld

Der Kurs einer unterjährlichen Annuitätenschuld bei jährlicher Zinsabrechnung kann unverändert nach der Kursformel (6-28) bzw. (6-29) berechnet werden, wenn die Jahres-Annuität A durch die konforme Annuität der unterjährlichen Zahlungen a ersetzt wird. Die konforme Annuität ist nach (5-23) die auf das Jahresende abgezinste Summe aller Tilgungs- und Zinszahlungen während eines Jahres. Dabei ist bei der Kursberechnung die Effektivverzinsung p' bzw. i' zu kalkulieren. Es gilt demnach bei m Tilgungsperioden pro Jahr

$$\boxed{C_0 = a \cdot \left[m + \frac{i'}{2} \cdot (m - 1) \right] \cdot f'_n} \tag{6-35}.$$

Wird von einer Schuldsumme von 100 ausgegangen, kann der Kurs analog zu (6-29) auch nach

$$C_0 = \frac{100 \cdot q^n \cdot \dfrac{q-1}{q^n - 1}}{m + \dfrac{i}{2} \cdot (m-1)} \cdot \left[m + \frac{i'}{2} \cdot (m-1) \right] \cdot f'_n \tag{6-36}$$

errechnet werden.

Übungsbeispiel 6-17:
Eine Annuitätenschuld mit einer Nominalverzinsung von $p = 5\%$ soll zum Nennwert innerhalb von $n = 7$ Jahren mit gleichen Monatsraten bei jährlicher Zinsabrechnung zurückgezahlt werden. Welcher Ausgabekurs muß bei einer zu gewährenden Effektivverzinsung von $p' = 6\%$ vorgesehen werden?

Nach der Kursformel (6-36) ergibt sich ein Kurs von

$$C_0 = \frac{100 \cdot 1,05^7 \cdot \dfrac{1,05 - 1}{1,05^7 - 1}}{12 + \dfrac{0,05}{2} \cdot (12-1)} \cdot (12 + \frac{0,05}{2} \cdot 11) \cdot \frac{1}{1,06^7} \cdot \frac{1,06^7 - 1}{1,06 - 1}$$

$$C_0 = 96,9069.$$

Der Kurs muß also 96,91 betragen.

In der Praxis erfolgen bei unterjährlichen Annuitätenschulden häufig auch unterjährliche Zinsabrechnungen. Derartige Probleme sind analog zu den Kursformeln (6-28) bzw. (6-29) sowie (6-35) bzw. (6-36) lösbar.

Die rechnerische Behandlung von Darlehen (z.B. Anschaffungsdarlehen) mit gleichbleibenden unterjährlichen Periodenraten, zumeist Monatsraten, erfolgt durch die Banken in der Weise, daß die unterjährlichen Raten auf der Grundlage unterjährlicher Zinseszinsen berechnet werden, die Kalkulation von Kurs und Effekitvverzinsung aber unterjährlich mit einfachen Zinsen durchgeführt wird.

Die unterjährliche Periodenrate (in Prozent) einer derartigen Annuitätenschuld ergibt sich bei m Tilgungsraten pro Jahr also aus

$$a = 100 \cdot q^{n \cdot m} \cdot \frac{q-1}{q^{n \cdot m} - 1} \qquad (6\text{-}37),$$

wobei nm der Gesamtzahl der Tilgungsperioden entspricht, n also nicht ganzzahlig zu sein braucht, und $q = 1 + \frac{i}{m}$ gilt. Analog zu (6-35) und unter Berücksichtigung einer in Jahren nicht ganzzahligen Laufzeit läßt sich der Kurs nach

$$C_0 = a \cdot (m + \frac{i'}{2} \cdot [m-1]) \cdot f'_g + a \cdot (h + \frac{i'}{m} \cdot \frac{h}{2} \cdot [h-1]) \cdot \frac{1}{1 + \frac{h}{m} \cdot i'} \cdot \frac{1}{q'^g} \qquad (6\text{-}38)$$

kalkulieren. Dabei entsprechen g der Anzahl ganzer Jahre und h der Anzahl der restlichen, über die Anzahl ganzer Jahre hinausgehenden Perioden.

Wird von m unterjährlichen Zinsperioden und c Tilgungsperioden pro Zinsperiode, also insgesamt c·m Tilgungsperioden pro Jahr ausgegangen, ergibt sich der Kurs analog zu (6-36) aus

$$C_0 = \frac{100 \cdot (1 + \frac{i}{m})^{m \cdot n} \cdot \dfrac{(1 + \frac{i}{m}) - 1}{(1 + \frac{i}{m})^{m \cdot n} - 1}}{c + \frac{i}{m} \cdot \frac{1}{2} \cdot (c-1)} \cdot \left[c + \frac{k'}{2} \cdot (c-1) \right] \cdot f^{*'}_{mn} \qquad (6\text{-}39)$$

Dabei ist k' der zum Effektivzinssatz i' unterjährliche konforme Zinssatz, der nach (3-16) aus

$$k' = \sqrt[m]{1 + i'} - 1$$

errechnet wird. Der Faktor $f^{*'}_{mn}$ ist auf der Grundlage des konformen Zinssatzes k' zu kalkulieren.

Bei gleicher Periodenlänge von m Zins- und Tilgungsperioden pro Jahr ergibt sich der Kurs einer unterjährlichen Annuitätenschuld analog zu (6-29) aus

$$C_0 = 100 \cdot (1 + \frac{i}{m})^{m \cdot n} \cdot \frac{(1 + \frac{i}{m}) - 1}{(1 + \frac{i}{m})^{m \cdot n} - 1} \cdot f^{*'}_{mn}$$

(6-40).

Dabei ist der Faktor $f^{*'}_{mn}$ auf der Grundlage des nach (3-16) zu berechnenden konformen Zinssatzes zu kalkulieren.

Der zuletzt genannte Fall einer unterjährlichen Annuitätenschuld mit gleicher Länge von Zins- und Tilgungsperiode liegt in der Praxis teilweise bei der Tilgung von Bauspardarlehen vor, allerdings mit der Besonderheit der Prozentannuität. Entsprechend Abschnitt 6.2.3.2 sind bei unterjährlicher Betrachtung folgende Berechnungen durchzuführen:

Die Laufzeit einer unterjährlichen Prozentannuität mit m Perioden pro Jahr beträgt analog zu (6-31) allgemein

$$r = \frac{\log(\frac{p+t}{m}) - \log(\frac{t}{m})}{\log(1 + \frac{i}{m})}$$

(6-41)

Perioden.

Wird g als ganzzahliger Teil von r aufgefaßt, ergibt sich nach (g + 1) Perioden eine Abschlußzahlung von

$$AZ = \left[100 \cdot (1 + \frac{i}{m})^g - (\frac{p+t}{m}) \cdot \frac{(1 + \frac{i}{m})^g - 1}{(1 + \frac{i}{m}) - 1} \right] \cdot (1 + \frac{i}{m})$$

(6-42).

Der Kurs einer unterjährlichen Prozentannuität mit m Zins- und Tilgungsperioden pro Jahr beträgt

$$C_0 = \frac{p+t}{m} \cdot f^{*'}_g + AZ \cdot \frac{1}{(1 + k')^{g+1}}$$

(6-43).

Dabei ist der Faktor $f_g^{*'}$ auf der Grundla$\sim$e des nach (3-16) zu berechnenden konformen Zinssatz k' zu kalkulieren.

Die Effektivverzinsung einer unterjährlichen Annuitätenschuld läßt sich nach dem Näherungsverfahren oder anhand der Kursformeln näherungsweise berechnen.

Übungsbeispiel 6-18:
Eine Annuitätenschuld (Bauspardarlehen) ist mit einer Nominalverzinsung von p = 4,5% und einer Prozentannuität von p + t = 9% bei monatlicher Tilgung sowie monatlicher Zinsabrechnung ausgestattet. Der Ausgabekurs beträgt 99. Wie hoch ist die Effektivverzinsung?

Die Laufzeit beträgt nach (6-41):

$$r = \frac{\log \frac{9}{12} - \log \frac{4,5}{12}}{\log (1 + \frac{0,045}{12})} = 185,19$$

Monate. Die Abschlußzahlung nach 185 Monaten ergibt sich nach (6-42) als

$$AZ = \left[100 \cdot (1 + \frac{0,045}{12})^{185} - \frac{9}{12} \cdot \frac{(1 + \frac{0,045}{12})^{185} - 1}{(1 + \frac{0,045}{12}) - 1} \right] \cdot (1 + \frac{0,045}{12})$$
$$= 0,1394164$$

Nach der Kursformel (6-43) läßt sich die Effektivverzinsung näherungsweise wie folgt berechnen:
Bei einem Zinssatz von 4,5% beträgt der Kurs : $C_0 = 100$.

Eine Effektivverzinsung von 5% führt zu einem Kurs von ·

$$C_0 = \frac{9}{12} \cdot \frac{1}{1,00407^{185}} \cdot \frac{1,00407^{185} - 1}{1,00407 - 1} + 0,1394164 \cdot \frac{1}{1,00407^{185}} = 97,3863$$

Aufgrund einer linearen Interpolation ergibt sich eine Effektivverzinsung von $p' = 4,69\%$.

Übungsbeispiel 6-19:
Ein Darlehen wird zu folgenden Bedingungen gewährt:
• Rückzahlung zum Nennwert in zehn Quartalsraten
• Nominalverzinsung von 8% p.a. bei quartalsweiser Zinsabrechnung
• Auszahlung von 98%.
Wie hoch ist die Effektivverzinsung?

Als Quartalsrate ergibt sich aus (6-37)

$$a = 100 \cdot 1{,}02^{10} \cdot \frac{1{,}02 - 1}{1{,}02^{10} - 1} = 11{,}13265.$$

Nach Kursformel (6-38) beträgt der Kurs bei einer Effektivverzinsung von 9%

$$C_0 = 11{,}13265 \cdot (4 + \frac{0{,}09}{2} \cdot 3) \cdot \frac{1}{1{,}09^2} \cdot \frac{1{,}09^2 - 1}{1{,}09 - 1}$$

$$+ 11{,}13265 \cdot (2 + \frac{0{,}09}{4} \cdot \frac{2}{2} \cdot 1) \cdot \frac{1}{1 + \frac{1}{2} \cdot 0{,}09} \cdot \frac{1}{1{,}09^2}$$

$$C_0 = 99{,}1131.$$

Eine Effektivverzinsung von 10% führt nach (6-38) zu einem Kurs von

$$C_0 = 11{,}13265 \cdot (4 + \frac{0{,}1}{2} \cdot 3) \cdot \frac{1}{1{,}1^2} \cdot \frac{1{,}1^2 - 1}{1{,}1 - 1}$$

$$+ 11{,}13265 \cdot (2 + \frac{0{,}1}{4} \cdot \frac{2}{2} \cdot 1) \cdot \frac{1}{1 + \frac{1}{2} \cdot 0{,}1} \cdot \frac{1}{1{,}1^2}$$

$$C_0 = 97{,}9266.$$

Durch eine lineare Interpolation ergibt sich die Effektivverzinsung des Darlehens zu $p' = 9{,}94\%$.

6.3 Die Effektivverzinsung von Teilzahlungskrediten

Bei einer Ratenschuld bzw. Annuitätenschuld werden die zu zahlenden Zinsen stets unter Verwendung der Nominalverzinsung von der jeweiligen Restschuld zu Beginn des Jahres bzw. zu Beginn der Zinsperiode berechnet. Mit zunehmender Tilgung sinkt die Restschuld und nehmen folglich die Zinszahlungen ab. Insbesondere bei Kleinkrediten ist es jedoch üblich, die zu zahlenden Zinsen unter Verwendung eines vereinbarten Periodenzinssatzes in jeder Periode von der aufgenommenen Schuldsumme zu berechnen. Die Zinsen pro Periode bleiben also unabhängig von der Tilgung während des gesamten Tilgungsvorgangs konstant. Von Banken und Kreditinstituten angebotene Anschaffungsdarlehen und Kleinkredite entsprechen oft diesem Vorgehen. Ein unter den genannten Bedingungen angebotener Kredit wird im folgenden "Teilzahlungskredit" genannt.

Da bei einem Teilzahlungskredit die Zinsen stets von der aufgenommenen Schuldsumme berechnet werden, muß die tatsächliche Verzinsung (Effektivverzinsung) über der vereinbarten Periodenverzinsung bzw. Jahresverzinsung liegen. Die Berechnung der Effektivverzinsung erfolgt in der Praxis auf der Grundlage einfacher Zinsen nach einem recht einfachen Verfahren: Es werden die während der Tilgungsdauer insgesamt zu zahlenden Zinsen auf die Summe aller Restschulden der einzelnen Tilgungsperioden bezogen. An einem Beispiel werden die Berechnungen im folgenden verdeutlicht.

Übungsbeispiel 6-20:
Ein Student der Betriebswirtschaftslehre benötigt für eine Studienreise einen Kleinkredit von 1.200.- €. Er erhält den Kredit unter folgenden Bedingungen: Tilgung von 100.- € monatlich bei 0,5% nominellen Monatszinsen auf die aufgenommene Schuldsumme. Der Student möchte die Effektivverzinsung wissen.

Aufgrund der Kreditbedingungen läßt sich folgender Teilzahlungsplan aufstellen:

Monat	Tilgungsrate (in €)	Zinsen (in €)	Restschuld am Monatsanfang (in €)
1	100	6	1.200
2	100	6	1.100
3	100	6	1.000
4	100	6	900
5	100	6	800
6	100	6	700
7	100	6	600
8	100	6	500
9	100	6	400
10	100	6	300
11	100	6	200
12	100	6	100
Summen	1.200	72	7.800

Werden die insgesamt gezahlten Zinsen von 72.- € auf die Summe der Restschuld von 7.800.- € bezogen, so ergibt sich eine Effektivverzinsung pro Monat von

$$\frac{72}{7.800} = 0,00923$$

bzw. 0,923%. Folglich entspricht im vorliegenden Beispiel der nominellen Jahresverzinsung von 0,5·12 = 6% eine effektive Jahresverzinsung von 0,923·12 = 11,08%.

Der Berechnung der Effektivverzinsung nach dem beschriebenen Vorgehen liegen einfache Zinsen zugrunde; Zinseszinsen bleiben unberücksichtigt. Nach der einfachen Zinsrechnung ergibt sich die Verzinsung des eingesetzten Kapitals, indem die Periodenzinsen auf das in der Periode gebundene (eingesetzte) Kapital bezogen werden. Nimmt das gebundene bzw. eingesetzte Kapital in verschiedenen Teilperioden der Gesamtperiode unterschiedliche Werte an, so muß zur Berechnung des während der Gesamtperiode geltenden Zinssatzes der Durchschnitt der Periodenzinsen durch den Durchschnitt der "Periodenkapitalien" dividiert werden.

Bei einem Teilzahlungskredit entspricht das gebundene bzw. eingesetzte Kapital jeweils der Restschuld zu Beginn einer Periode. Die Effektivverzinsung eines Teilzahlungskredits pro Periode läßt sich demnach aus

$$\frac{i'}{m} = \frac{\frac{1}{k} \cdot \sum_{j=1}^{k} Z_j}{\frac{1}{k} \cdot \sum_{j=1}^{k} RS_j} \tag{6-44}$$

berechnen. Dabei bedeuten die Symbole
- i' Jahres-Effektivverzinsung,
- m Anzahl der Tilgungsperioden pro Jahr,
- k Anzahl der Tilgungsperioden insgesamt,
- Z_j Zinsen der Periode j und
- RS_j Restschuld zu Beginn der Periode j.

In der Bestimmungsgleichung (6-44) werden also die durchschnittlichen Periodenzinsen des Teilzahlungskredits durch den Durchschnitt der Restschulden zu Beginn der einzelnen Perioden dividiert. Werden diese Durchschnittswerte mit der Anzahl der Tilgungsperioden k multipliziert, so werden die Gesamtzinsen des Teilzahlungskredits auf die Summe aller Restschulden bezogen, wie es oben beschrieben und im Beispiel 6-20 berechnet wurde.

In der Praxis erfolgt die Berechnung der Effektivverzinsung auf der Grundlage von Zinseszinsen, wobei innerhalb der Jahre allerdings nur einfache Zinsen verrechnet werden. Wird die Schuldsumme gleich 100 gesetzt, kann die Effektivverzinsung nach Kursformel (6-38) berechnet werden.

Bei Teilzahlungskrediten kann demnach gemäß (6-38) von folgender Beziehung zwischen Kurs und Effektivverzinsung ausgegangen werden:

$$C_0 = a \cdot (m + \frac{i'}{2} \cdot [m-1]) \cdot f'_g + a \cdot (h + \frac{i'}{m} \cdot \frac{h}{2} \cdot [h-1]) \cdot \frac{1}{1 + \frac{h}{m} \cdot i'} \cdot \frac{1}{q'^g} \cdot$$

Die Periodenraten a des Teilzahlungskredits setzen sich bei insgesamt k Tilgungsperioden aus dem Tilgungsbetrag $\frac{100}{k}$ und dem pro Periode konstanten Zinsbetrag $\frac{p}{m}$ (Zinsen pro Periode auf die Schuldsumme) zusammen. Es gilt also

$$a = \frac{100}{k} + \frac{p}{m} \qquad (6\text{-}45).$$

Sofern zusätzlich eine in der Praxis übliche Bearbeitungsgebühr von b% der Schuldsumme zu berücksichtigen ist, ergibt sich die Periodenrate aus

$$a = \frac{100 + b}{k} + \frac{p}{m} \qquad (6\text{-}46).$$

Übungsbeispiel 6-21:
Ein Teilzahlungskredit von 8.000.- € wird unter folgenden Bedingungen vergeben: Nominalverzinsung von 0,62% pro Monat auf die Schuldsumme, Tilgung innerhalb von 30 Monaten in konstanten Monatsraten, Bearbeitungsgebühr von 2% der Schuldsumme, Auszahlung zu 100. Wieviel Prozent beträgt die Effektivverzinsung?

Die Periodenrate ergibt sich aus (6-46) zu

$$a = \frac{100 + 2}{30} + 0,62 = 4,02 \,.$$

Bei einer Effektivverzinsung von 16% beträgt der Kurs nach (6-38)

$$C_0 = 4,02 \cdot (12 + \frac{0,16}{2} \cdot 11) \cdot \frac{1}{1,16^2} \cdot \frac{1,16^2 - 1}{1,16 - 1} + 4,02 \cdot (6 + \frac{0,16}{12} \cdot \frac{6}{2} \cdot 5) \cdot \frac{1}{1 + 0,5 \cdot 0,16} \cdot \frac{1}{1,16^2}$$

$C_0 = 100,2656.$

Eine Effektivverzinsung von 17% führt zu einem Kurs von

$$C_0 = 4,02 \cdot (12 + \frac{0,17}{2} \cdot 11) \cdot \frac{1}{1,17^2} \cdot \frac{1,17^2 - 1}{1,17 - 1} + 4,02 \cdot (6 + \frac{0,17}{12} \cdot \frac{6}{2} \cdot 5) \cdot \frac{1}{1 + 0,5 \cdot 0,17} \cdot \frac{1}{1,17^2}$$

$C_0 = 99,24386.$

Aufgrund der Relation

$$\frac{100,2656 - 100}{100,2656 - 99,24386} = \frac{16 - p'}{17 - 16}$$

ergibt sich durch lineare Interpolation die Effektivverzinsung $p' = 16,26\%$.

6.4 Die Effektivverzinsung nach Preisangabenverordnung und nach ISMA-Methode

Die Berechnung der Effektivverzinsung als effektiver Jahreszins erfolgt bei Bankgeschäften derzeit nach der Preisangabenverordnung. Nach dieser Verordnung werden unterjährlich einfache Zinsen und auf Jahresbasis Zinseszinsen kalkuliert. Diese unterjährliche lineare Berechnungsmethode entspricht insofern dem methodischen Ansatz in diesem Kapitel.

Bei der Berechnung der Effektivverzinsung nach der Preisangabenverordnung wird das Anfangskapital (der ausgezahlte Kreditbetrag) als Barwert aller Zahlungen (Zins- und Tilgungszahlungen) im Rahmen des Bankgeschäftes dargestellt. Bei Kalkulation einfacher Zinsen während des Jahres gilt also:

$$K_o = \sum_{s=1}^{n} \sum_{t=1}^{m} A_{s,t} \left(1 + i' \cdot \frac{m - t}{m} \right) \cdot (1 + i')^{-s} \tag{6-47}$$

Dabei bedeuten:

K_0 Anfangskapital/ ausgezahlter Kreditbetrag

$A_{s,t}$ Zins- oder Zins- und Tilgungszahlung zum entsprechenden Zeitpunkt s,t

m   Anzahl der Perioden (Zinszahlungsperioden) während des Jahres

n   Anzahl der Jahre (Laufzeit des Kredits in Jahren)

i' effektive Jahreszinsen

Aus der Gleichung (6-47) läßt sich nach den oben beschriebenen Näherungsverfahren die Effektivverzinsung berechnen.

<u>Übungsbeispiel 6-22</u>

Ein Kredit von 25.000 ☐ wird zu folgenden Bedingungen vergeben: Nominalverzinsung
von 6%, 2 Jahre Laufzeit, 95% Auszahlung, halbjährliche Zinszahlung, jährliche Ratentilgung, also Zahlung des halben Kreditbetrags nach einem Jahr und Zahlung des Restes nach
2 Jahren.

Es ist entsprechend Gleichung (6-47) der Zinssatz i' zu bestimmen, bei dem der Barwert
aller Zins- und Tilgungszahlungen dem ausgezahlten Kreditbetrag (Anfangskapital) entspricht. Dieser beträgt wegen der Auszahlung von 95% 23.750. Die Zahlungen dieses
Bankgeschäfts stellen sich (aus Sicht der Bank) wie folgt dar:

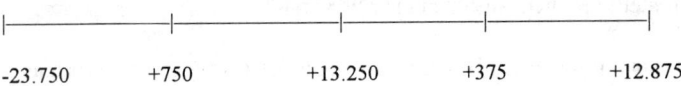

-23.750   +750   +13.250   +375   +12.875

Nach der Gleichung (6-47) ergeben sich

- bei einem angenommenen Effektivzins von 8,5% ein Anfangskapital von K_0=24.201,43.
- bei einem angenommenen Effektivzins von 10% ein Anfangskapital von K_0=23.727,27.

Aus linearer Interpolation ergibt sich ein effektiver Jahreszins von i'=0,0993. Die Effektivverzinsung beträgt also 9,93%.

Nach einer EU-Richtlinie zur Angleichung der Rechts- und Verwaltungsvor-
schriften ist geregelt, daß die Berechnung der Effektivverzinsung nach der
Preisangabenverordnung abgelöst wird von der

ISMA-Methode (International Securities Markets Association). Nach dieser Methode wird auch unterjährlich mit Zinseszinsen gerechnet. Wird das Anfangskapital (der ausgezahlte Kreditbetrag) als Barwert aller Zahlungen (Zins- und Tilgungszahlungen) im Rahmen des Bankgeschäfts bei Kalkulation auch von Zinseszinsen während des Jahres dargestellt, ist von folgender Gleichung auszugehen:

$$K_o = \sum_{v=1}^{m \cdot n} A_v \cdot (1 + i')^{-\frac{v}{m}}$$

(6-48)

Dabei bedeutet:

K_o Anfangskapital / ausgezahlter Kreditbetrag
A_v Zins- oder Zins- und Tilgungszahlung zum entsprechenden Zeitpunkt v
M   Anzahl der Perioden (Zinszahlungsperioden) während des Jahres
n   Anzahl der Jahre (Laufzeit des Kredits in Jahren)
i'   effektive Jahreszinsen

Aus der Gleichung (6-48) läßt sich nach den oben beschriebenen Näherungsverfahren die Effektivverzinsung berechnen.

Übungsbeispiel (6-23):

Es wird von einem Kreditgeschäft entsprechend den in Übungsaufgaben (6-22) beschriebenen Bedingungen ausgegangen.

Es ist entsprechend Gleichung (6-48) der Zinssatz i' zu bestimmen, bei dem der Barwert aller Zins- und Tilgungszahlungen dem ausgezahlten Kreditbetrag (Anfangskapital) entspricht.

Nach (6-48) ergeben sich

- bei einem angenommen Effektivzins von 8,5% ein Anfangskapital von K_o=24.200,55.
- Bei einem angenommen Effektivzins von 10% ein Anfangskapital von K_o=23.726,09.

Aus linearer Interpolation ergibt sich ein effektiver Jahreszins von i'=0,0992. Die Effektivverzinsung beträgt also 9,92%

Die Berechnungen nach Preisangabenverordnung und ISMA-Methode weichen nur minimal voneinander ab. Dies begründet sich aus der Tatsache, daß bei der ISMA-Methode zwar unterjährlichZinseszinsen kalkuliert werden, diese werden jedoch nicht mit dem unterjährlichen relativen Zinsatz $\dfrac{i}{m}$, sondern mit dem oben als konformen Zins[1] bezeichneten Zinssatz kalkuliert. Für den Bankkunden ergeben sich also aus der Umstellung der Preisangabenverordnung auf die ISMA-Methode keine bzw. vernachlässigbare Änderungen.

---

[1] Vgl.Abschnitt 3.3.2

Lösungshinweise zu den Übungsaufgaben

In den nachfolgenden Lösungshinweisen zu den Übungsaufgaben werden *in Kursivschrift technische Lösungshinweise wie Gleichungsnummern im vorliegenden Buch, Vorüberlegungen zur Lösung, nicht offensichtliche Zwischenschritte usw.* angegeben. Der eigentliche Lösungsansatz und die Lösung sind in Normalschrift gedruckt.

(1) *Gleichung (2-2):* $a_5 = 10+(5-1)\cdot(-3) = -2$

(2) *Gleichung (2-2):* $a_{74} = 1+(74-1)\cdot 4 = 293$

(3) *Gleichung (2-2):* $73 = 1+(25-1)\cdot d \quad \rightarrow \quad d = 3$

(4) *Gleichung (2-2):* $209 = 5+(n-1)\cdot 12 \quad \rightarrow \quad n = 18$

(5) *Gleichung (2-5):* $\displaystyle\sum_{i=1}^{10} a_i = \frac{10}{2}(2+38) = 200$

(6) *Gleichung (2-3):* $\displaystyle\sum_{i=1}^{10} a_i = \frac{10}{2}\left[2\cdot 2 + (10-1)\cdot 4\right] = 200$

(7) *Gleichung (2-3):* $110 = \dfrac{10}{2}\left[2\cdot 2 + (10-1)\cdot d\right] \quad \rightarrow \quad d = 2$

(8) *Gleichung (2-5):* $153 = \dfrac{9}{2}(a_1 + 29) \quad \rightarrow \quad a_1 = 5$

(9) *Gleichung (2-7):* $a_5 = 5\cdot 3^4 = 405$

(10) *Gleichung (2-8):* $\displaystyle\sum_{i=1}^{5} a_i = 5\cdot \frac{3^5 - 1}{3-1} = 605$

(11) *Gleichung (2-7):* $a_4 = 10\cdot 4^3 = 640$

(12) *Gleichung (2-7):* $4375 = a_1 \cdot 5^{5-1} \quad \rightarrow \quad a_1 = 7$

(13) *Gleichung (2-8):* $15{,}43122 = a_1 \cdot \dfrac{1{,}1^6 - 1}{1{,}1 - 1} \quad \rightarrow \quad a_1 = 2$

(14) (a) *Gleichung (2-7):* $a_{27} = 24.000\cdot(1{,}12)^{27-1} = 456.961{,}73$

　　 (b) *Gleichung (2-7):* $1.000.000 = 24.000\cdot(1{,}12)^{n-1} \quad \rightarrow \quad n = 33{,}9 \approx 34$
Etwa im Jahre 2007 würde ein Jahres-Brutto-Einkommen von 1 Million DM erzielt.

(15) *Gleichung (2-9):* $\displaystyle\sum_{i=1}^{5} a_i = 10\cdot \frac{1-(0{,}5)^5}{1-(0{,}5)} = 19{,}375$

(16) *Gleichung (2-9):* $34.100 = a_1 \cdot \dfrac{1-(0{,}25)^5}{1-0{,}25} \quad \rightarrow \quad a_1 = 25.600$

(17) *Gleichung (2-9):* $7.812 = a_1 \cdot \dfrac{1-(0{,}2)^6}{1-0{,}2} \quad \rightarrow \quad a_1 = 6.250$

　　 Gleichung (2-7): $\qquad\qquad a_6 = 6.250\cdot(0{,}2)^{6-1}$
$$a_6 = 2$$

(18) *Gleichung (2-11)*: $\displaystyle\sum_{i=1}^{\infty} a_i = 5 \cdot \frac{1}{1-0,2} = 6,25$

(19) *Gleichung (2-11)*: $\displaystyle\sum_{i=1}^{\infty} a_i = 500 \cdot \frac{1}{1-0,5} = 1.000$

(20) *Gleichung (3-4)*: $K_n = 1.000 \cdot (1+3 \cdot 0,08) = 1.240$

(21) *Gleichung (3-5)*: $K_0 = 1.250 \cdot \dfrac{1}{1+25 \cdot 0,06} = 500$

(22) *Gleichung (3-4)*: $2.912,50 = 1.250 \cdot (1+n \cdot 0,07) \quad \rightarrow \quad n = 19$

(23) *Gleichung (3-4)*: $4.750 = 2.500 \cdot (1+12 \cdot i) \quad \rightarrow \quad i = 0,075$

(24) *Gleichung (3-8)*: $K_n = 10.000 \cdot (1,08)^{12} = 25.181,70$

(25) *Gleichung (3-9)*: $K_0 = 100.000 \cdot \dfrac{1}{(1,065)^5} = 72.988,08$

(26) *Gleichung (3-9)*: $K_0 = 7.000 \cdot \dfrac{1}{(1,07)^7} = 4.359,25$

(27) *Gleichung (3-10)*: $i = \sqrt[5]{\dfrac{2.000}{1.000}} - 1 = 0,1487$

(28) (a)   *Gleichung (3-10)*: $i = \sqrt[7]{\dfrac{145.000}{100.000}} - 1 = 0,0545$

      (b)   Bankanlage wäre günstiger gewesen, denn die dabei erzielbare Durchschnitts-
             verzinsung von 6,5% ist höher, als bei der Beteiligung mit 5,45%. Bei der
             Bankanlage hätte der Kaufmann am 31.12.2000 über ein Kapital von
             155.398,65 DM verfügen können.

(29) *Gleichung (3-10)*: $K_n = 2 \cdot K_0 \quad \rightarrow \quad \dfrac{K_n}{K_0} = 2 \quad \rightarrow \quad i = \sqrt[4]{2} - 1 = 0,1892$

(30) *Gleichung (3-11)*: $K_n = 2 \cdot K_0 \quad \rightarrow \quad n = \dfrac{\log(2) - \log(1)}{\log(1,055)} = 12,95$

(31) *Gleichung (3-11)*: $n = \dfrac{\log(339,97) - \log(100)}{\log(1,085)} = 15$

(32) (a)   *Gleichung (3-14)*: $K_n = 500 \cdot (1,02)^{4 \cdot 8} = 942,27$

      (b)   *Gleichung (3-15)*: $j = (1,02)^4 - 1 = 0,0824$

(33) (a)   *Gleichung (3-15)*: $j = i = 0,085$

      (b)   *Gleichung (3-15)*: $j = \left(1 + \dfrac{0,085}{2}\right)^2 - 1 = 0,0868$

      (c)   *Gleichung (3-15)*: $j = \left(1 + \dfrac{0,085}{4}\right)^4 - 1 = 0,0877$

(34) (a) *Gleichung (3-16):* $k = \sqrt[12]{1+0,09} - 1 = 0,0072$

       (b) *Gleichung (3-14):* $K_n = 5.000 \cdot (1+0,0072)^{12 \cdot 5} = 7.693,12$

       (c) *Gleichung (3-8):* $K_n = 5.000 \cdot (1+0,09)^5 = 7.693,12$

(35) (a) *Gleichung (3-22):* $G = 3.000 \cdot \dfrac{1}{1,06} + 4.000 \cdot \dfrac{1}{1,06^2} + 2.500 \cdot \dfrac{1}{1,06^3}$

$$+2.000 \cdot \frac{1}{1,06^4} + 1.000 \cdot \frac{1}{1,06^5} - 10.000 = 820,67$$

       (b) Da G positiv ist, ist die Investition vorteilhaft.

(36) (a) *Gleichung (3-22):* $G = 8.000 \cdot \dfrac{1}{1,06} + 10.000 \cdot \dfrac{1}{1,06^2} + 15.000 \cdot \dfrac{1}{1,06^3}$

$$-30.000 = -958,58$$

       (b) Da G negativ ist, ist die Investition unvorteilhaft.

(37) (a) *Gleichung (3-22):* $G = 10.000 \cdot \dfrac{1}{1,08} + 20.000 \cdot \dfrac{1}{1,08^2} + 20.000 \cdot \dfrac{1}{1,08^3}$

$$+10.000 \cdot \frac{1}{1,08^4} - 50.000 = -367,02$$

       (b) Die Investition ist nicht vorteilhaft, da G negativ ist.

(38) (a) *Gleichung (3-22):*

       Alternative I: $G = 8.000 \cdot \dfrac{1}{1,08} + 12.000 \cdot \dfrac{1}{1,08^2} + 6.000 \cdot \dfrac{1}{1,08^3}$

$$+4.000 \cdot \frac{1}{1,08^4} - 25.000 = 398,59$$

       Alternative II: $G = 21.500 \cdot \dfrac{1}{1,08^2} + 9.500 \cdot \dfrac{1}{1,08^4} - 25.000 = 415,57$

       Es sollte die Alternative mit dem höchsten Kapitalwert, also die Alternative II gewählt werden.

(39) (a) *Gleichung (3-22):* $G = 8.250 \cdot \dfrac{1}{1,06} + 11.050 \cdot \dfrac{1}{1,06^2} + 13.500 \cdot \dfrac{1}{1,06^3}$

$$+13.500 \cdot \frac{1}{1,06^4} - 40.000 = -354,40$$

       Die Investition ist unvorteilhaft.

(39) (b)   *Gleichung (3-22)*: $G = 17.250 \cdot \dfrac{1}{1,06} + 8.050 \cdot \dfrac{1}{1,06^2} + 10.500 \cdot \dfrac{1}{1,06^3}$

$$+ 10.500 \cdot \dfrac{1}{1,06^4} - 40.000 = 571,04$$

Die Investition ist bei einer Sofort-Abschreibung im ersten Nutzungsjahr vorteilhaft.

(40) (a)   *Gleichung (3-10)*: $i = \sqrt[10]{\dfrac{54.000}{25.000}} - 1 = 0,0800538\ldots$

(b)   Die Anlage bei der Sparkasse wäre nicht günstiger gewesen.

(41) *Gleichung (3-27)*: $5.500 \cdot \dfrac{1}{q^2} + 6.000 \cdot \dfrac{1}{q} - 10.000 = 0$

Auflösung nach q: $q_{(1)} = 1,1 \quad \wedge \quad q_{(2)} = -0,5$ Rendite: 10%.

(42) *Gleichung (3-27)*:

Alternative I: $11.881 \cdot \dfrac{1}{q^2} - 10.000 = 0$ $q_{(1)} = 1,09 \quad \wedge \quad q_{(2)} = -1,09$

Rendite: 9%.

Alternative II: $6.600 \cdot \dfrac{1}{q^2} + 5.000 \cdot \dfrac{1}{q} - 10.000 = 0$ $q_{(1)} = 1,1 \quad \wedge \quad q_{(2)} = -0,6$

Rendite: 10%.
Beide Alternativen sind unvorteilhaft.

(43) *Gleichung (3-27)*:

$$1.000 \cdot \dfrac{1}{q^5} + 2.000 \cdot \dfrac{1}{q^4} + 2.500 \cdot \dfrac{1}{q^3} + 4.000 \cdot \dfrac{1}{q^2} + 3.000 \cdot \dfrac{1}{q} - 10.000 = 0$$

Näherungslösung (nach linearer Interpolation):
  $G = 6,280777\ldots$ bei $i = 0,0950$
  $G = -4,606541\ldots$ bei $i = 0,0955$ $\quad \rightarrow \quad i = 0,0953$
Die Investition ist bei einer Rendite von 9,53% vorteilhaft.

(44) *Gleichung (3-27)*:

$$10.000 \cdot \dfrac{1}{q^4} + 20.000 \cdot \dfrac{1}{q^3} + 20.000 \cdot \dfrac{1}{q^2} + 10.000 \cdot \dfrac{1}{q} - 50.000 = 0$$

Näherungslösung (nach linearer Interpolation):
  $G = 26,183331\ldots$ bei $i = 0,0765$
  $G = -7,710727\ldots$ bei $i = 0,0768$ $\quad \rightarrow \quad i = 0,0767$
Die Investition ist bei einer Rendite von 7,67% unvorteilhaft.

(45) *Gleichung (4-3)*: $R_n = 1.200 \cdot \dfrac{(1,06)^{10} - 1}{1,06 - 1} = 15.816,95$

(46) *Gleichung (4-5):* $R_0 = 10.000 \cdot \dfrac{(1,08)^{10} - 1}{1,08 - 1} \cdot \dfrac{1}{(1,08)^{10}} = 67.100,81$

(47) *Es handelt sich hier um 2 nachschüssige Rentenvorgänge I und II mit $n_I = 30$ Jahren und $n_{II} = 10$ Jahren und $r_{II} = 9.000.- DM$. Der Endwert der Rente I ist identisch mit dem Barwert der Rente II.*

Gleichung (4-5): $R_{0_{II}} = 9.000 \cdot \dfrac{(1,06)^{10} - 1}{1,06 - 1} \cdot \dfrac{1}{(1,06)^{10}} = 66.240,78$

$R_{0_{II}} = 66.240,78 = R_{n_I}$

Gleichung (4-6): $r_I = 66.240,78 \cdot \dfrac{1,06 - 1}{(1,06)^{30} - 1} = 837,87$

(48) *Es handelt sich hier um 2 nachschüssige Rentenvorgänge I und II mit $n_I = 20$ Jahren, $r_I = 2.000.- DM$ und $r_{II} = 6.000.- DM$. Der Endwert der Rente I ist identisch mit dem Barwert der Rente II.*

Gleichung (4-3): $R_{n_I} = 2.000 \cdot \dfrac{(1,05)^{20} - 1}{1,05 - 1} = 66.131,91 = R_{0_{II}}$

Gleichung (4-9): $n_{II} = \dfrac{\log\left[\dfrac{1}{-\dfrac{66.131,91 \cdot (1,05 - 1)}{6.000} + 1}\right]}{\log(1,05)} = 16,42$

(49) *Gleichung (4-12):* $R_n = 624 \cdot 1,08 \cdot \dfrac{(1,08)^{12} - 1}{1,08 - 1} = 12.789,07$

(50) *Gleichung (4-14):* $R_0 = 10.000 \cdot \dfrac{1}{(1,08)^4} \cdot \dfrac{(1,08)^5 - 1}{1,08 - 1} = 43.121,27$

(51) *Gemäß Gleichung (4-15) gilt:*

$$r = R_n \cdot \dfrac{q - 1}{q \cdot (q^n - 1)}$$

Für R_n läßt sich $R_0 q^n$ setzen und man erhält:

$$r = R_0 \cdot q^n \cdot \dfrac{q - 1}{q \cdot (q^n - 1)} = R_0 \cdot q^{n-1} \cdot \dfrac{q - 1}{q^n - 1}$$

$$r = 125.000 \cdot (1,085)^{19} \cdot \dfrac{1,085 - 1}{(1,085)^{20} - 1} = 12.174,08$$

(52) *Gleichung (4-18):* $\quad n = \dfrac{\log\left[-\dfrac{1}{\dfrac{100.000\cdot(1,08-1)}{14.400}+1,08}\right]}{\log(1,08)} + 1 = 9,3863$

(53) *Gleichung (4-23):* $\quad r_e = 50 \cdot \left[12 + \dfrac{0,065}{2}\cdot(12-1)\right] = 617,88$

     Gleichung (4-19): $\quad R_n = 617,88 \cdot \dfrac{(1,065)^6 - 1}{1,065 - 1} = 4.364,50$

(54) *Gleichung (4-23):* $\quad r_e = 1.000 \cdot \left[12 + \dfrac{0,125}{2}\cdot(12-1)\right] = 12.687,50$

     analog zu Gleichung (4-5): $\quad R_0 = 12.687,50 \cdot \dfrac{1}{(1,125)^5} \cdot \dfrac{(1,125)^5 - 1}{1,125 - 1} = 45.174,71$

(55) *analog zu Gleichung (4-8):* $\quad (r=)r_e = 10.000 \cdot (1,105)^4 \cdot \dfrac{1,105 - 1}{(1,105)^4 - 1} = 3.188,92$

     aus Gleichung (4-23): $\quad r = \dfrac{r_e}{\left[m + \dfrac{i}{2}(m-1)\right]} = \dfrac{3.188,92}{12 + \dfrac{0,105}{2}\cdot(12-1)} = 253,54$

(56) *Gleichung (4-23):* $\quad r_e = 2.000\left[4 + \dfrac{0,14}{2}\cdot(4-1)\right] = 8.420$

     Gleichung (4-9): $\quad n = \dfrac{\log\left[-\dfrac{1}{\dfrac{30.000\cdot(1,14-1)}{8.420}+1}\right]}{\log(1,14)} = 5,27$

(57) *Gleichung (4-27):* $\quad r_e = 500 \cdot \left[12 + \dfrac{0,06}{2}\cdot(12+1)\right] = 6.195$

     Gleichung (4-19): $\quad R_n = 6.195 \cdot \dfrac{(1,06)^3 - 1}{1,06 - 1} = 19.722,40$

(58) *Gleichung (4-27):* $\quad r_e = 600 \cdot \left[12 + \dfrac{0,07}{2}\cdot(12+1)\right] = 7.473$

     analog zu Gleichung (4-5): $\quad R_0 = 7.473 \cdot \dfrac{1}{(1,07)^5} \cdot \dfrac{(1,07)^5 - 1}{1,07 - 1} = 30.640,78$

(59) *analog zu Gleichung (4-8):* $r_e = 100.000 \cdot (1,08)^{30} \cdot \dfrac{1,08-1}{(1,08)^{30}-1} = 8.882,74$

    aus Gleichung (4-23): $r = \dfrac{r_e}{\left[m + \frac{i}{2}(m-1)\right]} = \dfrac{8.882,74}{12 + \frac{0,08}{2} \cdot (12-1)} = 709,48$

(60) *Die Schuld ist bis zum Ende des 2. Tilgungsjahres angewachsen auf:*

$$10.000.000 \cdot (1,02)^2 = 10.404.000$$

    Gleichung (4-23): $\quad r_e = 100.000\left[4 + \dfrac{0,02}{2} \cdot (4+1)\right] = 405.000$

    analog zu Gleichung (4-9): $\quad n = \dfrac{\log\left[\dfrac{1}{-\dfrac{10.404.000 \cdot (1,02-1)}{405.000}+1}\right]}{\log(1,02)} = 36,41$

(61) *Gleichung (4-31):* $\quad R_0 = \dfrac{2.000}{0,08} = 25.000$

(62) *Gleichung (4-31):* $\quad 50.000 = \dfrac{r}{0,075} \quad \to \quad r = 3.750$

(63) *Gleichung (4-31):* $\quad 25.000 = \dfrac{1.500}{i} \quad \to \quad i = 0,06$

(64) (a)   *Gleichung (3-22):* $\quad G = \underbrace{600 \cdot \dfrac{1,05^5-1}{1,05-1} \cdot \dfrac{1}{1,05^{10}}}_{\substack{\text{Dividenden} \\ \text{1990-1994}}} + \underbrace{1.800 \cdot \dfrac{1}{1,05^{11}}}_{\substack{\text{Dividende/Bonus} \\ \text{1995}}}$

$$\underbrace{+800 \cdot \dfrac{1,05^4-1}{1,05-1} \cdot \dfrac{1}{1,05^{15}}}_{\substack{\text{Dividenden} \\ \text{1996-1999}}} + \underbrace{20.800 \cdot \dfrac{1}{1,05^{15}}}_{\substack{\text{Einnahmen aus} \\ \text{Aktienverkauf}}} - 15.000 = -248,47$$

Die Investition ist unvorteilhaft, da G negativ ist.

    (b)   *Gleichung (4-36):* $\quad p = -248,47 \cdot \dfrac{1,05^{15} \cdot (1,05-1)}{1,05^{15}-1} = -23,94$

Die Investition ist unvorteilhaft, da p negativ ist.

(65) (a)   *Gleichung (3-22)* :

$$G = 400.000 \cdot \frac{1}{1{,}07^{10}} \cdot \frac{1{,}07^{10}-1}{1{,}07-1} - 200.000 \cdot \frac{1}{1{,}07^{20}} \cdot \frac{1{,}07^{20}-1}{1{,}07-1}$$

$$\underbrace{\qquad\qquad\qquad\qquad\qquad\qquad\qquad}_{\text{Zinsgewinn aus der Vorverlegung der Einnahmen}}$$

$$-650.000 = 40.629{,}77$$

Die Investition ist vorteilhaft, da G positiv ist.

(b)   *Gleichung (4-36)*: $p = 40.629{,}77 \cdot \dfrac{1{,}07^{10} \cdot (1{,}07-1)}{1{,}07^{10}-1} = 5.784{,}77$

Die Investition ist vorteilhaft, weil p positiv ist.

(66) S=36.000   n = 2   m = 12   i = 0,108

Jahr	Monat	Restschuld zu Beginn des Monats	Zinsen auf die Restschuld bis zum Ende des Monats	Tilgungsrate	Monatsannuität	Restschuld am Ende des Monats
1	1	36.000,00	324,00	1.500,00	1.824,00	34.500,00
	2	34.500,00	310,50	1.500,00	1.810,50	33.000,00
	3	33.000,00	297,00	1.500,00	1.797,00	31.500,00
	4	31.500,00	283,50	1.500,00	1.783,50	30.000,00
	5	30.000,00	270,00	1.500,00	1.770,00	28.500,00
	6	28.500,00	256,50	1.500,00	1.756,50	27.000,00
	7	27.000,00	243,00	1.500,00	1.743,00	25.500,00
	8	25.500,00	229,50	1.500,00	1.729,50	24.000,00
	9	24.000,00	216,00	1.500,00	1.716,00	22.500,00
	10	22.500,00	202,50	1.500,00	1.702,50	21.000,00
	11	21.000,00	189,00	1.500,00	1.689,00	19.500,00
	12	19.500,00	175,50	1.500,00	1.675,50	18.000,00
2	1	18.000,00	162,00	1.500,00	1.662,00	16.500,00
	2	16.500,00	148,50	1.500,00	1.648,50	15.000,00
	3	15.000,00	135,00	1.500,00	1.635,00	13.500,00
	4	13.500,00	121,50	1.500,00	1.621,50	12.000,00
	5	12.000,00	108,00	1.500,00	1.608,00	10.500,00
	6	10.500,00	94,50	1.500,00	1.594,50	9.000,00
	7	9.000,00	81,00	1.500,00	1.581,00	7.500,00
	8	7.500,00	67,50	1.500,00	1.567,50	6.000,00
	9	6.000,00	54,00	1.500,00	1.554,00	4.500,00
	10	4.500,00	40,50	1.500,00	1.540,50	3.000,00
	11	3.000,00	27,00	1.500,00	1.527,00	1.500,00
	12	1.500,00	13,50	1.500,00	1.513,50	0,00

(67) (a)   *Gleichung (5-11):*
$$A = 10.000\,000 \cdot (1,025)^{25} \cdot \frac{1,025 - 1}{(1,025)^{25} - 1}$$
$$A = 542.759,21$$

(b)   *Gleichung (5-14):*
$$RS_{10} = 10.000.000 \cdot \frac{(1,025)^{25} - (1,025)^{10}}{(1,025)^{25} - 1}$$
$$RS_{10} = 6.720.106,80$$

(c)   *Gleichung (5-18):*
$$TR_{10} = 10.000.000 \cdot 0,025 \cdot \frac{(1,025)^{9}}{(1,025)^{25} - 1}$$
$$TR_{10} = 365.616,14$$

(d)   *Gleichung (5-21):*
$$Z_{13} = 10.000.000 \cdot 0,025 \cdot \frac{(1,025)^{25} - (1,025)^{12}}{(1,025)^{25} - 1}$$
$$Z_{13} = 149.303,62$$

(68) (a)   *Gleichung (5-11):*
$$A = 100.000 \cdot (1,085)^{4} \cdot \frac{1,085 - 1}{(1,085)^{4} - 1} = 30.528,79$$

       Gleichung (5-26):
$$a = \frac{30.528,79}{12 + \frac{0,085}{2} \cdot (12 - 1)} = 2.448,67$$

(b)   *Zunächst sind die Restschuldbeträge zu Beginn des Jahres j (für j = 1, 2, 3, 4) zu berechnen. Diese sind gleich den Restschuldbeträgen am Ende des Jahres j-1, die nach Gleichung (5-14) bestimmt werden können. Man erhält:*
$$RS_0 = 100.000 = S_1$$
$$RS_1 = 100.000 \cdot \frac{(1,085)^{4} - (1,085)^{1}}{(1,085)^{4} - 1} = 77.971,21 = S_2$$
$$RS_2 = 100.000 \cdot \frac{(1,085)^{4} - (1,085)^{2}}{(1,085)^{4} - 1} = 54.069,97 = S_3$$
$$RS_3 = 100.000 \cdot \frac{(1,085)^{4} - (1,085)^{3}}{(1,085)^{4} - 1} = 28.137,13 = S_4$$

Unter Verwendung dieser Restschuldbeträge berechnet man die geforderte Zinsbelastung nach Gleichung (5-28):
$$Z_1 = 0,085 \cdot \left(100.000 - 2.448,67 \cdot \frac{12 - 1}{2}\right) = 7.355,25$$
$$Z_2 = 0,085 \cdot \left(77.971,21 - 2.448,67 \cdot \frac{12 - 1}{2}\right) = 5.482,80$$
$$Z_3 = 0,085 \cdot \left(54.069,97 - 2.448,67 \cdot \frac{12 - 1}{2}\right) = 3.451,19$$
$$Z_4 = 0,085 \cdot \left(28.137,13 - 2.448,67 \cdot \frac{12 - 1}{2}\right) = 1.246,90$$

(69) (a) $A = 250.000 \cdot 0,1 = 25.000$

                                  $Z_1 = 250.000 \cdot 0,085 = 21.250$

                                  $T_1 = A - Z_1 = 3.750$

   (b)   Gleichung (5-30): $r = \dfrac{\log(25.000) - \log(3.750)}{\log(1,085)} = 23,25$

   (c)   Gleichung (5-31): $AZ = 250.000 \cdot (1,085)^{23} - 25.000 \cdot \dfrac{(1,085)^{23} - 1}{(1,085) - 1}$

                                  $AZ = 6.048,78$

(70)

| | Annuität aus | | | |
Jahr	Hypothek über 70.000,00 DM	Tilgungs-streckungs-darlehen über 4.200,00 DM	Bauspardarlehen über 60.000,00 DM	Jahresbelastung
1	0,00	4.620,00	7.200,00	11.820,00
2	7.000	0,00	7.200,00	14.200,00
.				
.				
.				
8	7.000,00	-	7.200,00	14.200,00
9	7.000,00	-	7.200,00	14.200,00
.				
.				
.				
11	7.000,00	-	7.200,00	14.200,00
12	7.000,00	-	348,06	7.348,06
13	7.000,00	-	0,00	7.000,00
.				
.				
.				
28	7.000,00	-	-	7.000,00
29	7.000,00	-	-	7.000,00
30	1.445,38	-	-	1.445,38

Anmerkung: Die Hypothek von 70.000,00 DM ist bis zum Ende des 1. Jahres durch die fälligen Zinsen auf 75.775,00 DM angewachsen. Diese Schuld wird in den folgenden 28,2 Jahren getilgt. Es ergeben sich demnach volle Annuitäten bis zum Ende des laufenden 29. Jahres und eine aufgezinste Abschlußzahlung am Ende des 30. Jahres.

(71) *Gleichung (6-13):* $C_0 = 6,5 \cdot \dfrac{1}{1,08^5} \cdot \dfrac{1,08^5 - 1}{1,08 - 1} + (100 + 3) \cdot \dfrac{1}{1,08^5}$

$$+ \frac{6,5 \cdot 0,08}{4} \cdot \frac{1}{1,08^5} \cdot \frac{1,08^5 - 1}{1,08 - 1} = 96,57$$

(72) *Berechnung von Näherungslösungen:*
Angebot 1: Näherungslösung, Gleichung (6-10)
$$p' = \frac{6,5}{95} \cdot 100 + \frac{100 + 2,5 - 95}{10} = 7,5921...\%$$
Verwendung der Kursformel (6-13) und lineare Interpolation:
$C_0 = 95,1855$ bei $p' = 7,5\%$
$C_0 = 91,9652$ bei $p' = 8,0\%$ → $p' = 7,5288...\%$
Angebot 2: Näherungslösung, Gleichung (6-10)
$$p' = \frac{7}{98} \cdot 100 + \frac{100 + 3 - 98}{10} = 7,6429...\%$$
Verwendung der Kursformel (6-9) und lineare Interpolation:
$C_0 = 98,0235$ bei $p' = 7,5\%$
$C_0 = 94,6795$ bei $p' = 8,0\%$ → $p' = 7,5035...\%$
Der Student sollte das Angebot 1 wählen. Eine Anlage auf dem Sparkonto wäre nicht günstiger.

(73) *Berechnung von Näherungslösungen:*
Alternative I: *Näherungsverfahren, Gleichung (6-6)*
$$p' = \frac{6}{95} \cdot 100 + \frac{100 - 95}{5} = 7,3158...\%$$
Verwendung der Kursformel (6-2) und lineare Interpolation:
$C_0 = 95,8998$ bei $p' = 7,0\%$
$C_0 = 93,9312$ bei $p' = 7,5\%$ → $p' = 7,2285...\%$
Alternative II: *Näherungsverfahren, Gleichung (6-6)*
$$p' = \frac{6,5}{97,5} \cdot 100 + \frac{100 - 97,5}{4} = 7,2917...\%$$
Verwendung der Kursformel (6-2) und lineare Interpolation:
$C_0 = 98,3064$ bei $p' = 7,0\%$
$C_0 = 96,6507$ bei $p' = 7,5\%$ → $p' = 7,2435...\%$
Je nach Verwendung der Banken- bzw. Kursformel sind unterschiedliche Entscheidungen möglich.

(74) *Approximative Lösung nach dem Näherungsverfahren, Gleichung (6-6)*
$$p' = \frac{7,5}{99} \cdot 100 + \frac{100 - 99}{3} = 7,9091...\%$$
Näherungslösung unter Verwendung der Kursformel (6-14) und lineare Interpolation:
$C_0 = 100,4754$ bei $p' = 7,5\%$
$C_0 = 98,0565$ bei $p' = 8,5\%$ → $p' = 8,1099...\%$

(75) *Gleichung (6-24):*
$$C_0 = 6 \cdot \frac{1}{1,065^{10}} \cdot \frac{1,065^{10} - 1}{1,065 - 1} + \frac{100}{5} \cdot \left[\frac{1}{1,065^5} \cdot \frac{1,065^5 - 1}{1,065 - 1} + \frac{6}{6,5} \cdot \left(5 - \frac{1}{1,065} \cdot \frac{1,065^5 - 1}{1,065 - 1} \right) \right] \cdot \frac{1}{1,065^{10}} = 95,71$$

(76) Alternative I:
      Berechnung nach dem Näherungsverfahren, Gleichung (6-6)
      $$p' = \frac{7,5}{97} \cdot 100 + \frac{100-97}{10} = 8,032...\%$$

      Berechnung unter Verwendung der Kursformel (6-23) und lineare Interpolation:
      $C_0 = 100$ bei $p' = 7,5\%$
      $C_0 = 95,9545$ bei $p' = 8,5\%$ $\rightarrow$ $p' = 8,2416...\%$

      Alternative II:
      Berechnung nach dem Näherungsverfahren, Gleichung (6-6)
      $$p' = \frac{7,75}{99} \cdot 100 + \frac{100-99}{10} = 7,9283...\%$$
      Berechnung unter Verwendung der Kursformel (6-24) und lineare Interpolation:
      $C_0 = 101,2215$ bei $p' = 7,5\%$
      $C_0 = 96,4598$ bei $p' = 8,5\%$ $\rightarrow$ $p' = 7,9665...\%$

      Der Unternehmer sollte die Alternative II wählen.

(77) *Berechnung der Tilgungsdauer nach (6-31) und Berechnung der Abschlußzahlung nach (6-30):*
      $$r = \frac{\log 10 - \log 1,75}{\log 1,0825} = 21,99$$

      Tilgungsdauer: 22 Jahre; Laufzeit der Hypothek: 23 Jahre (ein tilgungsfreies Jahr)

      AZ = 9,87

      Approximative Lösung nach dem Näherungsverfahren, Gleichung (6-6):
      $$p' = \frac{8,25}{94} \cdot 100 + \frac{100-94}{23} = 9,0375...\%$$
      Näherungslösung unter Verwendung der Kursformel (6-34) und lineare Interpolation:
      $C_0 = 97,9966$ bei $p' = 8,5\%$
      $C_0 = 90,5946$ bei $p' = 9,5\%$ $\rightarrow$ $p' = 9,0399...\%$

(78) **Alternative I:**
      Berechnung nach dem Näherungsverfahren, Gleichung (6-6):
      $$p' = \frac{7,25}{96} \cdot 100 + \frac{100-96}{17} = 7,7874...\%$$

      Berechnung unter Verwendung der Kursformel (6-33) und lineare Interpolation:
      $C_0 = 98,2124$ bei $p' = 7,5\%$
      $C_0 = 94,7770$ bei $p' = 8,0\%$ $\rightarrow$ $p' = 7,822...\%$

      Alternative II:
      Tilgungsdauer nach (6-31):
      $$r = \frac{\log 10 - \log 2,5}{\log 1,075}$$ Tilgungsdauer: 20

      Abschlußzahlung nach (6-30):   AZ = 1,74

Fortsetzung Lösung zu (78)

Berechnung nach Näherungsverfahren, Gleichung (6-6):

$$p' = \frac{7,5}{98} \cdot 100 + \frac{100 - 98}{20} = 7,7531...\%$$

Berechnung unter Verwendung der Kursformel (6-32) und lineare Interpolation:

$C_0 = 100$ bei $p' = 7,5\%$

$C_0 = 96,4093$ bei $p' = 8,0\%$ $\rightarrow$ $p' = 7,7785...\%$

Der Unternehmer sollte die Alternative II wählen.

(79) *Gleichungen (6-38) und (6-39):*

   (1) $a = 4,57$

$$C_0 = 4,57 \cdot \left(12 + \frac{0,09}{2} \cdot 11\right) \cdot \frac{1}{1,09^2} \cdot \frac{1,09^2 - 1}{1,09 - 1}$$

        $C_0 = 100,779$ bei $p' = 9\%$

        $C_0 = 99,539$ bei $p' = 10\%$

        $p' = 9,49\%$

   (2) $a = 3,15333$

        $C_0 = 101,093$ bei $p' = 8\%$

        $C_0 = 99,735$ bei $p' = 9\%$

        $p' = 8,80\%$

   (3) $a = 2,02$

        $C_0 = 100,332$ bei $p' = 8\%$

        $C_0 = 98,1744$ bei $p' = 9\%$

        $p' = 8,15\%$

Anhang A

Hinweise zur Verwendung spezieller finanzmathematischer Taschenrechner

1 Einführung

In den Jahren seit Erscheinen der 1. Auflage des vorliegenden Buches (1977) haben sich leistungsfähige Taschenrechner in allen Bereichen des beruflichen Lebens als nahezu unentbehrlich erwiesen. Als Folge davon werden klassische Rechenhilfsmittel wie Logarithmentafeln oder Rechenschieber heute kaum noch eingesetzt. Gleiches gilt mittlerweile für finanzmathematische Tabellenwerke, deren Zahlen genauer und bequemer mit Taschenrechnern bestimmt werden können, wie wir schon 1977 betont haben.

Heute gibt es spezielle, auf die Bedürfnisse des finanzmathematisch arbeitenden Praktikers abgestimmte Taschenrechner von erstaunlicher Leistungsfähigkeit. Mit diesen Rechnern ist man in der Lage, den größten Teil der täglich anfallenden finanzmathematischen Standardberechnungen schnell auszuführen, ohne sich dabei mit der Berechnung oder dem Ablesen von Zins-, Renten- oder Tilgungsfaktoren belasten zu müssen. Darüberhinaus gibt es für spezielle Anwendungsfälle programmierbare finanzmathematische Taschenrechner mit einer kaum noch überschaubaren Vielfalt an professioneller finanzwirtschaftlicher Software.

In den letzten Jahren sind für viele Anwender neben den Taschenrechner Personal-Computer (PC's) und spezielle finanzwirtschaftliche Software getreten, mit deren Hilfe sich umfassende, immer wiederkehrende Berechnungen (z.B. das Aufstellen von Tilgungsplänen und deren ausgedruckte Dokumentation) bequem durchführen lassen. Trotzdem wird der (finanzmathematische) Taschenrechner seine große Bedeutung für den Praktiker nicht verlieren, denn er zeichnet sich gegenüber dem PC durch eine Reihe von Vorteilen aus:

- größere Handlichkeit, er läßt sich wirklich überall hin mitnehmen;
- schnellere Verfügbarkeit für alltägliche Berechnungen;
- leichteres Erlernen der Benutzung;
- Netzunabhängigkeit auch über längere Zeiträume;
- größere Rechengenauigkeit;
- weitaus geringerer Preis: eine gute finanzmathematische Software kostet allein mehr als ein entsprechender Taschenrechner.

Hinweise auf die Verwendung von PC's und von Tabellenkalkulationsprogrammen finden sich im **Anhang B.**

Als Beispiel für die Einsatzmöglichkeiten eines nicht programmierbaren finanzmathematischen Taschenrechners sollen nachstehend einige typische Berechnungen (anhand von Beispielen aus dem vorliegenden Buch) mit Hilfe des Rechners TEXAS INSTRUMENTS BA-54 vorgestellt werden. Andere finanzmathematische Taschenrechner lassen sich in vergleichbarer Weise bedienen.

Der BA-54 hat zwei spezielle finanzwirtschaftliche Arbeitsbereiche (sog. "Modi"), nämlich **FIN** für finanzmathematische Berechnungen und **CF** für Cash-Flow-Analysen. Für beide Arbeitsbereiche stehen eine Reihe von speziellen Tasten zur Verfügung:

FV	Taste für das Endkapital (Future Value)
N	Taste für die Laufzeit (Anzahl der Jahre)
%i	Taste für den Jahreszinssatz (in %)
PV	Taste für den Barwert (Present Value)
PMT	Taste für regelmäßig wiederkehrende Zahlungen (Payment) bei Renten- und Tilgungsvorgängen
EFF	Taste zur Umrechnung des effektiven Jahreszinssatzes (bei unterjährlicher Verzinsung) in den nominellen Jahreszinssatz
APR	Taste zur Umrechnung von nominellem Jahreszinssatz in den effektiven Jahreszinssatz (bei unterjährlicher Verzinsung) (Annual Percentage Rate)
CPT	Befehlstaste zur Ausführung finanzmathematischer Berechnungen (Compute!)
2nd DUE	Befehlstaste zur Ausführung von Berechnungen im Bereich vorschüssiger Renten
2nd P/I	Taste zur Berechnung von Tilgungsrate/Zinszahlung in einer Periode r bei Tilgungen (Payment/Interest)
2nd ACC	Taste zur Berechnung der bis zur Periode r kumulierten Zinsen bei Tilgungsvorgängen (Accumulated interest)
2nd BAL	Taste zur Berechnung der Restschuld nach r Perioden bei Tilgungsvorgängen (Balance)

| 2nd | NPV | Taste zur Berechnung des Netto-Anfangswertes bei Cash-Flow-Analysen (Net present Value) |

| 2nd | IRR | Taste zur Berechnung der internen Kapitalverzinsung (Rendite) bei Cash-Flow-Analysen (Internal rate of return) |

| 2nd | CLmode | Taste zur Löschung der finanzmathematischen Register von vorher benutzten Daten. Es empfiehlt sich, vor jeder neuen Berechnung sicherheitshalber diese Taste zu drücken. |

2 Beispiele für Berechnungen von Zinsproblemen

Wie in Abschnitt 3.2.2 ausgeführt wurde, existieren in der Zinsrechnung 4 relevante Größen, nämlich K_0, K_n, i (bzw. p%) und n, von denen jeweils 3 bekannt sein müssen, um die vierte berechnen zu können. Von dieser Grundidee geht man auch bei der Verwendung des TEXAS-INSTRUMENTS BA-54 aus:

(1)   Berechnung des Endkapitals (vgl. Übungsbeispiel 3-5, S. 43)

Daten: $K_0 = 1.000$ p = 6,5%   n = 18   Gesucht: K_n (= FV)

Eingabe der Daten: 1000 $\boxed{PV}$,   6,5 $\boxed{\%i}$,   18 $\boxed{N}$

(Die Reihenfolge der Eingabe der vorhandenen Daten spielt generell keine Rolle)

Berechnung von K_n: $\boxed{CPT}$ $\boxed{FV}$ Anzeige: **3106,65**

(2)   Berechnung des Barwertes (vgl. Übungsbeispiel 3-8, S. 47 f.)

Daten: $K_n = 5.000$ p = 8%   n = 4   Gesucht: K_0 (= PV)

Eingabe der Daten: 5000 $\boxed{FV}$,   8 $\boxed{\%i}$,   4 $\boxed{N}$

Berechnung von K_0: $\boxed{CPT}$ $\boxed{PV}$ Anzeige: **3675,15**

(3)   Berechnung des (durchschnittlichen) Zinssatzes
(vgl. Übungsbeispiel 3-10, S. 49 f.)

Daten: $K_0 = 5000$ $K_n = 10000$ n = 7

Eingabe der Daten: 5000 $\boxed{PV}$,   10000 $\boxed{FV}$,   7 $\boxed{N}$

Berechnung von p%: $\boxed{CPT}$ $\boxed{\%i}$ Anzeige : **10,408951**

(4)   Berechnung der Laufzeit eines Verzinsungsvorgangs
(vgl. Übungsbeispiel 3-11, S. 50)

Daten: $K_0 = 1000$ $K_n = 2661,69$ $p = 8,5\%$

Eingabe der Daten: 1000 $\boxed{\text{PV}}$,   2661,69 $\boxed{\text{FV}}$,   8,5 $\boxed{\%i}$

Berechnung von n: $\boxed{\text{CPT}}$ $\boxed{\text{N}}$ Anzeige : **12,000017**

(5)   Beispiele zur Berechnung der internen Verzinsung bei Wirtschaftlichkeits-
berechnungen mit unterschiedlichen Ein- und Auszahlungen bzw. Perioden-
überschüssen.

Für diese Berechnungen, die in Abschnitt 3.5.2 mit sehr großem Aufwand und auch nur
näherungsweise durchgeführt werden konnten, muß der Rechner in den Arbeitsmodus **CF**
umgeschaltet werden.

(5.1)   Berechnung der internen Verzinsung bei unterschiedlichen, aber positiven
Periodenüberschüssen (vgl. Textbeispiel S. 86 ff.)

Daten: Anschaffungsausgabe: 25000
Periodenüberschüsse: $PÜ_1 = 5000$, $PÜ_2 = 8500$, $PÜ_3 = 9000$,
$PÜ_4 = 7500$, $PÜ_5 = 4000$

Eingabe der Daten: 25000 $\boxed{+/-}$ $\boxed{\text{PV}}$

5000 $\boxed{\text{STO}}$ $\boxed{1}$,   8500 $\boxed{\text{STO}}$ $\boxed{2}$,   9000 $\boxed{\text{STO}}$ $\boxed{3}$

7500 $\boxed{\text{STO}}$ $\boxed{4}$,   4000 $\boxed{\text{STO}}$ $\boxed{5}$

Berechnung der internen Verzinsung: $\boxed{\text{2nd}}$ $\boxed{\text{IRR}}$
Anzeige: **11,47965**

(5.2)   Berechnung der internen Verzinsung bei unterschiedlichen, positiven und
negativen Periodenüberschüssen (vgl. Textbeispiel S. 99 ff.)

Daten: Anschaffungsausgabe: 27000
Periodenüberschüsse: $PÜ_1 = 10000$, $PÜ_2 = 12000$, $PÜ_3 = 8000$,
$PÜ_4 = -5000$, $PÜ_5 = 10000$

Eingabe der Daten: 27000 $\boxed{+/-}$ $\boxed{\text{PV}}$

10000 $\boxed{\text{STO}}$ $\boxed{1}$,   12000 $\boxed{\text{STO}}$ $\boxed{2}$,   8000 $\boxed{\text{STO}}$ $\boxed{3}$

5000 $\boxed{+/-}$ $\boxed{\text{STO}}$ $\boxed{4}$,   10000 $\boxed{\text{STO}}$ $\boxed{5}$

Berechnung der internen Verzinsung: $\boxed{\text{2nd}}$ $\boxed{\text{IRR}}$

Anzeige: **11,427376**

Zur Bewertung dieses Ergebnisses vgl. Abb. 3-12, S. 100!

(6)   Berechnung der Effektivverzinsung j (vgl. Übungsbeispiel 3-16, S. 56 f.)

Daten: m = 4   p = 6%

Eingabe der Daten und Berechnung: 4 $\boxed{\text{APR}}$ 6 $\boxed{=}$

Anzeige: **6,1363549**

(7)   Berechnung des nominellen Jahreszinssatzes bei monatlicher Verzinsung und effektivem Jahreszinssatz von 13,4%

Daten: m = 12   j = 13,4%

Eingabe der Daten und Berechnung: 12 $\boxed{\text{EFF}}$ 13,4 $\boxed{=}$

Anzeige: **12,641239**

3   Beispiele für Rentenrechnungen (ganzjährige Renten)

(8)   Berechnung des nachschüssigen Rentenendwertes (vgl. Übungsbeispiel 4-1, S. 114 ff.)

Daten: r = 100   n = 5   p = 10%   Gesucht: R_n (= FV)

Eingabe der Daten: Aus rechnertechnischen Gründen muß bei der Berechnung von Rentenendwerten (= FV) die Rentenrate r mit negativem Vorzeichen eingegeben werden
5 $\boxed{\text{N}}$, 10 $\boxed{\text{\%i}}$, 100 $\boxed{\text{+/-}}$ $\boxed{\text{PMT}}$

Berechnung von R_n: $\boxed{\text{CPT}}$ $\boxed{\text{PV}}$ Anzeige :   **610,51**

(9)   Berechnung des nachschüssigen Rentenbarwertes (vgl. Übungsbeispiel 4-2, S. 117 ff.)

Daten: r = 100   n = 5   p = 10%   Gesucht: R_0 (= PV)

Eingabe der Daten: 5 $\boxed{\text{N}}$,   10 $\boxed{\text{\%i}}$,   100 $\boxed{\text{PMT}}$

Berechnung von R_0: $\boxed{\text{CPT}}$ $\boxed{\text{PV}}$ Anzeige: **379,07868**

(10) Berechnung der nachschüssigen Rentenrate r
(vgl. Übungsbeispiel 4-3, S. 119 f.)

Daten: $R_n = 1000000$ $n = 47$ $p = 6\%$ Gesucht: r (= PMT)

Eingabe der Daten: 47 $\boxed{N}$,   6 $\boxed{\%i}$,   1000000 $\boxed{FV}$

Berechnung von R_n: $\boxed{CPT}$ $\boxed{PMT}$ Anzeige: **4147,6804**

(11) Berechnung der Laufzeit eines nachschüssigen Rentenvorgangs
(vgl. Übungsbeispiel 4-6, S. 121)

Daten: $p = 7\%$ $r = 2400$ $R_0 = 9840,47$ Gesucht: n

Eingabe der Daten: 7 $\boxed{\%i}$,   2400 $\boxed{PMT}$,   9840,47 $\boxed{PV}$

Berechnung von n: $\boxed{CPT}$ $\boxed{N}$ Anzeige: **5,0000**

(12) Berechnung des Zinssatzes eines nachschüssigen Rentenvorgangs
(vgl. Übungsbeispiel 3-24, S. 102)

Daten: $n = 2$ $R_0 = 1800$ $r = 1000$ Gesucht: p%

Eingabe der Daten: 2 $\boxed{N}$,   1000 $\boxed{PMT}$,   1800 $\boxed{PV}$

Berechnung von p%: $\boxed{CPT}$ $\boxed{\%i}$ Anzeige: **7,3212281**

(13) Berechnung des vorschüssigen Rentenendwertes
(vgl. Übungsbeispiel 4-7, S. 122 f.)

Daten: $n = 5$ $p = 10\%$ $r = 100$ Gesucht: R_n (= FV)

Eingabe der Daten: 5 $\boxed{N}$,   10 $\boxed{\%i}$,   100 $\boxed{+/-}$ $\boxed{PMT}$
                                           (vgl. Anmerkung zu (8))

Berechnung von R_n: $\boxed{2nd}$ $\boxed{DUE}$ $\boxed{PV}$ Anzeige: **671,56**

(14) Berechnung des vorschüssigen Rentenbarwertes
(vgl. Übungsbeispiel 4-7, S. 122 f.)

Daten: $n = 5$ $p = 10\%$ $r = 100$ Gesucht: R_0 (= PV)

Eingabe der Daten: 5 $\boxed{N}$,   10 $\boxed{\%i}$,   100 $\boxed{PMT}$

Berechnung von R_0: $\boxed{2nd}$ $\boxed{DUE}$ $\boxed{PV}$ Anzeige: **416,99**

(15) Berechnung der vorschüssigen Rentenrate r
(vgl. Übungsbeispiel 4-8, S. 126 ff.)

Daten: $n = 47$ $p = 6\%$ $R_n = 1000000$ Gesucht: r (= PMT)

Eingabe der Daten: 47 $\boxed{\text{N}}$,   6 $\boxed{\%i}$,   1000000 $\boxed{\text{FV}}$

Berechnung von r: $\boxed{\text{2nd}}$ $\boxed{\text{DUE}}$ $\boxed{\text{PMT}}$ Anzeige: **3912,91**

(16) Berechnung der Laufzeit n einer vorschüssigen Rente
(vgl. Übungsbeispiel 4-11, S. 128)

Daten: $p = 8\%$ $r = 6000$ $R_0 = 43481,33$ Gesucht: n

Eingabe der Daten: 8 $\boxed{\%i}$,   6000 $\boxed{\text{PMT}}$,   43481,33 $\boxed{\text{PV}}$

Berechnung von n: $\boxed{\text{2nd}}$ $\boxed{\text{DUE}}$ $\boxed{\text{N}}$ Anzeige: **10,000**

(17) Berechnung des Zinssatzes einer vorschüssigen Rente

Daten: $n = 5$ $r = 100$ $R_n = 671,56$ Gesucht: p%

Eingabe der Daten: 5 $\boxed{\text{N}}$,   100 $\boxed{+/-}$ $\boxed{\text{PMT}}$,   671,56 $\boxed{\text{FV}}$

Berechnung von p% $\boxed{\text{2nd}}$ $\boxed{\text{DUE}}$ $\boxed{\%i}$ Anzeige: **10,00**

4 Beispiele für Annuitätentilgungsrechnungen

(18) Aufstellung und Auswertung eines Tilgungsplans bei Annuitätentilgung
(vgl. Übungsbeispiel 5-3, S. 165 f.)

Daten: $S = 100000$ $n = 16$ $p = 8,5\%$

Eingabe der Daten: 16 $\boxed{\text{N}}$,   8,5 $\boxed{\%i}$,   100000 $\boxed{\text{PV}}$

(18.1) Berechnung der Annuität: $\boxed{\text{CPT}}$ $\boxed{\text{PMT}}$ Anzeige: **11661,35**

(18.2) Berechnung der Zinsen und der Tilgungsrate des 1. Jahres

$\boxed{1}$ $\boxed{\text{2nd}}$ $\boxed{\text{P/I}}$ Anzeige: **3161,35** $= T_1$
       $\boxed{x \leftrightarrow y}$ Anzeige: **8500,00** $= Z_1$

(18.3) Berechnung der Zinsen und der Tilgungsrate des 10. Jahres

| 10 | 2nd | P/I |

Anzeige: $6587,81 = T_{10}$

| x ↔ y |

Anzeige: $5073,55 = Z_{10}$

(18.4) Berechnung der bis zum Ende des 10. Jahres kumulierten Zinsen

| 10 | 2nd | ACC |

Anzeige: **69714,54**

(18.5) Berechnung der Restschuld am Ende des 10. Jahres

| 10 | 2nd | BAL |

Anzeige: **53100,99**

(18.6) Berechnung der Zinsen, der Tilgungsrate, der kumulierten Zinsen und der Restschuld am Ende des 16. Jahres (Ende der Tilgung)

| 16 | 2nd | P/I |

Anzeige: **10747,79** $= T_{16}$

| x ↔ y |

Anzeige: **913,56** $= Z_{16}$

| 16 | 2nd | ACC |

Anzeige: **86581,56**   = Summe aller Zinsen

| 16 | 2nd | BAL |

Anzeige: **0,00**   = Restschuld

Anhang B

Hinweise zu finanzmathematischen Funktionen in Tabellenkalkulationsprogrammen

In den letzten Jahren sind Personal-Computer (=PC´s) in der täglichen Arbeit, in Studium, Lehre und Forschung für jedermann zugängliche Hilfsmittel geworden. Dabei kommen bei der überwiegenden Zahl von Anwendungen Standard-Software-Pakete zum Einsatz, die sich durch eine große Fülle von Ausstattungsmerkmalen auszeichnen. Eine spezielle Gruppe dieser Standard-Software-Pakete sind die Tabellenkalkulationsprogramme (Spreadsheet-Programme), deren Vielzahl man an dieser Stelle nicht erschöpfend aufzählen kann[1].

Ohne an dieser Stelle eine generelle Einführung in die Benutzung von Tabellenkalkulationsprogrammen geben zu können, erscheinen die folgenden allgemeinen Hinweise für das weitere Verständnis notwendig : Die Grundstruktur aller Tabellenkalkulationsprogramme ist sehr ähnlich. Vom jeweiligen Programm wird ein Arbeitsblatt zur Verfügung gestellt, das in Zeilen und Spalten unterteilt ist :

	A	B	C	D	E	F
1						
2						
3						
4						

Jedes Feld (manche Handbücher sprechen von "Zellen") des Arbeitsblattes ist durch seine Koordinaten -z.B. A4 oder E2- genau definiert. Mit dem Zellzeiger kann man sich in jedes Feld der Tabelle bewegen, z.B. in das Feld B3:

	A	B	C	D	E	F
1						
2						
3						
4						

Das markierte Feld B3 ist "aktiviert", um Informationen aufzunehmen. Diese Informationen können

---

[1] Alle nachgenannten Programme sind eingetragene Markenzeichen der jeweiligen Hersteller. Bekannte Tabellenkalkulationsprogramme sind (in alphabetischer Reihenfolge) :   EXCEL, LOTUS 1-2-3, QUATTROPRO

- Texte
- Zahlen
- mathematische Formeln
- Funktionen des Programms

sein, die in einer **Befehlszeile** (i.d.R. oberhalb des eigentlichen Arbeitsblatts) für das aktivierte Feld eingegeben werden können.

Aus der großen Zahl von mathematischen, statistischen, logischen, datums- und zeitbezogenen sowie datenbankbezogenen Funktionen sollen hier ausgewählte finanzmathematische Funktionen von Tabellenkalkulationsprogrammen kurz vorgestellt werden. Leider verwenden die verschiedenen am Markt befindlichen Programme für diese Funktionen keine einheitlichen Bezeichnungen, obwohl sich die Funktionen inhaltlich sehr ähneln. Die nachfolgenden Ausführungen werden sich am Tabellenkalkulationsprogramm **Excel**® von Microsoft® orientieren. Sie lassen sich aber prinzipiell auf alle anderen Tabellenkalkulationsprogramme übertragen. Bei den zu behandelnden Beispielrechnungen sollen die Beispiele aus dem Anhang A wieder aufgegriffen werden. Dadurch wird eine Vergleichbarkeit bei der Verwendung sich entsprechender Funktionen bei Taschenrechnern und Tabellenkalkulationsprogrammen ermöglicht.

2 Beispiele für die Berechnung von Zinseszinsproblemen

Wie bei jedem Tabellenkalkulationsprogramm muß auch bei Excel® ein bestimmtes Feld des Arbeitsblattes mit dem Zellzeiger aktiviert werden, um in der Befehlszeile (oberhalb des Arbeitsblattes) eine bestimmte finanzmathematische Funktion für dieses Feld aufrufen zu können. Das Rechenergebnis aus der Anwendung dieser Funktion wird in das aktivierte Feld geschrieben. Bei Excel® beginnen die **Funktionsnamen** immer mit dem Symbol =.

Bei den finanzmathematischen Betrachtungen unterscheidet Excel®

- Zahlungen, die man **erhält**. Diese sind mit einem **positiven** Vorzeichen versehen.
- Zahlungen, die man **leisten** muß. Diese sind mit einem **negativen** Vorzeichen versehen.

Wenn 1000 € auf ein Sparkonto eingezahlt werden, wenn man also eine Zahlung von 1000 € leisten muß, wird dieser Betrag mit einem negativen Vorzeichen erfaßt. Wenn die Bank nach 5 Jahren das Guthaben einschließlich der Zinsen zurückzahlt, wird dieser Betrag vom Programm mit positivem Vorzeichen ausgewiesen.

Die Funktionsbefehle erfordern bestimmte Informationen in genau vorgeschriebener Reihenfolge und Struktur. Man spricht hier von einer **Befehlssyntax**. Diese darf nicht verletzt werden. So sind z.B. die einzelnen Informationen unbedingt durch ein Semikolon, also ";", zu trennen.

(1) Berechnung des Endkapitals (vgl. Übungsbeispiel 3-5, S. 43)

$$Daten: K_0 = -1000 \quad p = 6,5\% \quad\quad n = 18 \quad\quad \textbf{\textit{Gesucht}}: K_n$$

Die hier zur Anwendung kommende finanzmathematische Funktion heißt

=ZW(*Zinssatz; Laufzeit; Rentenrate; Anfangskapital; Typ des Verzinsungs- / Rentenvorgangs*) .

Die einzelnen *kursiv geschriebenen* und durch Semikolon getrennten Informationen in diesem Funktionsaufruf nennt man **Parameter** der jeweiligen Funktion.

Ist beim Parameter *Typ des Verzinsungs- / Rentenvorgangs* nachschüssige Betrachtung gewünscht, ist eine **0**, bei vorschüssiger Betrachtung eine **1** zu setzen.

Die zu verarbeitenden Daten können

- entweder unmittelbar in den Funktionsaufruf in der Befehlszeile hineingeschrieben werden, also hier z.B. als :

=ZW(0,065	;	18	;	0	;	-1000	;	0)
↓		↓		↓		↓		↓
Zins-satz		Laufzeit		periodisch wie-derkehrende Zahlung (Ren-tenrate)		Anfangs-kapital		Typ des Verzin-sungs-oder Ren-tenvorgangs (nach- oder vor-schüssig)

- oder man schreibt die Daten in einzelne Felder der Tabelle und verwendet die Feldbezeichnungen im Funktionsaufruf :

	A	B	C	D
1	0,065			
2	18			
3	-1000			

Für das aktivierte Feld B1 erfolgt jetzt der Funktionsaufruf als :

=ZW(A1 ; A2 ; 0 ; A3 ; 0)

In beiden Fällen erscheint im aktivierten Feld das Ergebnis als **3106,65.**

Aus Gründen der einfacheren Darstellung soll im weiteren immer die erstgenannte Darstellungsweise gewählt werden, und zwar wie folgt :

Befehlssyntax :   *=ZW(Zinssatz; Laufzeit; Rentenrate;Anfangskapital; Typ)*
                          „Typ" = Typ des Verzinsungsvorgangs

Rechnung :   =ZW(0,065 ; 18 ; 0 ; -1000 ; 0)   → **3106,65** .

(2) Berechnung des Barwertes (vgl. Übungsbeispiel 3-8, S. 47 f.)

Daten : K_n = 5000   p = 8 %   n = 4   Gesucht : K_o

Befehlssyntax :   *=BW(Zinssatz ; Laufzeit ;Rentenrate ; Endkapital, Typ)*

Rechnung :   =BW(0,08 ; 4 ; 0 ; 5000 ; 0)   → **-3675,15**

Um nach 4 Jahren 5000 € zu erhalten, muß man zum Zeitpunkt t_0 eine Zahlung von 3675,15 € leisten.

(3) Berechnung des (durchschnittlichen) Zinssatzes (vgl. Übungsbeispiel 3-10, S. 49 f.)

Daten : K_o = 5000 K_n = 10000   n = 7   Gesucht : i

Befehlssyntax :   *=ZINS(Laufzeit;Rentenrate;Anfangskapital;Endkapital ;Typ)*

Rechnung :   =ZINS(7; 0; -5000; 10000;0)   → **0,10408951**

Ein Kapital von 5.000 € wächst in 7 Jahren bei einem Zinssatz von rund 10,4% auf 10.000 € an.

(4) Berechnung der Laufzeit eines Verzinsungsvorgangs
(vgl. Übungsbeispiel 3-11, S. 50)

Daten : K_o = 1000 K_n = 2661,69   p = 8,5%   Gesucht : n

Befehlssyntax :   *=ZZR(Zinssatz ;Rentenrate;Anfangskapital; Endkapital ;Typ)*

Rechnung :   =ZZR(0,085; 0; -1000; 2661,69 ; 0)   → **12,000**

Ein Kapital von 1.000 € wächst bei 8,5% Zinsen in 12 Jahren auf 2.661,69 € an.

(5) Berechnung der internen Verzinsung bei Wirtschaftlichkeitsberechnungen

(5-1) Berechnung der internen Verzinsung bei unterschiedlichen, aber positiven Periodenüberschüssen (vgl. Textbeispiel S. 86 ff.)

Daten :   Anschaffungsausgabe : -25000
$$PÜ_1 = 5000 \qquad PÜ_2 = 8500 \qquad PÜ_3 = 9000$$
$$PÜ_4 = 7500 \qquad PÜ_5 = 4000$$

Diese Daten werden in die Arbeitstabelle eingetragen, z.b. in die Felder A1 bis A6 :

	A	B	C
1	-25000		
2	5000		
3	8500		
4	9000		
5	7500		
6	4000		

Vom aktivierten Feld B1 aus erfolgt der Funktionsaufruf :

Befehlssyntax :   =IKV(Block der Zahlungen; Schätzwert)

Für den Parameter Schätzung ist, um die Berechnung ggf. zu beschleunigen, ein numerischer Wert einzusetzen, der den geschätzten internen Zinssatz in % angibt. Wenn sich dieser nicht abschätzen läßt, kann hier **0** gesetzt werden.

Rechnung :   =IKV(A1..A6; 0)   →   **0,114796**

Die durchschnittliche interne Verzinsung des angegebenen Zahlungsstroms liegt bei 11,48%.

(5-2)   Berechnung der internen Verzinsung bei unterschiedlichen, positiven und negativen Periodenüberschüssen   (vgl. Textbeispiel S. 99 ff.)

Daten : Anschaffungsausgabe : -27000
$$PÜ_1 = 10000 \quad PÜ_2 = 12000 \quad PÜ_3 = 8000$$
$$PÜ_4 = -5000 \quad PÜ_5 = 10000$$

Auch diese Daten werden im Arbeitsblatt erfaßt :

	A	B	C
1	-27000		
2	10000		
3	12000		
4	8000		
5	-5000		
6	10000		

Für das aktivierte Feld B1 erfolgt der schon unter (5-1) beschriebene Funktionsaufruf:

Rechnung :   =IKV(A1..A6 ; 0)   →   **0,114274**

Für den geschilderten Zahlungsstrom ergibt sich eine durchschnittliche interne Verzinsung von rund 11,43%. Die geringfügige Abweichung zum Ergebnis auf S. 100 folgt aus der unterschiedlichen Rechengenauigkeit bei der dortigen Näherungslösung und dem beschriebenen Tabellenkalkulationsprogramm.

(5-3) Berechnung des Kapitalwertes einer Investition

Ausgehend vom Übungsbeispiel unter (5-2) kann man eine interessante Funktion aufrufen, die zur Berechnung des **Kapitalwertes** führt. Unterstellt, man überprüft die Vorteilhaftigkeit der beschriebenen geplanten Investition bei einem kalkulatorischen Zissatz von 8% :

Befehlssyntax :   *=NBW(kalk. Zinssatz ; Zahlungsblock der*
                          Periodenüberschüsse)+Feld der Anschaffungskosten

Rechnung :   =NBW(0,08 ; A2..A6) + A1 → **2028,67**

Der Kapitalwert des unter (5-2) angegebenen Zahlungsstroms liegt bei 2.028,67. Die betrachtete Investition ist wegen des positiven Kapitalwerts vorteilhaft.

(6) Berechnung der Effektivverzinsung j (vgl. Übungsbeispiel 3-16, S. 56 f.)

Daten :   m = 4   p = 6%   (<u>nominelle</u> Verzinsung pro Jahr)

Befehlssyntax :   *=EFFEKTIV(nomineller Jahreszins ; Anzahl Zinsperioden pro Jahr)*

Rechnung :   =EFFEKTIV(0,06 ; 4)   →   **0,0613635**

(7) Berechnung der nominellen Jahreszinsen bei monatlicher Verzinsung und einem effektiven Jahreszinssatz von 13,4%

Daten :   m = 12   j = 0,134   (effektiver Jahreszinssatz)

Befehlssyntax :   *=NOMINAL(effektiver Jahreszinssatz; Anzahl Zinsperioden pro Jahr)*

Rechnung :   =NOMINAL(0,134 ; 12)   →   **0,126412**

3 Beispiele für Rentenrechnungen (ganzjährige Renten)

(8)   Berechnung des nachschüssigen Rentenendwertes
(vgl. Übungsbeispiel 4-1, S. 114 ff.)

Daten: p = 10%   n = 5   r = -100   Gesucht: R_n

Befehlssyntax :   *=ZW(Zinssatz; Laufzeit; Rentenrate;*
                                        Anfangskapital; Rententyp)
Rechnung :   =ZW(0,1 ; 5 ; -100 ; 0 ; 0)   →   **610,51**

Man muß bei 10% Zinsen 5 Jahre lang je 100 € zahlen, um danach 610,51 € zu erhalten.

(9)   Berechnung des nachschüssigen Rentenbarwertes
(vgl. Übungsbeispiel 4-2, S. 117 ff.)

Daten : p = 10%   n = 5   r = 100   Gesucht : R_0

Befehlssyntax :   *=BW(Zinssatz; Laufzeit; Rentenrate;*
                                        Endkapital; Rententyp)
Rechnung :   =BW(0,1 ; 5 ; 100 ; 0 ; 0)   →   **-379,08**

Man muß sofort 379,08 € zahlen, um bei 10% Zinsen 5 Jahre lang eine nachschüssige Rente von je 100 € zu erhalten.

(10)   Berechnung der nachschüssigen Rentenrate r (vgl. Übungsbeispiel 4-3, S. 119 ff.)

Daten :   p = 6%   n = 47 R_n = 1 000 000   Gesucht : r

Befehlssyntax :   =RMZ (Zinssatz ; Laufzeit ; Anfangskapital ; Endkapital ; Rententyp)
Rechnung :   =RMZ(0,06; 47; 0; 1000000; 0)   →   **-4147,68**

Um nach 47 Jahren bei 6% Zinsen 1 Mio. € zu erhalten, muß man jährlich-nachschüssige Rentenraten von je 4147,68 € zahlen.

**(11) Berechnung der Laufzeit eines nachschüssigen Rentenvorgangs
(vgl. Übungsbeispiel 4-6, S. 121)**

Daten : p = 7%   r = 2400 R_O = -9840,47   Gesucht : n

Befehlssyntax :   =ZZR(Zinssatz; Rentenrate; Anfangskapital;
                          Endkapital; Rententyp)
Rechnung :   =ZZR(0,07 ; 2400 ; -9840,47 ; 0 ; 0)   → **5,0**

Wenn man sofort 9.840,47 € einzahlt, kann man bei 7% Zinsen 5 Jahre lang eine nachschüssige Rente von 2.400 € erhalten

**(12) Berechnung des Zinssatzes eines nachschüssigen Rentenvorgangs
(vgl. Übungsbeispiel 3-24, S. 102)**

Daten : n = 2   r = 1000 R_O = -1800   Gesucht : i

Wie hoch ist der Zinssatz eines jährlich-nachschüssigen Rentenvorgangs, bei dem man sofort 1800 € zahlen muß und danach zweimal in Jahresabständen je 1000 € zurückerhält ?

Befehlssyntax :   =ZINS(Laufzeit; Rentenrate; Anfangskapital;
                          Endkapital; Rententyp)
Rechnung :   =ZINS(2; 1000; -1800; 0; 0)   → **0,073212**

Wenn man bei einem Rentenvorgang sofort 1.800 € zahlt und danach zweimal jährlich-nachschüssig je 1.000 € zurückerhält, beträgt der Zinssatz rund 7,3%.

**(13) Berechnung des vorschüssigen Rentenendwertes
(vgl. Übungsbeispiel 4-7, S. 122 ff.)**

Für alle vorschüssigen Rentenvorgänge gelten die gleichen Funktionsanweisungen wie für den nachschüssigen Fall. Nur für den "Rententyp" muß jetzt die "1" gesetzt werden.

Daten: p = 10%   n = 5   r = -100   Gesucht : R_n

Befehlssyntax :   =ZW(Zinssatz; Laufzeit ; Rentenrate ;
                          Anfangskapital ; Rententyp)
Rechnung :   =ZW(0,1 ; 5 ; -100 ; 0 ; 1)   → **671,56**

Der Endwert einer jährlich-vorschüssigen Rente von je 100 € über 5 Jahre bei 10% Zinsen liegt bei 671,56 €

(14) Berechnung des vorschüssigen Rentenbarwertes
(vgl. Übungsbeispiel 4-7, S. 130 f.)

$Daten: p = 10\%$ $n = 5$ $r = 100$ **Gesucht : R_0**

Befehlssyntax :   *=BW(Zinssatz; Laufzeit; Rentenrate;Endkapital; Rententyp)*
Rechnung :   =BW(0,1 ; 5 ; 100 ; 0 ; 1)   → **-416,99**

Um 5 Jahre lang eine jährlich-vorschüssige Rente von je 100 € zu erhalten, muß sofort bei 10% Zinsen eine Zahlung von 416,99 € geleistet werden.

(15) Berechnung der vorschüssigen Rentenrate r
(vgl. Übungsbeispiel 4-8, S. 126 ff.)

Daten : $p = 6\%$ $n = 47$ $R_n = 1\,000\,000$ **Gesucht : r**

Befehlssyntax :   *=RMZ(Zinssatz; Laufzeit; Anfangskapital;Endkapital; Rententyp)*
Rechnung :   =RMZ(0,06; 47; 0; 1000000; 1) → **-3912,91**

Um bei 6% Zinsen nach 47 Jahren 1 Mio. € zu erhalten, muß eine jährlich-vorschüssige Rente von je 3912,91 gezahlt werden.

(16) Berechnung der Laufzeit n einer vorschüssigen Rente
(vgl. Übungsbeispiel 4-11, S. 128)

Daten : $p = 8\%$ $r = 6000$ $R_0 = -43481,33$ **Gesucht : n**

Befehlssyntax :   *=ZZR(Zinssatz; Rentenrate; Anfangskapital;Endkapital; Rententyp)*
Rechnung :   =ZZR(0,08 ; 6000 ; -43481,33 ; 0 ; 1)→ **10**

Wenn man sofort 43.481,33 € einzahlt, kann man 10 Jahre lang bei 8% Zinsen eine jährlich-vorschüssige Rente von je 6.000 € erhalten.

(17) Berechnung des Zinssatzes einer vorschüssigen Rente

Daten : $n = 5$ $r = -100$ $R_n = 671,56$ **Gesucht : i**

Befehlssyntax :   *=ZINS(Laufzeit; Rentenrate; Anfangskapital;Endkapital; Rententyp)*
Rechnung :   =ZINS(5 ; -100 ; 0 ; 671,56 ; 1)   → **0,10**

Wenn man 5 Jahre lang je 100 € vorschüssig einzahlt, ergibt sich ein Rentenendwert von 671,56 € bei einer Verzinsung von 10%.

4 Beispiele für Annuitätentilgungsrechnungen

(18)   Aufstellung und Auswertung eines Tilgungsplans bei Annuitätentilgung (vgl. Übungsbeispiel 5-3, S. 165 f.)

Gerade bei der Aufstellung kompletter Tilgungspläne zeigt sich die Stärke von Tabellenkalkulationsprogrammen, da die benötigten Formeln für die Berechnungen nur einmal eingegeben werden müssen und danach Zeile für Zeile kopiert werden können.

Zusätzlich existieren finanzmathematische Funktionen, die es erlauben, einzelne Zahlen aus dem Tilgungsplan zu berechnen, ohne diesen komplett aufstellen zu müssen.

Daten : S = 100 000   n = 16   p = 8,5%

(18-1) Berechnung der Annuität

Befehlssyntax :   =RMZ(Zinssatz; Laufzeit; Anfangsschuld;
Endkapital; Tilgungstyp (vor-/nachschüssig))

Rechnung :   =RMZ(0,085; 16; 100000; 0 ; 0)   → **-11661,35**

Um eine Schuld von 100.000 € bei 8,5% Zinsen in 16 Jahren tilgen zu können, muß eine jährlich-nachschüssige Annuität von 11.661,35 gezahlt werden.

(18-2) Berechnung der Zinsen und der Tilgungsrate des 1. Jahres

Tilgungsrate :
Befehlssyntax :   =KUMKAPITAL(Zinssatz; Laufzeit;Schuldsumme;T-1;T-2;Typ)
T-1 ist die Angabe des gewünschten Jahres oder des Beginns des
gewünschten Zeitraums; T-2 ist das Ende des gewünschten Zeitraums

Rechnung :   =KUMKAPITAL(0,085 ; 16; 100000; 1 ; 1; 0)   T-1=1 und T-2=1
→ **-3161,3544**

Bei der beschriebenen Tilgung vermindert sich die Schuld im 1. Jahr effektiv um 3.161,35 €

Berechnung der Zinsen :
Befehlssyntax :   =ZINSZ(Zinssatz;betr. Periode;Laufzeit;
Schuldsumme; Endkapital;Tilgungstyp)
Rechnung :   =ZINSZ(0,085; 1; 16; 100000; 0; 0)   → **-8500**

Im ersten Jahr der geschilderten Tilgung werden 8.500 € an Zinsen gezahlt.

(18-3) Berechnung der Zinsen und der Tilgungsrate des 10. Jahres

Tilgungsbetrag :
Rechnung: =KUMKAPITAL(0,85; 16; 100000; **10; 10**; 0)   → **-6587,81**

Zinsen :
Rechnung: =ZINSZ(0,085; **10**; 16; 100000; 0; 0)   → **-5073,55**

Um mit einem Tabellenkalkulationsprogramm für einen Tilgungsvorgang die kumulierten Zinsen und die Restschuld bis zu einem bestimmten Zeitpunkt zu ermitteln, stellt man zweckmäßigerweise den kompletten Tilgungsplan auf. Besondere finanzmathematischen Funktionen zur Ermittlung dieser Werte enthält Excel® nicht.

Verzeichnis der verwendeten Symbole

a Ausgabenannuität

a unterjährliche Ersatzannuität

a^* zinsperiodenkonforme, unterjährliche Ersatzannuität

A Annuität

a_n allgemeines Glied einer Zahlenfolge

A_n allgemeines Symbol für eine Zahlenfolge

A_0 Anschaffungskosten einer Investition

A_t Ausgaben in einer Periode t

AZ Abschlußzahlung, der noch zu tilgende Restbetrag einer Tilgungsschuld

α Aufgeld in der Tilgungsrechnung

b Bearbeitungsgebühr in %

BT_0 Barwert aller nachschüssigen Tilgungsraten

BZ_0 Barwert aller Zinszahlungen

c Zahl der Rentenperioden pro Zinsperiode

C_0 Kurs einer Kapitalschuld

d konstante Differenz einer arithmetischen Folge

€   EURO

e Einnahmenannuität

E_t Einnahmen in einer Periode t

f_n nachschüssiger Rentenbarwertfaktor

f_g' nachschüssiger Rentenbarwertfaktor unter Berücksichtigung der Effektivverzinsung i'

$f_g^{*'}$ nachschüssiger Rentenbarwertfaktor unter Berücksichtigung der Effektivverzinsung i' bei unterjährlicher Verzinsung

h Nichtganzzahliger Teil der Laufzeit eines Tilgungsvorgangs

i Zinssatz, nomineller Jahreszinssatz, Zinsertrag pro Jahr für 1 € eingesetztes Kapital

i^* relativer unterjährlicher Periodenzinssatz $i^* = \dfrac{i}{m}$

i' Effektivzinssatz in der Kursrechnung

j effektiver Jahreszinssatz bei unterjährlicher Verzinsung

k konformer Zinssatz pro unterjährlicher Zinsperiode

k Anzahl der Tilgungsperioden insgesamt bei Teilzahlungskrediten

k' konformer unterjährlicher Zinssatz auf der Grundlage eines bestimmten Effektivzinssatzes

K_0 Wert eines Kapitals zum Zeitpunkt t_0, Anfangskapital, Barwert, Nominalkapital

K'_0 Realkapital

K_n Wert eines Kapitals zum Zeitpunkt n, Endkapital

m Zahl der Zins- bzw. Rentenperioden pro Jahr

n Anzahl der Glieder einer Folge

n Laufzeit eines finanzmathematischen Vorgangs in Jahren

p Zinssatz in %, Zinsertrag pro Jahr für je 100 € eingesetztes Kapital

p' Effektivverzinsung in % in der Kursrechnung

P_t Periodenüberschuß der Periode t

q konstanter Faktor in einer geometrischen Folge

q Aufzinsungsfaktor, $q = 1 + i$

q' Aufzinsungsfaktor unter Berücksichtigung des Effektivzinssatzes i'

r Rentenrate

r die (in der Regel ganzzahlige) Laufzeit (in Jahren bzw. Perioden) bei der Tilgung mit Prozentannuitäten

r_e jahreskonforme Ersatzrentenrate

r_e^* zinsperiodenkonforme unterjährliche Ersatzrentenrate

R_0 Rentenbarwert

R_n Rentenendwert

RS_r Restschuld eines Tilgungsvorgangs nach Ablauf von r Tilgungsjahren

$RS_{v/r}$ Restschuld eines Tilgungsvorgangs nach v Perioden des r-ten Jahres

S ursprüngliche Schuldsumme eines Tilgungsvorgangs

S_j Restschuld zu Beginn einer Zinsabrechnungsperiode

t konstante Tilgungsrate bei Teilzahlungskrediten

T Tilgungsleistung einer Tilgungsperiode, Tilgungsrate

tg Anzahl der Tage bei der Berechnung der Effektivverzinsung

T_r Tilgungsleistung in der r-ten Tilgungsperiode

v Anzahl der abgelaufenen unterjährlichen Tilgungsperioden

Z Zinsbetrag

Z_j kumulierte Zinsbelastung der j-ten Zinsabrechnungsperiode

Z_r Zinsbelastung in der r-ten Tilgungsperiode

Literaturverzeichnis

BOSCH, Karl: Finanzmathematik; 5., verbesserte Auflage; München - Wien 1997

CAPRANO, Eugen und
GIERL, Anton: Finanzmathematik; 6. Auflage; München 1998

DÄUMLER, Klaus-Dieter: Grundlagen der Investitions- und Wirtschaftlichkeitsrechnung; 9. Auflage; Herne - Berlin 1998

DÄUMLER, Klaus-Dieter: Betriebliche Finanzwirtschaft; 7. Auflage; Herne - Berlin 1997

GROB, Heinz L. Einführung in die Investitionsrechnung; 2. Aufl. München 1999

GROB, Heinz L. und
EVERDING, Dominik: Finanzmathematik mit dem PC (mit Diskette); Wiesbaden 1992

HASS, Otto: Finanzmathematik - Finanzmathematische Methoden der Investitionsrechnung; 5., überarbeitete und erweiterte Auflage; München - Wien 1997

IHRIG, Holger und
PFLAUMER, Peter: Finanzmathematik – Intensivkurs; 6. verbesserte und Erweiterte Auflage; München – Wien 1998

KAHLE, Egbert und
LOHSE, Dieter: Grundkurs Finanzmathematik; 4. durchgesehene Auflage; München - Wien 1998

KÖHLER, Harald: Finanzmathematik; 4. verbesserte und erweiterte Auflage; München - Wien 1997

KRUSCHWITZ, Lutz: Finanzmathematik (mit Diskette); 2. verbesserte und erweiterte Auflage; München 1995

PFEIFER, Andreas: Praktische Finanzmathematik – mit Anhang und Diskette Für EXCEL; Thun – Frankfurt 1995

TIETZE, Jürgen: Einführung in die Finanzmathematik; 2. Aufl.; Braunschweig – Wiesbaden 1998

ZIETHEN, Rüdiger E.: Finanzmathematik; 2. überarbeitete und erweiterte Auflage; München 1992

Sachwortverzeichnis

A

Abschlußzahlung 182 f.
Abzinsung → Diskontierung
Abzinsungsfaktor 48, 69
Agio → Aufgeld
Anfangskapital 36, 39 ff., 47 ff.
Annuität 145 ff., 154, 159, 162,
    163 f., 170f.
- Prozentannuität → Tilgung
Annuitätenmethode 145 ff.
Annuitätenschuld 226
- Kurs einer - 226, 232 ff.
- Effektivverzinsung einer - 231 f.
Annuitätentilgung → Tilgung
Annuitätenfaktor 148, 165
Aufgeld 203
Aufzinsungsfaktor 46, 114

B

Barwert 39 ff.
Bearbeitungsgebühr →
    Kreditgebühr
Diskontierung 39, 46 ff.
- bürgerliche - 40 f.
- kaufmännische - 40 f.

E

Endkapital 36 f., 42 ff.
Entscheidung 15, 64 f.

F

Finanzierung 11 ff., 64 f.
Folgen 19 f.
- arithmetische 20 ff.
- geometrische 25 ff.

- endliche 20, 23 f.
- unendliche...19

G

Gemischte Verzinsung 60 f.

I

Interner Zinsfuß 79, 82 f., 85 ff.,
    193
- Methode des - 79 ff., 103 ff.
- Interpretationsproblematik des -
    90 ff.
- Näherungslösung für die
    Berechnung 85 ff., 99 f.
Investition 12 f., 64 f.
- Normal - 97 ff.
- Nicht-Normal - 97 ff.
Investitionsrechnung 64 ff. 145 ff.
ISMA-Methode 241 ff.

K

Kalkulationszinsfuß 72 ff., 80
- Aufgaben des 74 ff.
Kapitalkosten → Zinssatz,
    effektiver Jahres-
Kapitalwert 68 ff.
- Methode des - 64 ff., 103 ff.,
    145 ff.
Kreditgebühren 183 ff.,240 f.
Kurs 189 ff.
Kurszuschlag 207

L

Laufzeit 33, 49 f., 59 ff., 126 f.,
    127 f., 184 f., 228